"十二五"职业教育国家规划教材
经全国职业教育教材审定委员会审定

国家示范性高职院校项目建设成果

仪器分析技术

新世纪高职高专教材编审委员会 组编

主 编 薛 婷 谢 昕 郭洪强

副主编 杨秋菊 刘晓瑞 申万意 刘 兵

主 审 杨百梅

第三版

U0245296

大连理工大学出版社

图书在版编目(CIP)数据

仪器分析技术 / 薛婷，谢昕，郭洪强主编. -- 3 版
. -- 大连 : 大连理工大学出版社，2021.8(2024.8 重印)
　新世纪高职高专化工类课程规划教材
　ISBN 978-7-5685-2750-7

　Ⅰ. ①仪… Ⅱ. ①薛… ②谢… ③郭… Ⅲ. ①仪器分
析－高等职业教育－教材 Ⅳ. ①O657

中国版本图书馆 CIP 数据核字(2020)第 231866 号

大连理工大学出版社出版
地址:大连市软件园路 80 号　邮政编码:116023
发行:0411-84708842　邮购:0411-84708943　传真:0411-84701466
E-mail:dutp@dutp.cn　URL:http://dutp.dlut.edu.cn
北京虎彩文化传播有限公司印刷　　大连理工大学出版社发行

幅面尺寸:185mm×260mm　　印张:16.25　　字数:371 千字
2011 年 7 月第 1 版　　　　　　　　　　2021 年 8 月第 3 版
　　　　　2024 年 8 月第 2 次印刷

责任编辑:姚春玲　　　　　　　　　　　责任校对:马　双
　　　　　　　　封面设计:张　莹

ISBN 978-7-5685-2750-7　　　　　　　　定　价:51.80 元

　　《仪器分析技术》(第三版)是"十二五"职业教育国家规划教材,也是新世纪高职高专教材编审委员会组编的化工类课程规划教材之一。

　　仪器分析技术是化工技术类专业核心课程之一。随着现代科学技术的迅猛发展,仪器分析技术被广泛应用于社会生产的方方面面。仪器分析中的各种方法和技术与现代科学技术的发展互相渗透、互相促进,特别是伴随着微电子学和计算机科学的迅猛发展,仪器分析技术已经成为分析化学的主要组成部分。

　　本教材按被分析对象的化学性质分为两大模块:无机产品分析示例和有机产品分析示例。无机产品分析示例模块选取了离子膜烧碱生产工艺流程的部分原料、辅助试剂,分析其主成分或杂质(涉及使用仪器分析方法进行分析的成分)含量;有机产品分析示例模块选取了PVC产品和药物头孢拉定进行分析。为了让读者更全面掌握某种分析方法,有些分析项目中还增加了附加任务。

　　随着科技的不断发展,分析仪器不断更新,原教材中的仪器设备知识需要进一步补充和更新,实验部分也有需要调整之处,为此,我们对教材进行了适当修订。

　　本教材具有如下特点:

　　1.本教材以工业生产项目为载体,以产品检测任务为驱动,依据分析化工职业标准确定职业能力,根据高职教育课程改革与建设的要求,进行课程内容安排与调整,从而改变了传统学科体系课程教学与评价方式,充分体现了化工技术类专业高等职业教育人才培养规格和要求。

　　2.本教材涉及的分析方法包括电位分析法、紫外-可见分光光度法、原子吸收分光光度法、气相色谱法、高效液相色谱法、红外分光光度法,以实践教学为先导,边做边讲展开教学,将理论知识讲解渗透在实践训练过程中。

　　本教材由淄博职业学院薛婷、河南职业技术学院谢昕、淄博职业学院郭洪强任主编,淄博职业学院杨秋菊、银川科技职业学院刘晓瑞、山东丝绸纺织职业学院申万意、商丘职业技术学院刘兵任副主编。项目一由郭洪强和刘兵编写,项目二由薛婷和杨秋菊编写,项目三由薛婷和刘晓瑞编写,项目四由谢昕编写,仪器使用手册(附录)由申万意和刘兵编写。全书由薛婷、谢昕、郭洪强统稿。淄博职业学院杨百梅教授审阅了全部书稿并提出宝贵意见,在此表示诚挚谢意。

本教材在编写过程中得到了中国石化公司齐鲁分公司氯碱厂、山东大成农药股份有限公司、山东新华制药股份有限公司等多家企业的技术专家的大力支持和帮助,并参阅了有关文献资料,在此一并表示感谢。

在编写本教材的过程中,我们参考、引用和改编了国内外出版物中的相关资料以及网络资源,在此对相关资料的作者表示深深的谢意。请相关著作权人看到本教材后与出版社联系,出版社将按照相关法律的规定支付稿酬。

由于编者水平有限,书中难免有疏漏和不当之处,敬请各位专家和读者批评指正。

编　者

2021 年 8 月

所有意见和建议请发往:dutpgz@163.com

欢迎访问职教数字化服务平台:http://sve.dutpbook.com

联系电话:0411-84707492　84706104

目录 ▶

绪　论

分析化学是化学表征与测量的科学,也是研究分析方法的科学。它可向人们提供物质的结构信息和物质的化学组成、含量等信息。

通常,分析化学包括化学分析和仪器分析两大部分。化学分析是指利用化学反应以及化学计量关系来确定被测物质含量的一类分析方法,测定时使用化学试剂、天平以及玻璃器皿如滴定管、吸量管、烧杯、漏斗等。化学分析是经典的非仪器分析方法,主要用于物质的常量测定。仪器分析测量时使用各种类型的价格较贵的特殊分析仪器,具有灵敏、简便、快速且易于实现自动化等特点。仪器分析的应用范围比化学分析广泛,已成为分析化学的重要组成部分。

一、仪器分析概述

(一)仪器分析的定义

所谓仪器分析,是指采用比较复杂或特殊的仪器,通过测量表征物质的某些物理的或物理化学的性质参数及其变化规律来确定物质的化学组成、状态及结构的方法。

(二)仪器分析与化学分析的联系

1.仪器分析是在化学分析的基础上发展起来的,其不少原理都涉及化学分析的基本理论。

2.仪器分析离不开化学分析,其不少过程需应用到化学分析的理论。

(三)仪器分析与化学分析的区别

仪器分析与化学分析的区别见表1。

表 1　　　　　　　　　　仪器分析与化学分析的区别

区分点	化学分析	仪器分析
从原理看	根据化学反应及计量关系	根据物质的物理或物理化学性质、参数及变化规律
从仪器看	主要为简单玻璃仪器	较复杂、特殊的仪器
从操作看	多为手工操作,较烦琐	多为仪器测量,操作简单,易实现自动化
从试样看	样量多,破坏性分析	样量少,有的为非破坏性分析,可进行现场或在线分析
从应用看	常量分析,定性,定量	微量、痕量的组分分析,状态、结构等的分析

(四)仪器分析的特点

1.灵敏度高,检测限低,比较适合于微量、痕量和超痕量的分析。

2.选择性好,许多仪器分析方法可以通过选择或调整测定的条件,不经分离而同时测定混合的组分。

3.操作简便,分析速度快,易于实现自动化和智能化。

4.应用范围广,不但可以做组分及含量的分析,在状态、结构分析上也有广泛的应用。

5.多数仪器分析的相对误差比较大,不适于做常量和高含量组分的测定。

6.仪器分析所用的仪器价格较高,有的很昂贵,仪器的工作条件要求较高。

(五)仪器分析的分类

习惯上,仪器分析分为电化学分析法、色谱法、光学分析法和其他方法。

电化学分析法是以物质在溶液或电极上的电化学性质为基础建立起来的分析方法,包括电位分析法、电流滴定法、库仑分析法、伏安法、极谱分析法以及电导分析法等。

色谱法是指利用混合物中不同物质在两相间作用力的差异所建立的分离分析方法。分离后的组分可以进行定性或定量分析,有时分离和测定可同时进行,有时需先分离后测定。色谱法包括气相色谱法和液相色谱法等。

光学分析法是基于电磁波作用于被测物质后辐射信号产生的变化所建立的分析方法,包括原子发射光谱法、原子吸收光谱法、紫外-可见吸收光谱法、红外吸收光谱法、核磁共振波谱法和荧光光谱法等。

其他方法如热分析法,是根据物质的质量、体积等性质与温度之间的关系所建立的分析方法;质谱法是测量被电离物质的质荷比进行分析的方法。

本教材重点介绍紫外-可见分光光度法、电位分析法、气相色谱法、高效液相色谱法、原子吸收光谱法、红外吸收光谱法。

表2列出了仪器分析的类型、测量的重要参数(或有关性质)以及相应的分析方法。

表2　　　　　　　　　　　　　　　　　仪器分析的分类

方法类型	测量参数或有关性质	相应的分析方法
电化学分析法	电导	电导分析法
	电位	电位分析法,计时电位法
	电流	电流滴定法
	电流-电压	伏安法,极谱分析法
	电量	库仑分析法
色谱法	两相间分配	气相色谱法,液相色谱法
光学分析法	辐射的发射	原子发射光谱法,火焰光度法等
	辐射的吸收	原子吸收光谱法,分光光度法(紫外光、可见光、红外光),核磁共振波谱法,荧光光谱法
	辐射的散射	比浊法,拉曼光谱法,散射浊度法
	辐射的折射	折射法,干涉法
	辐射的衍射	X射线衍射法,电子衍射法
	辐射的转动	偏振法,旋光色散法,圆二向色性法

二、分析仪器的组成

仪器分析测定时使用各种类型的分析仪器。分析仪器自动化程度越高,仪器越复杂。然而不管分析仪器如何复杂,它们一般由信号发生器、检测器、信号处理器和读出装置四个基本部分组成,见表3。

表3　　　　　　　　　常见分析仪器的基本组成

仪　器	信号发生器	分析信号	检　测　器	输入信号	信号处理器	读出装置
pH 计	样品	氢离子活度	pH 玻璃电极	电位	放大器	表头或数字显示
库仑计	直流电源,样品	电流	电极	电流	放大器	数字显示
气相色谱仪	样品	电阻或电流(热导或氢焰)	热导检测器、氢火焰离子化检测器等	电阻	放大器	记录仪或打印机
紫外-可见分光光度计	钨灯或氢灯,样品	衰减光束	光电倍增管	电流	放大器	表头、记录仪或打印机

信号发生器使样品产生信号,它可以是样品本身。例如,对于 pH 计,其信号发生器就是溶液,而对于紫外-可见分光光度计,信号发生器除样品外,还有钨灯或氢灯等。

检测器(传感器)是将某种类型的信号变换成可测定的电信号的器件,是实现非电量电测不可缺少的部分。检测器分为电流源、电压源和可变阻抗检测器三种。紫外-可见分光光度计中的光电倍增管是将光信号变换成电流的器件。电位分析法中的离子选择电极是将物质的浓度变换成电极电位的器件。

信号处理器将微弱的电信号用电子元件组成的电路加以放大,便于读出装置指示或记录信号。

读出装置将信号处理器放大的信号显示出来,其形式有表头、数字显示器、荧光屏显示,记录仪记录,打印机打印,或用计算机处理等。

三、如何学好这门课程

仪器分析主要涉及分析对象、分析仪器和分析方法。其分析流程通常包括样品的采集、样品的预处理、仪器的校正、样品的测量或表征、分析数据的处理等五个基本环节。

学习本课程时,应该弄懂每一种方法的基本原理,掌握有关的基本概念和基本方法,了解仪器的基本结构、操作方法和测试条件;同时还要注意了解和比较每一种方法的适用范围、优缺点、局限性以及产生误差的原因;此外,各种仪器分析的数据处理方法也是必须重点掌握的内容。

模块一
无机产品分析示例

项目一　离子膜烧碱生产原料的质量检验

 **项目分析**

生产离子膜烧碱的某工厂有一批生产原料工业盐需要进行质量检验,作为质检人员,需要首先收集相关标准分析方法,然后依据标准方法进行具体实验分析,一般依据国家标准(GB/T 5462—2015)进行分析。其具体技术要求如下:

一、外观

白色、微黄色或青白色晶体,无与产品有关的明显杂质。

二、化学指标

工业盐的化学指标应符合表 1-1 的规定。

表 1-1　　　　　　　　　　　　　工业盐的化学指标

指标		精制工业盐						日晒工业盐		
		工业干盐			工业湿盐			优级	一级	二级
		优级	一级	二级	优级	一级	二级			
氯化钠/(g/100 g)	≥	99.1	98.5	97.5	96.0	95.0	93.3	96.2	94.8	92.0
水分/(g/100 g)	≤	0.30	0.50	0.80	3.00	3.50	4.00	2.80	3.80	6.00
水不溶物/(g/100 g)	≤	0.05	0.10	0.20	0.05	0.10	0.20	0.20	0.30	0.40
钙镁离子总量/(g/100 g)	≤	0.25	0.40	0.60	0.30	0.50	0.70	0.30	0.40	0.60
硫酸根离子/(g/100 g)	≤	0.30	0.50	0.90	0.50	0.70	1.00	0.50	0.70	1.00

三、检验规则

检验结果中所有指标都应符合本标准相应等级的要求,如有一项指标不符合本标准最低一级的规定,应取该样品的备用样重新测定不符合项;如检验结果仍不符合本标准的规定,则判定该批产品不合格。

工业盐应由生产单位的质量检验部门或委托有资质的质量检验机构进行全项检验。产品出厂(场)时应附有合格证明,注明产品名称(类别)、生产单位、生产日期、等级、标准编号。

子项目 1　工业盐中氯离子含量的测定(电位滴定法)

 **项目分析**

工业盐中氯离子含量的测定可采用银量法、汞量法、电位滴定法等,本子项目利用电

位滴定法完成测定。电位滴定法属于电位分析法中的一种定量分析方法,因此,应首先了解电位分析法,再具体学习电位滴定法。

任务1　认识电位分析法并学习仪器使用方法

质检中心已经提供了完成本子项目所需要的仪器和试剂,包括电位滴定装置、电极、辅助试剂、分析用玻璃仪器、工业盐样品等。本任务学习电位分析法的基本原理及仪器的使用方法。

【学习目标】

1.知识目标
(1)了解电位分析法的基本原理。
(2)熟悉指示电极、参比电极的定义,种类,基本构造,电极电位表达式及应用。
(3)熟练掌握常用电极的使用方法和使用注意事项。
2.能力目标
(1)会进行电极使用前的检查和处理以及电极安装。
(2)会连接、组装电位分析法的仪器装置。
3.素质目标
(1)具有高度的责任感和"质量第一"的理念。
(2)具有实事求是的工作作风。
(3)具有较强的团结协作能力。

子任务1　认识电位分析法及其实验装置

一、几个必备概念

电化学电池是化学能和电能进行相互转换的电化学反应器,它分为原电池和电解池两类。原电池能自发地将本身的化学能转变为电能,而电解池则需要外部电源供给电能,然后将电能转变为化学能。电位分析法是在原电池内进行的。电化学原电池均由两支电极、容器和适当的电解质溶液组成。

(一)电极反应
电极反应也称为半电池反应,通常写成还原反应的形式,即

$$Ox^{n+} + ne \Longrightarrow Red$$

(二)电极电位
电极电位是指金属电极插入含该金属的电解质溶液中产生的金属与溶液的相界电位。

金属电极的电极反应为：

$$M^{n+} + ne \Longrightarrow M$$

电极电位 $\varphi_{M^{n+}/M}$ 与 M^{n+} 离子活度的关系，可用能斯特方程表示

$$\varphi_{M^{n+}/M} = \varphi^{\ominus}_{M^{n+}/M} + \frac{RT}{nF} \ln a_{M^{n+}}$$

式中　$\varphi^{\ominus}_{M^{n+}/M}$——标准电极电位，V；

　　　R——气体常数，8.314 5 J·mol^{-1}·K^{-1}；

　　　T——热力学温度，K；

　　　n——电极反应中转移的电子数；

　　　F——法拉第(Faraday)常数，96 486.7 C·mol^{-1}；

　　　$a_{M^{n+}}$——金属离子 M^{n+} 的活度，mol/L，当离子浓度很小时，可用 M^{n+} 的浓度代替
　　　　　　　活度。

在温度为 25℃时，能斯特方程可近似地简化成下式

$$\varphi_{M^{n+}/M} = \varphi^{\ominus}_{M^{n+}/M} + \frac{0.059\ 2}{n} \lg a_{M^{n+}}$$

用浓度乘以活度系数来表示能斯特方程，则可将标准电极电位与活度系数这两项合并，称为条件电极电位，用 $\varphi'_{Ox/Red}$ 表示。

由式可知，如果测量出 $\varphi_{M^{n+}/M}$，就可以确定 M^{n+} 的活度。但实际上，单支电极的电位是无法测量的，它必须用一支电极电位随待测离子活度变化而变化的指示电极和一支电极电位已知且恒定的参比电极与待测溶液组成工作电池，通过测量工作电池的电动势来获得 $\varphi_{M^{n+}/M}$。

(三)电池的表示形式与电池的电动势

1.表示形式

设电池为：$(-)M \mid M^{n+} \parallel$ 参比电极$(+)$

(1)溶液注明活度。

(2)用 $\mid$ 表示电池组成的每个接界面。

(3)用 $\parallel$ 表示盐桥，表明具有两个接界面。

(4)发生氧化反应的一极写在左，发生还原反应的一极写在右。

2.电池的电动势(用 E 表示)

$$E = \varphi(+) - \varphi(-) + \varphi_{(L)}$$

式中　$\varphi(+)$——电位较高的正极的电极电位；

　　　$\varphi(-)$——电位较低的负极的电极电位；

　　　$\varphi_{(L)}$——液接电位，其值很小，可以忽略。

所以　　　　　　　　　$E = \varphi_{参比} - \varphi_{M^{n+}/M}$

式中，$\varphi_{参比}$ 在一定温度下都是常数，因此，只要测量出电池电动势，就可以求出待测离子 M^{n+} 的活度。

例如：原电池(铜锌电池)结构如图 1-1 所示。

原电池：　　$(-)$　Zn $\mid$ Zn^{2+}(1mol/L) $\parallel$ Cu^{2+}(1 mol/L) $\mid$ Cu　$(+)$

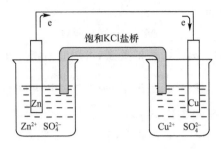

图 1-1 铜锌原电池

电极电位：　　　$\varphi_{Cu^{2+}/Cu} = 0.377\ V$　　　$\varphi_{Zn^{2+}/Zn} = -0.763\ V$

电极反应：　　（一）Zn 极　　　$Zn - 2e = Zn^{2+}$（氧化反应）

　　　　　　　（＋）Cu 极　　　$Cu^{2+} + 2e = Cu$（还原反应）

电池反应：　　　$Zn + Cu^{2+} = Zn^{2+} + Cu$（氧化还原反应）

二、电位分析法

　　应用电化学的基本原理和实验技术，依据物质的电化学性质（电流、电位、电导、电量），在溶液中有电流或无电流流动的情况下，来测定物质组成及含量的分析方法称之为电化学分析或电分析化学。其特点：一是灵敏度、准确度高，选择性好，应用广泛；二是被测物质的最低量可以达到 10^{-12} mol/L 数量级；三是电化学仪器装置较为简单，操作方便，尤其适合于化工生产中的自动控制和在线分析；四是适用范围广（无机离子、有机电化学、药物、活体分析等）。根据所测物理量不同可分为电位分析法、电解与库仑分析法、极谱与伏安分析法和电导分析法。在此重点学习电位分析法。

（一）原理

　　电位分析法是将一支电极电位与被测物质的活（浓）度有关的电极（称指示电极），和另一支电位已知且保持恒定的电极（称参比电极），插入待测溶液中组成一个化学电池，在零电流的条件下，通过测定电池电动势，进而求得溶液中待测组分含量的方法，如图 1-2 所示。

　　根据电位分析应用的方式又可分为直接电位法和电位滴定法。

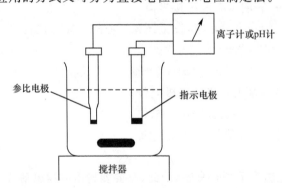

图 1-2 电位分析

　　能斯特方程是电位分析法的理论基础。在溶液平衡体系不发生变化及电池回路零电流条件下，测得电池的电动势（或指示电极的电位）。

$$E = \varphi_{\text{参比}} - \varphi_{\text{指示}}$$

由于 $\varphi_{\text{参比}}$ 不变，$\varphi_{\text{指示}}$ 符合能斯特方程，所以 E 的大小取决于待测物质离子的活度（或浓度），从而达到分析的目的。

（二）分类

1.直接电位法

直接电位法（图1-3，图1-4）是将电极插入被测溶液中构成原电池，根据测得的电动势和待测组分的活度，依据能斯特方程，通过计算求得待测组分含量的方法。直接电位法具有简便、快速、灵敏、应用广泛的特点，常用于溶液 pH 和一些离子浓度的测定。

图1-3　直接电位法实物装置

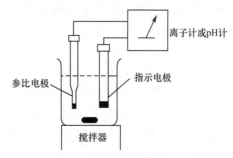
图1-4　直接电位法

2.电位滴定法

电位滴定法（图1-5，图1-6）是用已知准确浓度的滴定剂来滴定待测物质，根据消耗掉的滴定剂的量来计算待测物质的含量。电位滴定法和普通滴定分析的不同之处在于判断滴定终点的方法不同，电位滴定法根据到达滴定终点时原电池电动势的突跃来判断滴定终点。电位滴定法分析结果准确度高，容易实现自动化控制，能进行连续和自动滴定，广泛用于酸碱、氧化还原、沉淀、配位等各类滴定反应终点的确定，特别适用于那些滴定突跃小、溶液有色或浑浊的滴定，可以获得理想的结果。

图1-5　电位滴定法实物装置

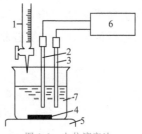
图1-6　电位滴定法

1—滴定管；2—指示电极；3—参比电极；4—铁芯搅拌棒；
5—电磁搅拌器；6—高阻抗毫伏计；7—试液

子任务 2　认识常用指示电极和参比电极

一、指示电极

电位分析法中，电极电位随溶液中待测离子活（浓）度的变化而变化，并指示出待测离子活(浓)度的电极称为指示电极。指示电极对被测物质的指示是有选择性的,一种指示电极往往只能指示一种物质的浓度,因此,用于电位分析法的指示电极种类很多。

常用的指示电极有金属基电极和离子选择性电极两大类。

(一)金属基电极

以金属为基体的电极称为金属基电极。其特点是:它们的电极电位主要来源于电极表面的氧化还原反应,所以在电极反应过程中都发生电子交换。

常用的金属基电极有以下几种:

1.金属-金属离子电极(第一类电极)

此类电极是由金属及其离子溶液组成的电极系统,其电极电位取决于金属离子的活度。组成这类电极的金属有银、铜、镉、锌、汞等。铁、钴、镍等金属不能构成这种电极。此类电极主要用于测定金属离子。

2.金属-金属难溶盐电极(第二类电极)

此类电极由金属、该金属难溶盐和难溶盐的阴离子溶液组成,其电极电位取决于溶液中该金属难溶盐阴离子的活度,再现性及稳定性均好,常用作参比电极。例如:甘汞电极和银-氯化银电极。此类电极主要用于测定阴离子。

3.汞电极(第三类电极)

此类电极由金属汞浸入含少量 Hg^{2+}-EDTA 配合物及被测离子 M^{n+} 的溶液中组成。此类电极主要用来做以 EDTA 滴定 M^{n+} 的指示电极。

4.惰性金属电极(零类电极)

此类电极由铂、金等惰性金属(或石墨)插入含有氧化还原电对(如:Fe^{3+}/Fe^{2+},Ce^{4+}/Ce^{3+},I_3^-/I^- 等)物质的溶液中构成。

(二)离子选择性电极

离子选择性电极是对特定离子具有选择性响应的一类电极。由对溶液中某种特定离子具有选择性响应的敏感膜及其他辅助部分组成。在其敏感膜上不发生电子转移,只是在膜表面上发生离子交换而形成膜电位。这是直接电位法中应用最广泛的一类指示电极。因为这类电极都具有一个敏感膜,又称为膜电极,常用符号"ISE"表示。

1.分类

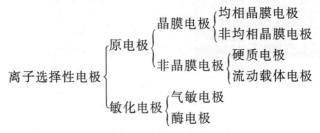

2.基本结构

ISE 由四个基本部分组成(图 1-7):电极管由玻璃或高分子聚合物材料做成;内参比电极通常为 Ag/AgCl 电极;内参比溶液由氯化物及响应离子的强电解质溶液组成;敏感膜是对离子具有高选择性的响应膜。

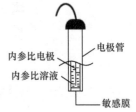

图 1-7　ISE 基本结构

3.膜电位

将某一合适的离子选择性电极浸入含有一定活度的待测离子溶液中,在敏感膜的内外两个相界面处会产生电位差,这个电位差就是膜电位。膜电位产生的根本原因是离子交换和扩散。

离子选择性电极的膜电位与溶液中待测离子活度的关系符合能斯特方程,即

$$\varphi_{膜}=K\pm\frac{RT}{nF}\ln a_i=K\pm\frac{0.059\ 2}{n}\lg a_i(25\ ℃时)$$

式中　K ——离子选择性电极常数。在一定实验条件下为一常数,它与电极的敏感膜、内参比电极、内参比溶液及温度等有关。

a_i——i 离子的活度。

n——i 离子的电荷数。

当 i 为阳离子时,式中第二项取正值;i 为阴离子时该项取负值。

离子选择性电极的电位为内参比电极的电位 $\varphi_{内参}$ 与膜电位 $\varphi_{膜}$ 之和,即

$$\varphi=\varphi_{内参}+\varphi_{膜}$$

由于 $\varphi_{内参}$ 为常数,所以离子选择性电极的电位应为

$$\varphi=K'\pm\frac{0.059\ 2}{n}\lg a_i(25\ ℃时)$$

4.性能

(1)选择性

理想的离子选择性电极应是只对特定的一种离子产生电位响应,其他共存离子不干扰,但实际上,目前所使用的各种离子选择性电极都不可能只对一种离子产生响应,而是或多或少地对共存干扰离子产生不同程度的响应。

设 i 为待测离子,j 为干扰离子;n_i、n_j 分别为 i 和 j 的电荷;K_{ij} 称为选择性系数,其意义为:在相同实验条件下,产生相同电位的待测离子活度 a_i 与干扰离子活度 a_j 的比值 K_{ij} 越小越好。如果 $K_{ij}<1$,说明电极对 i 有选择性的响应;当 $K_{ij}=1$,说明电极对 i 与 j 有同等的响应;当 $K_{ij}>1$,说明电极对 j 有选择性的响应。

例如,$K_{ij}=10^{-2}$,表示溶液中仅有 i、j 响应离子时,电极对 i 的敏感性比对 j 的敏感性大 100 倍。可利用选择性系数 K_{ij} 的大小估算干扰离子对测定造成的误差,判断某种干扰离子存在时测定方法是否可行。计算式为

$$K_{ij}=\frac{a_i}{(a_j)^{\frac{n_i}{n_j}}}$$

(2)响应时间

电极的响应时间又称电位平衡时间,它是指从离子选择性电极和参比电极一起接触试液开始,到电池电动势达到稳定值(波动在 1 mV 以内)所需的时间。离子选择性电极的响应时间越短越好。凡是影响电池中各部分达到平衡的因素都会影响响应时间。主要有敏感膜的组成和性质、参比电极电位的稳定性、测量对象及实验条件等。在实际测量中通常采用搅拌的方法来缩短响应时间。

（3）温度和 pH 范围

使用电极时，温度的变化不仅影响测定的电位值，还会影响电极正常的响应性能。各类选择性电极都有一定的温度使用范围。电极允许使用的温度范围与膜的类型有关。一般使用温度下限为 -5 ℃左右，上限为 $80\sim100$ ℃，有些液膜电极只适用于 50 ℃左右。

电极在测量时允许的 pH 范围由电极的类别决定，还与测定离子有关，大多数电极在接近中性的介质中进行测量。

（4）电极的稳定性

电极的稳定性是指电极在恒定条件下，测定的电动势值可以保持恒定的时间。电极的稳定性可用电极的漂移程度和重现性来判断。电极的漂移程度指在恒定组成和温度下，指示电极和参比电极构成电池时，电位随时间缓慢而有序变化的程度。一般要求电极在 24 h 的漂移应小于 2 mV。电极的重现性是指在 25 ℃±2 ℃条件下，电极从浓度为 10^{-3} mol/L 的溶液中转移到浓度为 10^{-2} mol/L 的溶液中，三次重复测定，其电位读数值的平均偏差。

电极的重现性和稳定性直接影响电极的使用寿命。一般电极的使用寿命在一年以上，有的更短。

5.常用的离子选择性电极

（1）pH 玻璃电极

pH 玻璃电极属于离子选择性电极中的非晶体膜刚性基质电极，就是对 H^+ 有响应的氢离子选择性电极，其敏感膜就是玻璃膜。pH 玻璃电极是测定溶液 pH 的一种常用指示电极。

①构造

pH 玻璃电极是由对 H^+ 有选择性响应的软质球状玻璃膜（含 Na_2O、CaO 和 SiO_2，厚度小于 0.1 mm），内部溶液（pH $=6\sim7$ 的膜内缓冲溶液和 0.1 mol/L 的 KCl 内参比溶液），内参比电极（Ag-AgCl 电极）组成的，如图 1-8 所示。

②膜电位

pH 玻璃电极的玻璃膜由于 Na_2O 的加入，Na^+ 取代了玻璃中 Si(Ⅳ) 的位置，Na^+ 与硅氧键中的—O 之间呈离子键性质，形成可以进行离子交换的点位—Si—O—Na^+。当电极浸入水溶液中时，玻璃外表面吸收水产生溶胀，形成很薄的水合硅胶层，如图 1-9 所示。水合硅胶层只容许氢离子扩散进入玻璃结构的空隙并与 Na^+ 发生交换反应。

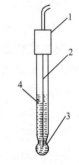

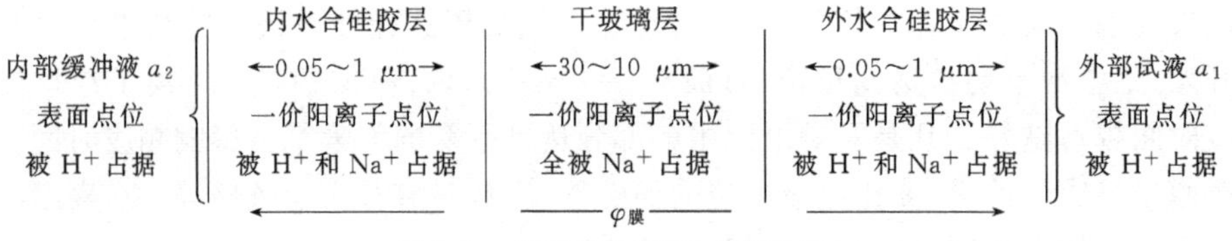

图 1-8　pH 玻璃电极结构

1—绝缘套；2—内参比电极；
3—玻璃膜；4—内部溶液

内部缓冲液 a_2 表面点位 被 H^+ 占据	内水合硅胶层 ←0.05~1 μm→ 一价阳离子点位 被 H^+ 和 Na^+ 占据	干玻璃层 ←30~10 μm→ 一价阳离子点位 全被 Na^+ 占据	外水合硅胶层 ←0.05~1 μm→ 一价阳离子点位 被 H^+ 和 Na^+ 占据	外部试液 a_1 表面点位 被 H^+ 占据

$\varphi_{膜}$

图 1-9　pH 玻璃电极膜电位的形成

当 pH 玻璃电极外膜与待测溶液接触时，由于水合硅胶层表面与溶液中氢离子的活度不同,氢离子便从活度大的一方向活度小的一方迁移。这就改变了水合硅胶层和溶液两相界面的电荷分布,产生了外相界电位。pH 玻璃电极内膜与内参比溶液同样也产生内相界电位。可见,pH 玻璃电极两侧的相界电位的产生是由于氢离子在溶液和玻璃水化层界面之间转移的结果。

25 ℃时 pH 玻璃电极的膜电位大小可表示为

$$\varphi_{膜} = K + 0.059\ 2\ \lg a_{H^+}(外)$$

或

$$\varphi_{膜} = K - 0.059\ 2\ pH_{外}$$

式中,K 由 pH 玻璃电极本身的性质决定。在一定温度下,pH 玻璃电极的膜电位与外部溶液的 pH 呈线性关系。

③pH 玻璃电极的电极电位

$$\varphi_{玻璃} = \varphi_{AgCl/Ag} + \varphi_{膜} = \varphi_{AgCl/Ag} + K - 0.059\ 2\ pH_{外}$$

$$\varphi_{玻璃} = K_{玻} - 0.059\ 2\ pH_{外}$$

其中

$$K_{玻} = \varphi_{AgCl/Ag} + K$$

可见,当温度等实验条件一定时,pH 玻璃电极的电极电位与试液的 pH 呈线性关系。

④pH 玻璃电极的特点

优点:不受溶液中氧化剂和还原剂的影响;玻璃膜不易因杂质的作用而中毒;能在胶体溶液和有色溶液中应用。

缺点:必须辅以电子放大装置(因其本身具有很高的电阻);电阻随温度变化,一般只能在 5~60 ℃使用;电极玻璃球泡很薄,很容易破损。

pH 玻璃电极的测量范围一般为 pH=1~10。当试液 pH<1 时,电位值偏离线性关系,pH 的测量结果偏高,称为"酸差"。当试液 pH>10 时,测定结果偏低,称为"碱差"或"钠差"。

(2)氟离子选择性电极

氟离子选择性电极属于典型的均相晶体膜电极。氟离子选择性电极的敏感膜是掺入 EuF_2 的 LaF_3 单晶膜,单晶膜封在聚四氟乙烯管中,管中充入 0.1 mol/L 的 NaF 和 0.1 mol/L 的 NaCl 作为内参比溶液,插入 Ag/AgCl 电极作为内参比电极,氟离子可在 LaF_3 单晶膜中移动(图 1-10)。LaF_3 单晶膜表面存在晶格离子空穴,当晶膜与试液接触时,试液中的 F^- 能进入晶格离子空穴,而晶膜中的 F^- 也会扩散进入溶液而在膜中留下新空穴,当离子交换达到平衡时,晶膜表面与试液两相界面上形成双电层而产生膜电位。

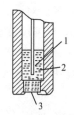

图 1-10　氟离子选择性电极的结构
1—Ag/AgCl 内参比电极;2—内参比溶液(NaF＋NaCl);3—掺入 EuF2 的 LaF₃ 单晶膜

氟离子选择性电极的电极电位计算如下

$$\varphi = K - 0.059\ 2\ \lg a_{F^-}$$

式中　φ——氟离子选择性电极的电极电位。

a_{F^-}——氟离子活度。

K——常数。

电极电位 φ 与氟离子活度有关。

氟离子选择性电极对 F^- 活度的线性响应范围是 $10^{-6}\sim1\ mol/L$。溶液的酸碱度对其测定准确度有较大影响,pH 过低,溶液中的 H^+ 会与部分 F^- 反应生成 HF 或 HF_2^-,使测定结果偏低;pH 过高,OH^- 与晶体膜 LaF_3 发生反应释放出 F^-,使测定结果偏高。实践证明,氟离子选择性电极测定的适宜 pH 范围为 $5.0\sim7.0$。另外,当溶液中存在 Be^{2+}、Al^{3+}、Fe^{3+} 等能与 F^- 稳定配位的阳离子时,也会干扰 F^- 活度的测定,通常加入掩蔽剂来消除干扰。

常见的晶体膜电极的品种和性能见表 1-2。

表 1-2　　　　　　　　　　　　　晶体膜电极的品种和性能

电极	膜材料	线性响应浓度范围/(mol/L)	适用 pH 范围	主要干扰离子	可测定离子
Cl^-	$AgCl+Ag_2S$	$5\times10^{-5}\sim1\times10^{-1}$	$2\sim12$	$Br^-,S_2O_3^{2-},I^-,CN^-,S^{2-}$	Ag^+,Cl^-
Br^-	$AgBr+Ag_2S$	$5\times10^{-6}\sim1\times10^{-1}$	$2\sim12$	$S_2O_3^{2-},I^-,CN^-,S^{2-}$	Ag^+,Br^-
I^-	$AgI+Ag_2S$	$1\times10^{-7}\sim1\times10^{-1}$	$2\sim11$	S^{2-}	Ag^+,I^-,CN^-
CN^-	$AgI+AgCN$	$1\times10^{-6}\sim1\times10^{-2}$	>10	I^-	Ag^+,I^-,CN^-
Ag^+,S^{2-}	Ag_2S	$1\times10^{-7}\sim1\times10^{-1}$	$2\sim12$	Hg^{2+}	Ag^+,S^{2-}
Cu^{2+}	$CuS+Ag_2S$	$5\times10^{-7}\sim1\times10^{-1}$	$2\sim10$	$Ag^+,Hg^{2+},Fe^{3+},Cl^-$	Cu^{2+}
Pb^{2+}	$PbS+Ag_2S$	$5\times10^{-7}\sim1\times10^{-1}$	$3\sim6$	$Cd^{2+},Ag^+,Hg^{2+},Cu^{2+},Fe^{3+},Cl^-$	Pb^{2+}
Cd^{2+}	$CdS+Ag_2S$	$5\times10^{-7}\sim1\times10^{-1}$	$3\sim10$	$Pb^{2+},Ag^+,Hg^{2+},Cu^{2+},Fe^{3+}$	Cd^{2+}

二、参比电极

指示电极的电极电位的绝对值尚无法测定,必须选择一个参比电极。对参比电极的要求是电位值已知且恒定,受外界影响小,对温度或浓度没有滞后现象,具有良好的重现性和稳定性,制作简便,使用寿命长。常用的参比电极是甘汞电极和银-氯化银电极。

(一)甘汞电极

1.结构:如图 1-11 所示,甘汞电极由导线、绝缘体、内部电极等构成,内充饱和 KCl 溶液。内部电极内充纯汞和甘汞糊($Hg-Hg_2Cl_2$)。

2.电极表示式:$Hg\mid Hg_2Cl_2(s)\mid KCl\ (c\ mol/L)$

3.电极反应:$Hg_2Cl_2+2e\rightarrow2Hg+2Cl^-$

4.25 ℃时的电极电位为

$$\varphi_{Hg_2Cl_2/Hg}=\varphi^{\ominus}_{Hg_2Cl_2/Hg}-\frac{0.059\ 2}{2}\lg a^2_{Cl^-}$$

$$=\varphi^{\ominus}_{Hg_2Cl_2/Hg}-0.059\ 2\lg a_{Cl^-}$$

因此,一定温度下,甘汞电极的电位取决于 KCl 溶液的活度,当 Cl^- 活度一定时,其电

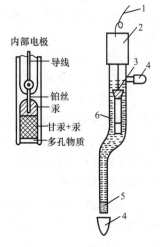

内部电极
导线
铂丝
汞
甘汞+汞
多孔物质

图 1-11　甘汞电极的结构

1—导线;2—绝缘体;3—内部电极;4—橡皮帽;5—多孔物质;6—饱和 KCl 溶液

位值是一定的。

　　按 KCl 溶液的浓度来分,甘汞电极可分为三种类型,即饱和型、标准型及 0.1 mol/L 型,其中最常用的是饱和甘汞电极(SCE)。表 1-3 给出了不同浓度 KCl 溶液制得的甘汞电极的电位值。

表 1-3　　　　　　　　　　　　25 ℃时甘汞电极的电极电位

名　　称	KCl 溶液的浓度/(mol/L)	电极电位/V
饱和型甘汞电极(SCE)	饱和溶液	0.243 8
标准型甘汞电极(NCE)	1.0	0.282 8
0.1 mol/L 型甘汞电极	0.10	0.336 5

　　在使用甘汞电极时应注意,温度不宜高于 75 ℃。

(二)银-氯化银电极

　　1.结构:由表面镀有 AgCl 层的金属银丝、导线、多孔物质等构成。内充一定浓度的 KCl 溶液,如图 1-12 所示。

　　2.电极表示式:　　Ag,AgCl | KCl（c mol/L）

　　3.电极反应式:　　AgCl ＋ e → Ag ＋ Cl⁻

　　4.25 ℃时的电极电位为

$$\varphi_{AgCl/Ag} = \varphi_{AgCl/Ag}^{\ominus} - 0.059\ 21 \lg a_{Cl^-}\quad（25℃时）$$

　　可见,在一定温度下银-氯化银电极的电极电位同样也取决于 KCl 溶液中 Cl⁻ 的活度。25 ℃时,不同浓度 KCl 溶液的银-氯化银电极的电极电位见表 1-4。

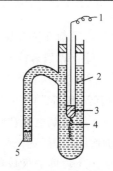

图 1-12　Ag-AgCl 电极的结构
1—导线;2—KCl 溶液;3—Hg;4—镀 AgCl 的 Ag 丝;5—多孔物质

表 1-4　　　　　　　　　　　　25 ℃时银-氯化银电极的电极电位

名　　称	KCl 溶液的浓度/(mol/L)	电极电位/V
饱和型银-氯化银电极	饱和溶液	0.200 0
标准型银-氯化银电极	1.0	0.222 3
0.1 mol/L 型银-氯化银电极	0.10	0.288 0

　　银-氯化银电极是重现性最好的参比电极,常在 pH 玻璃电极和其他各种离子选择性电极中用作内参比电极。银-氯化银电极的温度滞后效应非常小,可在温度高于 80 ℃的体系中使用。

子任务 3　学习电极的规范使用

一、饱和甘汞电极的规范使用

　　1.使用前应先取下电极下端口和上侧加液口的小胶帽,不用时戴上。

　　2.电极内饱和 KCl 溶液的液位应保持有足够的高度(以浸没内电极为度),不足时要补加。为了保证内参比溶液是饱和溶液,电极下端要保持有少量 KCl 晶体存在,否则必须由上侧加液口补加少量 KCl 晶体。

　　3.使用前应检查玻璃弯管处是否有气泡,若有气泡应及时排除掉,否则将引起电路断路或仪器读数不稳定。

4.使用前要检查电极下端陶瓷芯毛细管是否畅通。检查方法是:先将电极外部擦干,然后用滤纸紧贴陶瓷芯下端片刻,若滤纸上出现湿印,则证明毛细管未堵塞。

5.安装电极时,电极应垂直置于溶液中,内参比溶液的液面应较待测溶液的液面高,以防止待测溶液向电极内渗透。

6.饱和甘汞电极在温度改变时常显示出滞后效应,不宜在温度变化太大的环境中使用。

7.当待测溶液中含有 Ag^+、S^{2-}、Cl^- 及高氯酸等物质时,应加置 KNO_3 盐桥。

二、pH 玻璃电极的规范使用

1.使用前在蒸馏水中浸泡 24 小时。

2.检查玻璃球泡是否有裂纹,检查内参比电极是否浸入内参比溶液中,检查内参比溶液中是否有气泡。有裂纹或内参比电极未浸入内参比溶液的电极不能使用。若内参比溶液内有气泡,应稍晃动以除去气泡。

3.pH 玻璃电极在长期使用或储存中会"老化",老化的电极不能再使用。pH 玻璃电极的使用期一般为一年。

4.pH 玻璃电极玻璃膜很薄,容易因为碰撞或受压而破裂,使用时必须特别注意。电极不能倒置。

5.使用前球泡外壁的溶液只能用滤纸吸干,不能擦。检查插线柱是否干燥。

6.pH 玻璃电极污染后必须清洗。对油污可用 5%～10% 的丙酮溶液清洗;对无机盐可用 0.1 mol/L 的盐酸溶液清洗。

7.pH 玻璃电极不能应用于浓硫酸、铬酸洗液、95% 以上的乙醇溶液和含氟较高的试液等。

三、复合电极的规范使用

目前实验室使用的电极都是复合电极(即 pH 玻璃电极和甘汞电极的复合),其优点是使用方便,不受氧化性或还原性物质的影响,且平衡速度较快。

1.初次使用或久置重新使用时,把电极球泡及砂芯浸在 3 mol/L KCl 溶液中活化 8 h。切忌用洗涤液或其他吸水性试剂浸洗。

2.使用前,检查 pH 玻璃电极前端的球泡。正常情况下,电极应该透明而无裂纹;球泡内要充满溶液,不能有气泡存在。

3.测量时拔去外罩,去掉橡皮套,将电极的球泡及砂芯微孔同时浸在被测组分溶液内。测量另一溶液时,先在蒸馏水中洗净,防止杂质带入溶液,避免溶液间交叉污染,保证测量精度。内参比溶液为饱和 KCl 溶液,从上端小孔补充,溶液量保持在内腔容量的 1/2 以上。不用时,小孔用橡皮套盖上。

4.测量浓度较大的溶液时,尽量缩短测量时间,用后仔细清洗,防止被测液黏附在电极上而污染电极。

5.测量中注意银-氯化银内参比电极应浸入球泡内氯化物缓冲溶液中,避免电极显示部分出现数字乱跳现象。使用前,注意将电极轻轻甩几下。

6.清洗电极后,不要用滤纸擦拭玻璃膜,而应用滤纸吸干,避免损坏玻璃薄膜,防止交叉污染,影响测量精度。

7.严禁在脱水性介质如无水乙醇、重铬酸钾等溶液中使用。

8.电极避免长期浸在酸性氟化物溶液中。电极不能用于强酸、强碱或其他腐蚀性溶液。

9.电极球泡或砂芯污染会使电极响应速度减慢。根据污染物性质选用适当溶液清洗可使电极性能恢复。

四、氟电极使用注意事项

1.为了避免 OH^- 的干扰,测定时溶液需要控制 pH 为 5～6。

2.当被测溶液中存在能与 F^- 生成稳定配合物或难溶化合物的阳离子(如 Al^{3+}、Ca^{2+})时,会造成干扰,须加入掩蔽剂消除。但切不可使用能与 La^{3+} 形成稳定配合物的配位剂,以免溶解 LaF_3 而使电极灵敏度降低。

3.氟离子选择性电极在测定试样与标准溶液时,应用磁力搅拌器搅拌,并使试样与标准溶液搅拌速度相等。

4.氟离子选择性电极在测定时,试样和标准溶液应在同一温度。在测量时,电极用蒸馏水清洗后,应用滤纸吸干后进行测试,以防止引起测量误差。

5.氟电极在用毕后建议用去离子水清洗后晾干存放,这样可以延长电极使用寿命,并且不影响下一次测量。

子任务 4 练习电位分析装置的安装

一、直接电位法装置安装

1.准备电极,清洗。
2.仪器预热,安装电极和温度传感器,搭建实验装置。

二、电位滴定法装置安装

1.准备电极、滴定管,清洗。
2.仪器预热,安装电极和滴定管,搭建实验装置。

【技能训练测试题】

一、简答题

1.直接电位法的测定原理是什么?
2.电位滴定法的测定原理是什么?
3.简述 pH 玻璃电极的工作原理。

4.什么是指示电极及参比电极？试各举例说明其作用。

二、单选题

1.测定 pH 的指示电极为（　　）。

A.标准氢电极　　　　B.pH 玻璃电极　　　　C.甘汞电极　　　　D.银-氯化银电极

2.电位分析法中,由一个指示电极和一个参比电极与试液组成（　　）。

A.滴定池　　　　　　B.电解池　　　　　　C.原电池　　　　　D.电导池

3.pH 玻璃电极在使用前一定要在水中浸泡几小时,目的在于（　　）。

A.清洗电极　　　　　　　　　　　B.活化电极

C.校正电极　　　　　　　　　　　D.检查电极好坏

4.pH 玻璃电极产生的不对称电位来源于（　　）。

A.内外玻璃膜表面特性不同　　　　B.内外溶液中 H^+ 浓度不同

C.内外溶液的 H^+ 活度系数不同　　D.内外参比电极不一样

5.电位滴定法是根据（　　）来确定滴定终点的。

A.指示剂颜色变化　　　　　　　　B.电极电位

C.电位突跃　　　　　　　　　　　D.电位大小

6.玻璃膜电极能测定溶液 pH 是因为（　　）。

A.在一定温度下玻璃膜电极的膜电位与试液 pH 呈直线关系

B.玻璃膜电极的膜电位与试液 pH 呈直线关系

C.在一定温度下玻璃膜电极的膜电位与试液中氢离子浓度呈直线关系

D.在 25 ℃时,玻璃膜电极的膜电位与试液 pH 呈直线关系

三、判断题

1.使用甘汞电极一定要注意保持电极内充满 KCl 溶液,并且没有气泡。　　（　　）

2.氟离子选择性电极测定时需要控制 pH 为 5～6。　　　　　　　　　　（　　）

3.pH 玻璃电极测定 pH＜1 的溶液时,pH 读数偏高;测定 pH＞10 的溶液时,pH 读数偏低。　　　　　　　　　　　　　　　　　　　　　　　　　　　　　　（　　）

4.玻璃电极上有油污时,可用无水乙醇、铬酸洗液或浓 H_2SO_4 浸泡、洗涤。　　（　　）

（附加）任务 2　矿泉水 pH 的测定

任务分析

　　为了更全面地了解电位分析法,熟练操作电位分析仪器,在完成工业盐中氯离子含量的测定任务前,先完成（附加）任务 2 和（附加）任务 3。

　　pH 是矿泉水的重要质量指标之一。首先了解 pH 的测定原理,然后利用直接电位分析仪器进行测定。

　　电位分析法中的直接电位法在工业分析中被广泛应用于环境监测、生化分析、医学临床检验及工业生产流程中的自动在线分析等。表 1-5 列出了直接电位法中部分应用实例。

表 1-5　　　　　　　　　　　　直接电位法部分应用实例

被测物质	离子选择电极	线性浓度范围/(mol/L)	适用 pH 范围	应用举例
F⁻	氟电极	$10^0 \sim 5 \times 10^{-7}$	5~7	水、牙膏、生物体液、矿物
Cl⁻	氯电极	$10^{-2} \sim 5 \times 10^{-5}$	2~11	水、碱液、催化剂
CN⁻	氰电极	$10^{-2} \sim 10^{-6}$	11~13	废水、废渣
NO₃⁻	硝酸根离子电极	$10^{-1} \sim 10^{-5}$	3~10	天然水
H⁺	pH 玻璃电极	$10^{-1} \sim 10^{-14}$	1~14	溶液酸度
Na⁺	pNa 玻璃电极	$10^{-1} \sim 10^{-7}$	0~10	锅炉水、天然水、玻璃
NH₃	气敏氨电极	$10^0 \sim 10^{-6}$	11~13	废气、土壤、废水
脲	气敏氨电极	—		生物化学
氨基酸	气敏氨电极	—		生物化学
K⁺	钾微电极	$10^{-1} \sim 10^{-4}$	3~10	血清
Na⁺	钠微电极	$10^{-1} \sim 10^{-3}$	4~9	血清
Ca²⁺	钙微电极	$10^{-1} \sim 10^{-7}$	4~10	血清

pH 测量广泛应用于化工、环保、造纸、食品、饮料、农业土壤、医药临床等行业。pH 是这些行业产品分析中重要的分析指标之一。有些时候 pH 测定的准确与否可直接关系到产品检验结果的成败。

测定溶液 pH 通常有两种方法,即 pH 试纸法和酸度计法。最简便但较粗略的方法是用 pH 试纸,分为广泛 pH 试纸和精密 pH 试纸两种。广泛 pH 试纸的变色范围是 pH=1~14、9~14 等,只能粗略确定溶液的 pH。另一种是精密 pH 试纸,可以较精确地测定溶液的 pH,其变色范围是 2~3 个 pH 单位,例如有 pH=1.4~3.0、0.5~5.0、5.4~7.0、7.6~8.5、8.0~10.0、9.5~13.0 等许多种,可根据待测溶液的酸、碱性选用某一范围的试纸。

本任务是以酸度计(直接电位法)精确测定矿泉水的 pH,酸度计法精确度可达 0.005 pH 单位。

【学习目标】

1.知识目标

(1)熟悉 pH 测定的方法原理、基本装置、电极选择、测定方法、应用。

(2)熟悉标准缓冲溶液的配制和使用。

2.能力目标

(1)会进行 pH 测定的仪器装置组装、使用,电极选择、处理。

(2)会配制标准缓冲溶液,并用来校正酸度计。

(3)能测定未知溶液的 pH,对照标准分析产品的该指标是否合格。

3.素质目标

(1)具有高度的责任感。

(2)具有实事求是的工作作风。

(3)具有按规范、规程操作的习惯。

子任务 1 学习 pH 的测定原理

一、pH 测定的原理

pH 是氢离子活度的负对数,即 $pH = -\lg a_{H^+}$。测定溶液的 pH 通常用 pH 玻璃电极做指示电极(负极),甘汞电极做参比电极(正极),与待测溶液组成工作电池,用精密毫伏计测量电池的电动势(图 1-13)。

工作电池可表示为:

图 1-13 pH 的电位法测定

玻璃电极|试液 ‖ 甘汞电极

组成电池的表示形式:

$(-) Ag, AgCl | 缓冲溶液(pH = 4 或 7) | 膜 | H^+$
$(c \, mol/L) ‖ KCl 溶液(饱和) | Hg_2Cl_2, Hg(+)$

25 ℃时工作电池的电动势为

$$E = \varphi_{SCE} - \varphi_{玻} = \varphi_{SCE} - K_{玻} + 0.059\,2\,pH_{试}$$

由于式中 φ_{SCE},$K_{玻}$ 在一定条件下是常数,所以上式可表示为

$$E = K' + 0.059\,2\,pH_{试}$$

可见,测定溶液 pH 的工作电池的电动势 E 与试液的 pH 呈线性关系,据此可以进行溶液 pH 的测量。只要测出工作电池电动势,并求出 K' 值,就可以计算溶液的 pH 。

但 K' 是个十分复杂的项目,它包括了饱和甘汞电极的电位、内参比电极电位、玻璃膜的不对称电位及参比电极与溶液间的接界电位,其中有些电位很难测出。因此实际工作中不可能采用上式直接计算 pH,而是用已知 pH 的标准缓冲溶液为基准,通过比较由标准缓冲溶液参与组成和待测溶液参与组成的两个工作电池的电动势来确定待测溶液的 pH。即测定一标准缓冲溶液(pH_s)的电动势 E_s,然后测定试液(pH_x)的电动势 E_x。

25 ℃时 E_s 和 E_x 分别为

$$E_s = K'_s + 0.059\,2\,pH_s$$
$$E_x = K'_x + 0.059\,2\,pH_x$$

在同一测量条件下,采用同一支 pH 玻璃电极和 SCE,则上二式中 $K'_s \approx K'_x$,将二式相减得

$$pH_x = pH_s + \frac{E_x - E_s}{0.059\,2}$$

式中 pH_s 为已知值,测量出 E_x、E_s 可求出 pH_x。通常将上式称为 pH 实用定义或 pH 标度。实际测定中,将 pH 玻璃电极和 SCE 插入 pH_s 标准溶液中,通过调节测量仪器上的"定位"旋钮使仪器显示出测量温度下的 pH_s,就可以达到消除 K 值、校正仪器的目的,然后再将电极对浸入试液中,直接读取溶液 pH。

E_x 和 E_s 的差值与 pH_x 和 pH_s 的差值呈线性关系,在 25 ℃时直线斜率为 0.059 2,直线斜率($s = 2.303 \frac{RT}{F}$)是温度函数。为保证在不同温度下测量精度符合要求,在测量

中要进行温度补偿。用于测量溶液 pH 的仪器设有此功能。上式还表明 E_x 与 E_s 差值改变 0.059 2 V,溶液的 pH 也相应改变了 1 个 pH 单位。测量 pH 的仪器表头即按此间隔刻度进行直读。

由于上式是在假定 $K'_s \approx K'_x$ 情况下得出的,而实际测量过程中往往因为某些因素的改变(如试液与标准缓冲液的 pH 或成分的变化,温度的变化等),导致 K' 值发生变化。为了减少测量误差,测量过程应尽可能使溶液的温度保持恒定,并且应选用 pH 与待测溶液相近的标准缓冲溶液(按 GB/T 9724—2007 规定,所用标准缓冲液的 pH_s 和待测溶液的 pH_x 相差应在 3 个 pH 单位以内)。

二、pH 测定的基本操作

(一)pH 标准缓冲溶液的配制

1.pH=4.00 溶液

用邻苯二甲酸氢钾 G.R. 10.12 g,溶解于 1 000 mL 的高纯去离子水中,储存于用所配溶液荡洗过的聚乙烯试剂瓶中,贴上标签。

2.pH=6.86 溶液

用磷酸二氢钾 G.R. 3.387 g,磷酸氢二钠 G.R. 3.533 g,溶解于 1 000 mL 的高纯去离子水中,储存于用所配溶液荡洗过的聚乙烯试剂瓶中,贴上标签。

3.pH=9.18 溶液

用硼砂 G.R. 3.80 g,溶解于 1 000 mL 的高纯去离子水中,储存于用所配溶液荡洗过的聚乙烯试剂瓶中,贴上标签。

注:配制(2)(3)溶液所用的水,应预先煮沸 15～30 min,除去溶解的二氧化碳。在冷却过程中应避免与空气接触,以防止二氧化碳的污染。

上述标准缓冲溶液也可用袋装商品"成套 pH 缓冲剂"配制。配制标准缓冲溶液的实验用水应符合三级水的规格。标准缓冲溶液一般可保存 2～3 个月。若发现溶液中出现浑浊等现象则不能再使用,应重新配制。

(二)试剂和仪器

pH S-2 型酸度计,玻璃电极,甘汞电极(或使用 pH 复合电极),被测溶液,pH 标准缓冲溶液。

(三)测定步骤

1.仪器校准

(1)打开仪器电源开关,预热 30 min。

(2)将仪器面板上的"选择"开关置"pH"挡,"范围"开关置"6"挡,"斜率"旋钮顺时针旋到底(100%处),"温度"旋钮调节至此标准缓冲溶液的温度值处。

(3)先将电极用蒸馏水洗净,用滤纸吸干。

(4)将电极放入盛有 pH=7 的标准缓冲溶液的烧杯内。按下"读数"开关,调节"定位"旋钮,使该旋钮调节至标准缓冲溶液的 pH 处。

（5）放开"读数"开关，使仪器处于准备状态，此时仪器指针在中间位置。

（6）把电极从 pH＝7 的标准缓冲溶液中取出，用蒸馏水洗净，用滤纸吸干。

（7）将电极放入 pH＝4 或 pH＝9.18 的标准缓冲溶液中，把仪器的"范围"置"4"挡或置"8"挡，按下"读数"开关，调节"斜率"旋钮，使读数显示为溶液温度补偿下 4.00 或 9.18 的标准缓冲溶液 pH，然后放开"读数"开关。

（8）将电极用蒸馏水洗净，用滤纸吸干。按④的方法重新再测 pH＝7 的标准缓冲溶液，但此时应将"斜率"旋钮维持不动。

仪器校准后绝不能再旋动"定位""斜率"旋钮。

注：标定的缓冲溶液一般第一次用 pH＝6.86 的溶液，第二次用接近被测溶液 pH 的缓冲液。如被测溶液为酸性时，缓冲溶液应选 pH＝4.00；如被测溶液为碱性时，缓冲溶液应选 pH＝9.18。

2.测量 pH

（1）将电极用蒸馏水洗净，用滤纸吸干。

（2）将仪器的"温度"旋钮旋至被测样品溶液的温度值。

（3）将电极放入被测溶液中，仪器的"范围"开关置于此样品溶液的 pH 挡上，按下"读数"开关。如表针打出左面刻度线，则应减少"范围"开关值，如表针打出右面刻度线，则应增加"范围"开关值，直至表针在刻度上。

（4）读数。此时表针所指示的值加上"范围"开关值，即此样品溶液 pH。

3.实验结束工作

关闭酸度计电源开关，拔出电源插头。取出电极，用蒸馏水清洗干净，再用滤纸吸干外壁水分，套上小帽，帽内放少量补充液，以保持电极球泡的湿润，存放在盒内。清洗烧杯，晾干后妥善保存。用干净抹布擦净工作台，罩上仪器防尘罩，填写仪器使用记录。

子任务 2　测定矿泉水 pH

根据以上步骤测定某矿泉水的 pH，通过查阅相关标准判断该矿泉水 pH 是否合格。

考核评分参见表 1-6。

表 1-6　　　　　　　　　　　　　　　　考核评分表

序号	作业项目	考核内容	配分	操作要求	考核记录	扣分	得分
一	仪器校准	仪器预热	5	已预热			
		电极安装	5	正确			
		标准缓冲溶液的选择	5	正确			
		定位方法	5	正确、规范			

（续表）

序号	作业项目	考核内容	配分	操作要求	考核记录	扣分	得分
二	测量pH	测量操作	20	正确、规范			
		读数	5	方法正确			
		原始记录	5	及时、规范、真实、无涂改			
		平行测定偏差	10	合格			
		测量准确度	20	合格			
三	数据处理和实训报告	数据处理和实训报告	15	正确、完整、规范、及时			
四	文明操作，结束工作	物品摆放	5	仪器摆放整齐，无水迹或少水迹，废纸不乱扔，废液不乱倒，结束工作完成良好			
五	总分						

【技能训练测试题】

一、简答题

1.pH 实用定义（或 pH 标度）的含义是什么？

2.直接电位法测定溶液 pH 时，为何必须使用 pH 标准缓冲溶液？

二、判断题

1.酸度计的结构一般都由电极系统和高阻抗毫伏计两部分组成。　（　　）

2.普通酸度计通电后可立即开始测量。　（　　）

3.有色溶液不可以用酸度计测定 pH。　（　　）

4.酸度计的电极包括参比电极和指示电极，参比电极一般常用玻璃电极。　（　　）

5.用酸度计测定水样 pH 时，读数不正常，原因之一可能是仪器未用 pH 标准缓冲溶液较准。　（　　）

三、计算题

当下列电池中的溶液是 pH＝4.00 的缓冲溶液时，在 25 ℃测定电池的电动势为0.209 V：

$$玻璃电极 \mid H^+(x \ mol/L) \parallel SCE$$

当缓冲溶液由未知溶液代替时，测定电池电动势如下：（1）0.312 V；（2）0.088 V；（3）－0.017 V。试计算每种溶液的 pH。

(附加)任务3　饮用水中氟含量的测定

任务分析

　　氟含量是饮用水的重要质量指标之一。首先要了解氟含量的测定原理,然后利用直接电位分析法进行测定。

　　氟广泛存在于自然水体中,水中氟含量的高低对人体健康有一定影响,氟的含量过低易得龋齿,过高会发生氟中毒现象。饮用水中氟的含量适宜范围为0.5~1.5 mg/mL。

　　水中氟含量的测定方法有比色法和电位法。前者的测量范围较宽,但干扰因素多,往往要对试样进行预处理;后者的测量范围虽不如前者宽,但已能满足水质分析的要求,而且操作简便,干扰因素少,不必进行预处理。因此,目前电位法正逐渐取代比色法,成为测定氟含量的常规分析方法。

【学习目标】

1.知识目标

(1)熟悉离子选择性电极(例如氟电极)测定离子浓度的原理、方法。

(2)熟练掌握定量分析方法(标准曲线法、标准加入法)。

(3)了解影响测量准确度的因素。

(4)熟悉 TISAB 的组成及作用。

2.能力目标

(1)会安装使用离子选择性电极(如氟电极)。

(2)会配制 TISAB 溶液和标准系列溶液。

(3)能进行定量分析操作、测定结果的数据记录和处理。

(4)能测定未知溶液的氟含量,对照标准分析产品的该指标是否合格。

3.素质目标

(1)具有高度的责任感。

(2)具有实事求是的工作作风。

(3)具有按规范、规程操作的习惯。

子任务1　学习氟含量测定原理

一、氟含量测定的原理

　　溶液中各种离子活度(浓度)的测定可采用直接电位法。所用指示电极为对待测离子有选择性响应的离子选择性电极,参比电极经常使用饱和甘汞电极,组装成原电池为

　　　　　　(一)SCE ‖试液｜离子选择电极(＋)

电池电动势为

$$E = K \pm \frac{2.303RT}{nF} \lg a_i$$

当离子选择性电极作正极时,对阳离子响应的电极,取正号;对阴离子响应的电极,取负号。离子活(浓)度的电位法测定装置如图 1-14 所示。

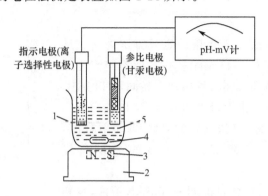

图 1-14　离子活(浓)度的电位法测定装置

1—容器;2—电磁搅拌器;3—旋转磁铁;4—玻璃封闭铁搅棒;5—待测离子试液

例如,用氟离子选择性电极测定氟离子的活(浓)度,其工作电池为

SCE‖试液|氟离子选择性电极

以氟离子选择性电极为指示电极,饱和甘汞电极为参比电极,可测定溶液中氟离子含量。工作电池的电动势 E,在一定条件下与氟离子活度 a_{F^-} 的对数值呈直线关系。测量时,若指示电极接正极,则

$$E = K' - 0.059\ 2\lg a_{F^-} \quad (25\ ℃)$$

当溶液的总离子强度不变时,上式可改写为

$$E = K - 0.059\ 2\lg c_{F^-}$$

因此在一定条件下,电池电动势与试液中氟离子浓度的对数呈线性关系,可用标准曲线法和标准加入法进行测定。

温度、溶液 pH、离子强度、共存离子均影响测定的准确度。因此为了保证测定准确度,需向标准溶液和待测试样中加入 TISAB(总离子强度调节缓冲剂),以使溶液中离子平均活度系数保持定值,并控制溶液的 pH,消除共存离子干扰。

【附:TISAB——直接电位法中加入的一种不含被测离子、不污损电极的浓电解质溶液,由固定离子强度和保持液接电位稳定的离子强度调节剂、起 pH 缓冲作用的缓冲剂、掩蔽干扰离子的掩蔽剂组成。TISAB 的作用主要有:第一,维持试液和标准溶液恒定的离子强度;第二,保持试液在离子选择性电极适合的 pH 范围内,避免 H^+ 或 OH^- 的干扰;第三,使被测离子释放成为可检测的游离离子。例如用氟离子选择性电极测定水中的 F^-,所加入的 TISAB 的组成为 NaCl(1 mol/L)、HAc(0.25 mol/L)、NaAc(0.75 mol/L)及枸橼酸钠(0.001 mol/L)。其中 NaCl 溶液用于调节离子强度;HAc-NaAc 组成缓冲体系,使溶液 pH 保持在氟离子选择性电极适合的 pH(5～5.5)范围之内;枸橼酸钠作为掩蔽剂消除 Fe^{3+}、Al^{3+} 的干扰。值得注意的是,所加入的 TISAB 中不能含有能被所使用的离子选择性电极所响应的离子。】

二、离子选择性电极定量分析方法与影响测定准确度的因素

(一)标准曲线法

1.原理:标准曲线法是最常用的定量方法之一。具体做法是:用待测离子的纯物质配制一系列不同浓度的标准溶液,向标准溶液和待测溶液中加入相同量 TISAB,在同一条件下,测出各标准溶液的电动势 E,以各标准溶液的电动势 E 为纵坐标,以浓度 c 的对数(或负对数值)为横坐标,绘制 E-$\lg c_i$ 或 E-$(-\lg c_i)$ 的关系曲线(图 1-15)。

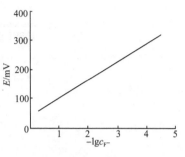

图 1-15　测定 F⁻ 的标准曲线

在待测溶液中加入同样量的同一 TISAB 溶液,在相同条件下测定其电池电动势 E_x,从标准曲线上查出 E_x 所对应的 $\lg c_x$,换算为 c_x。

注:当 c_i 浓度以 mol/L 表示时,由于其数值小,宜用$-\lg c$ 作横坐标,如果 c_i 以 $\mu g/L$ 表示,其数值大,用 $\lg c$ 为横坐标较为方便。标准曲线不一定是通过零点的直线,电位值也不一定是正值,也可以是负值。对于阴离子,浓度越大电位值越小。

2.适用范围:可测范围广,适合大批组成简单的试样分析。

3.优点:操作简单,计算方便。

4.要求:标准溶液与试液的离子强度和组成相近。采用标准曲线法进行测量时实验条件必须保持恒定,否则将影响其线性。若试剂等更换,应重做标准曲线。

(二)标准加入法

1.原理:标准曲线法要求标准溶液与试液的离子强度和组成相近,否则将会由于活度系数值发生变化而引起误差。特别是当组分比较复杂时,用标准曲线法定量误差很大。用标准加入法可在一定程度上减小此误差。

标准加入法是将小体积的标准溶液加到已知体积的未知试样中。根据加标试样前后电池电动势的变化计算试液中被测离子的浓度。具体做法是:在一定实验条件下(25 ℃),先测定由试样(c_x, V_x)和电极组成电池的电动势 E_x,再向试样(c_x, V_x)中加入体积为 V_s 的标准溶液,标准溶液浓度为 c_s($c_s > 100c_x$,$V_s < V_x/100$),则试样浓度增量为 $\Delta c = c_s V_s / V_x$,测量其电池的电动势 E_{x+s}。

$$E_x = K + \frac{0.059\ 2}{n}\lg c_x \qquad\qquad ①$$

$$E_{x+s} = K + \frac{0.059\ 2}{n}\lg(c_x + \Delta c) \qquad\qquad ②$$

②−①,令 $S = \dfrac{0.059\ 2}{n}$

则 $\Delta E = S \cdot \lg(1 + \Delta c/c_x)$

由 $\Delta E = S \cdot \lg(1 + \Delta c/c_x)$ 求得:$c_x = \Delta c (10^{\Delta E/S} - 1)^{-1}$

2.适用:试样组成较为复杂、变动大的样品。

3.优点:操作步骤简单、快速,准确度较高。

(三)影响测量结果准确度的因素

离子选择性电极测量试液的离子浓度时,需要考虑影响电极电位的各种因素(如电极性能、测量系统、温度、溶液组成等)。以下是影响测定因素的几个主要方面:

1.温度:温度的变化会引起直线斜率和截距的变化,而 K' 所包括的参比电极电位、膜电位、液接电位等均与温度有关。因此在整个测量过程中应保持温度恒定,以提高测定的准确度。

2.电动势的测量:受毫伏计精密度、参比电极和离子选择性电极性能等因素的影响,实际测量的电池电动势与真实值往往有一定偏差。

3.干扰离子:干扰离子能直接为电极响应的,则其干扰效应为正误差;干扰离子与被测离子反应生成一种在电极上不发生响应的物质,则其干扰效应为负误差。消除共存干扰离子的常用方法是加入掩蔽剂。另外还可根据具体情况采用加入氧化剂或还原剂的方法或调节溶液 pH 来消除干扰离子的影响。必要时需要预分离。

4.溶液的酸度:溶液测量的酸度范围与电极类型和被测溶液浓度有关,在测定过程中必须保持恒定的 pH 范围,必要时使用缓冲溶液来维持。

5.待测离子浓度:离子选择性电极可以测定的浓度范围一般为 $10^{-6} \sim 10^{-1}$ mol/L。检测下限主要取决于组成电极膜的活性物质性质,同时共存离子的干扰、pH 等因素也会影响测定的线性范围。

6.迟滞效应:迟滞效应是指对同一活度值的离子试液测出的电位值与电极在测定前接触的试液成分有关的现象,也称为电极存储效应,它是直接电位法出现误差的主要原因之一。如果每次测量前都用蒸馏水水将电极电位清洗至一定的值,则可有效地减免此类误差。

子任务 2　测定饮用水中氟含量(GB 8538－2016)

一、氟含量的测定原理

氟化镧单晶对氟化物离子有选择性,在氟化镧电极膜两侧的不同浓度氟溶液之间存在电位差,这种电位差通常称为膜电位。膜电位的大小与氟化物溶液的离子活度有关。氟电极与饱和甘汞电极组成一对原电池。利用电动势与离子活度负对数值的线性关系直接求出水样中氟离子浓度。

二、试剂

除非另有说明,本方法所用试剂均为分析纯,水为 GB/T 6682—2008 规定的三级水。

1.冰乙酸($\rho_{20} = 1.06$ g/mL)。

2.氢氧化钠溶液(400 g/L):称取 40 g 氢氧化钠,溶于水中并稀释至 100 mL。

3.盐酸溶液(1+1):将盐酸($\rho_{20} = 1.19$ g/mL)与水等体积混合。

4.离子强度缓冲液 I：称取 348.2 g 柠檬酸三钠($Na_3C_6H_5O_7 \cdot 5H_2O$)，溶于水中。用盐酸溶液调节 pH 为 6 后，用水稀释至 1 000 mL。

5.离子强度缓冲液 II：称取 59 g 氯化钠(NaCl)、3.48 g 柠檬酸三钠($Na_3C_6H_5O_7 \cdot 5H_2O$)和 57 mL 冰乙酸，溶于水中，用氢氧化钠溶液调节 pH 为 5.0～5.5 后，用水稀释至 1 000 mL。

6.氟化物标准储备溶液$[\rho_{F^-} = 1 \text{ mg/mL}]$：称取 0.221 0 g 经 105 ℃ 干燥 2 h 的氟化钠(NaF)，溶解于水中，定容至 100 mL。储存于聚乙烯瓶中。

7.氟化物标准工作溶液$[\rho_{F^-} = 10 \text{ μg/mL}]$：吸取 5.00 mL 氟化物标准储备溶液于 500 mL 容量瓶中，用水稀释至刻度。

三、仪器和设备

1.氟离子选择电极和饱和甘汞电极。
2.离子活度计或精密酸度计。
3.电磁搅拌器。

四、分析步骤

(一)校准曲线法

1.吸取 10.0 mL 水样于 50 mL 烧杯中。若水样总离子强度过高，应取适量水样稀释到 10 mL。

2.分别吸取氟化物标准工作溶液 0 mL、0.20 mL、0.40 mL、0.60 mL、1.00 mL、2.00 mL、3.00 mL 于 50 mL 烧杯中，各加水至 10 mL。加入与水样体积相同的离子强度缓冲液 I 或离子强度缓冲液 II。此标准系列浓度分别为 0 mL、0.20 mg/L、0.40 mg/L、0.60 mg/L、1.00 mg/L、2.00 mg/L、3.00 mg/L(以 F^- 计)。

3.向水样中加入 10 mL 离子强度缓冲液(若水样中干扰物质较多则用离子强度缓冲液 I，较清洁水样用离子强度缓冲液 II)。放入搅拌子于电磁搅拌器上搅拌水样溶液，插入氟离子电极和甘汞电极，在搅拌下读取平衡电位值(指每分钟电位值改变小于0.5 mV，当氟化物浓度甚低时，约需 5 min 以上)。

4.以电位值(mV)为纵坐标，氟化物活度$[\rho_{F^-} = -\lg F^-]$为横坐标，在半对数纸上绘制标准曲线。在标准曲线上查得水样中氟化物的质量浓度。

注：对标准溶液系列的测定与水样的测定应保持温度一致。

(二)标准加入法

吸取 50.0 mL 水样于 200 mL 烧杯中，加入 50 mL 离子强度缓冲液(洁净水样加离子强度缓冲液 II，干扰物质较多的水样加离子强度缓冲液 I)。以下步骤同标准曲线法第三步操作，读取平衡电位值(E_1,mV)。

于水样中加入一小体积(小于 0.5 mL)的氟化物标准储备溶液，在搅拌下读取平衡电位值(E_2,mV)。

注：E_1 与 E_2 应相差 30～40 mV。

五、分析结果的表述

(一)校准曲线法

氟化物质量浓度(F^-, mg/L)可直接在校准曲线上查得。

(二)标准加入法

试样中氟化物(F^-)含量按下式计算

$$\rho_{F^-} = \frac{\dfrac{\rho_1 V_1}{V_2}}{\lg^{-1}\dfrac{E_2 - E_1}{K} - 1}$$

式中 ρ_{F^-}——水样中氟化物(F^-)的质量浓度,单位为毫克每升(mg/L);

ρ_1——加入标准储备溶液的质量浓度,单位为毫克每升(mg/L);

V_1——加入标准储备溶液的体积,单位为毫升(mL);

V_2——水样体积,单位为毫升(mL);

K——测定水样的温度 t ℃时的斜率,其值为 0.198 5(273+t)。

 任务考核

考核评分参见表1-7。

表 1-7   考核评分表

序号	作业项目	考核内容	配分	操作要求	考核记录	扣分	得分
一	仪器准备	仪器预热	5	已预热			
		电极准备,安装	5	正确			
二	标准曲线绘制及试样测定	容量瓶使用	5	正确、规范(洗涤、试漏、定容)			
		移液管使用	5	正确、规范(润洗、吸放、调刻度)			
		搅拌速度	5	正确			
		是否停止搅拌后读数	5	是			
		电极的洗涤	5	正确			
		读数	10	及时,准确			
三	结果评价	准确度	15	合格			
		精密度	15	合格			
四	数据处理和实训报告	标准曲线、计算公式、计算方法和结果	20	正确、完整、规范、及时			
五	文明操作,结束工作	物品摆放	5	仪器摆放整齐,无水迹或少水迹,废纸不乱扔,废液不乱倒			
六	总分						

【技能训练测试题】

一、简答题

1.哪些因素影响直接电位法测定的准确度？

2.测定 F^- 浓度时,为什么要在溶液中加入 TISAB?

3.请画图说明氟离子选择性电极的结构,并说明这种电极薄膜的化学组成。写出测定时氟离子选择电极与参比电极构成电池的表达式及其电池电动势的表达式。

4.简单说明电位法中标准加入法的特点和适用范围。

二、计算题

1.以 SCE 作正极,氟电极作负极,放入 0.0010 mol/L 的氟离子溶液中,测得 $E = -0.159$ V,换用含氟离子试液,测定 $E = -0.218$ V,计算试液中氟离子浓度。

2.在 25 ℃时用标准加入法测定 Cu^{2+} 浓度,于 100 mL 铜盐溶液中添加 0.100 mol·L^{-1} $Cu(NO_3)_2$ 溶液 1 mL,电动势增加 4 mV,求原溶液的 Cu^{2+} 浓度。

任务4　工业盐中氯离子含量的测定

见子项目1"工业盐中氯离子含量的测定"的项目分析。

【学习目标】

1.知识目标

(1)熟悉电位滴定法的方法原理、滴定基本装置、电极选择及终点确定方法。

(2)了解电位滴定的应用。

2.能力目标

(1)会进行电位滴定仪器装置的连接、组装、电极选择和分析操作。

(2)会测定工业盐中氯离子的含量、进行数据处理,并能根据相关标准分析产品是否合格。

3.素质目标

(1)具有独立工作能力。

(2)具有团结协作能力。

子任务1　学习电位滴定法测定原理

一、电位滴定法的原理和装置

电位滴定法是将参比电极和指示电极浸入被滴定液中组装成原电池,随着滴定过程中被测离子活度的不断减小,指示电极电位不断发生变化。到达终点时,由于被测离子活度突然降为零导致指示电极电位发生突跃,由此确定滴定的终点。根据滴定剂和待测组分反应的化学计量关系,由滴定过程中消耗的滴定剂的量可计算待测组分含量。

因此电位滴定法与一般滴定分析法的根本区别是确定终点的方法不同。与一般滴定分析法采用的指示剂法相比,电位法判断终点更准确、可靠,此法还可用于无法用指示剂判断终点的浑浊或有色溶液的滴定。

电位滴定法的装置由四部分组成,即原电池、搅拌装置、毫伏计、滴定装置,如图 1-16 所示。

二、滴定终点的确定

(一)E-V 曲线法

作两条与横坐标成 45°的 E-V 曲线的平行切线,并在两条平行切线间作一与两条切线等距离的平行线,该线与 E-V 曲线的交点(曲线上转折点即斜率最大处对应 V)对应的滴定体积即滴定终点体积。E-V 曲线如图 1-17。

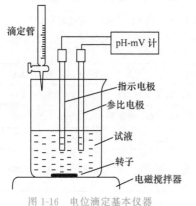

图 1-16 电位滴定基本仪器

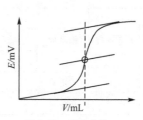

图 1-17 E-V 曲线

(二)$\Delta E / \Delta V$-V 曲线法

将 V 对 $\Delta E / \Delta V$ 作图,可得到一呈峰状曲线,曲线最高点由实验点连线外推得到[尖峰处($\Delta E / \Delta V$ 极大值)]所对应 V,其对应的体积为滴定终点时标准滴定溶液所消耗的体积 V_{ep}。$\Delta E / \Delta V$-V 曲线如图 1-18 所示。

此法确定终点较准确,但测定步骤烦琐。

(三)$\Delta^2 E / \Delta^2 V$-V 曲线法

以 $\Delta^2 E / \Delta^2 V$ 对 V 作图,曲线最高点与最低点连线与横坐标的交点即滴定终点体积。$\Delta^2 E / \Delta^2 V$-V 曲线如图 1-19 所示。

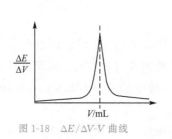

图 1-18 $\Delta E / \Delta V$-V 曲线

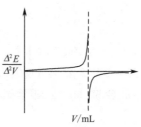

图 1-19 $\Delta^2 E / \Delta^2 V$-V 曲线

三、特点

1. 不用指示剂而以电动势的变化确定终点。
2. 不受样品溶液有色或浑浊的影响。
3. 客观、准确,易于自动化。
4. 操作和数据处理麻烦。

四、应用

用于无合适指示剂或滴定突跃较小的滴定分析或用于确定新指示剂的变色和终点颜色。见表 1-8。

表 1-8　　　　　　　　　　　电位滴定法部分应用举例

滴定方法	参比电极	指示电极	应用举例
酸碱滴定	甘汞电极	玻璃电极 锑电极	在 HAc 介质中,用 $HClO_4$ 溶液滴定吡啶;在乙醇介质中用 HCl 滴定三乙醇胺
沉淀滴定	甘汞电极	银电极	用 $AgNO_3$ 滴定 Cl^-、Br^-、I^-、CNS^-、S^{2-}、CN^- 等
		汞电极	用 $Hg(NO_3)_2$ 滴定 Cl^-、I^-、CNS^- 和 $C_2O_4^{2-}$ 等
氧化还原滴定	甘汞电极	铂电极	用 $KMnO_4$ 滴定 I^-、NO_2^-、Fe^{2+}、V^{4+}、Sn^{2+}、$C_2O_4^{2-}$ 等
			用 $K_2Cr_2O_7$ 滴定 Fe^{2+}、Sn^{2+}、I^-、Sb^{3+} 等
			用 $K_3[Fe(CN)_6]$ 滴定 Co^{2+} 等
络合滴定	甘汞电极	汞电极 铂电极	用 EDTA 滴定 Cu^{2+}、Zn^{2+}、Ca^{2+}、Mg^{2+} 和 Al^{3+} 等多种金属离子

子任务 2　学习电位滴定分析基本操作

一、原理

用重铬酸钾标准滴定溶液滴定硫酸亚铁铵试液中的 Fe^{2+},利用铂电极作指示电极,饱和甘汞电极作参比电极,与被测溶液组成工作电池。在滴定过程中,由于滴定剂($Cr_2O_7^{2-}$)加入,待测离子氧化态(Fe^{3+})与还原态(Fe^{2+})的活度比值发生变化,因此铂电极的电位也发生变化,在化学计量点附近产生电位突跃,可以用作图法或二阶微商法确定终点。

二、试剂与仪器

试剂:$c_{1/6K_2Cr_2O_7}=0.100\ 0\ mol/L$ 重铬酸钾标准溶液(准确称取在 120 ℃ 干燥过的基准试剂重铬酸钾 4.903 3 g,溶于水后,定量转移至 1 000 mL 容量瓶中,稀释至刻度)、H_2SO_4-H_3PO_4 混合酸(1+1)、邻苯氨基苯甲酸指示液 2 g/L、$\omega_{HNO_3}=10\%$ 硝酸溶液、硫酸亚铁铵试液。

仪器:滴定管、移液管、铂电极、饱和甘汞电极、电磁搅拌器、酸度计或离子计。

三、操作步骤

(一)准备工作

1.铂电极预处理:将铂电极浸入热的 $\omega_{HNO_3}=10\%$ 硝酸溶液中数分钟,取出用去离子水冲洗干净,置于电极夹上。

2.饱和甘汞电极准备:检查电极,用去离子水清洗外壁,并吸干外壁水珠,置于电极夹上。

3.在洗净的滴定管中加入重铬酸钾标准滴定溶液,调零。

4.开启仪器电源开关,预热 20 min。

(二)试液中 Fe^{2+} 含量的测定

移取 20.00 mL 试液于 250 mL 烧杯中,加入 $H_2SO_4-H_3PO_4$ 混合酸 10 mL,稀释至约 50 mL。将烧杯放在搅拌器盘上,放入洗净的搅拌子,加一滴邻苯氨基苯甲酸指示液,插入两电极,电极对正确连接于测量仪器上。

开启搅拌器,将选择开关置"mV"位置上,记录溶液的起始电位,然后滴加重铬酸钾标准溶液,待电位稳定后读取电位值及滴定剂加入体积。在开始滴定时,每加 5 mL 标准滴定溶液记录一次数据,然后依次减少体积加入量为 1.0 mL、0.5 mL 后记录。在化学计量点附近(电位突跃前后 1 mL 左右)每加 0.1 mL 记录一次,过化学计量点后再每加 0.5 mL 或 1.0 mL 记录一次,直至电位变化不再变大为止。观察并记录溶液颜色变化和对应的电位值及滴定体积。平行测定三次。

(三)结束工作

1.关闭仪器和搅拌电源开关。

2.清洗滴定管、电极、烧杯并放回原处。

3.清理工作台。

四、数据处理

计算试液中 Fe^{2+} 的质量浓度(g/L),求出三次平行测定的平均值和标准偏差。

五、操作注意

1.每滴加一次滴定剂,均应待溶液平衡后测量电动势,读取读数时关闭搅拌。

2.滴定过程的关键是确定滴定反应的化学计量点时所消耗的滴定剂的体积。

3.首先需要快速滴定寻找化学计量点所在的大致范围,正式滴定时,滴定突跃范围前后每次加入的滴定剂体积可以较大,突跃范围内每次滴加体积控制在 0.1 mL。

子任务 3 测定工业盐中氯离子含量(GB/T 13025.5—2012)

一、原理

样品溶液调至中性,用硝酸银标准滴定溶液滴定,通过离子选择性电极的电位突变指示终点。

二、仪器

1.自动电位滴定仪:配备银离子选择性电极和 20 mL 以上滴定管,能控制 0.01 mL 标准滴定溶液。

2.一般实验室仪器。

三、试剂

除非另有说明,在分析中仅使用确认为分析纯的试剂和 GB/T 6682—2008 中规定的三级水。

(一)氯化钠标准溶液

称取 5.844 g 已于 600 ℃灼烧至恒重的氧化钠基准试剂,称准至 0.000 1 g,溶解于水中,转移至 1 000 mL 容量瓶中,加水至刻度,摇匀。

氯化钠标准溶液的浓度按下式计算

$$c_{NaCl} = \frac{m}{58.44V}$$

式中　c_{NaCl}——氯化钠标准溶液的浓度,单位为摩尔每升(mol/L);

　　　m——称取氯化钠的质量,单位为克(g);

　　　58.44——氧化钠的摩尔质量,单位为克每摩尔(g/mol);

　　　V——配制溶液的体积,单位为升(L)。

(二)硝酸银标准滴定溶液

配制:称取 85 g 硝酸银,溶于 5 L 水中,混合均匀后储于棕色瓶中备用(如有混浊应过滤)。

标定:吸取 20.00 mL 氯化钠标准溶液,置于 150 mL 烧杯中,按测定步骤进行滴定,同时做空白试验。

硝酸银标准滴定溶液的浓度按下式计算

$$c_{AgNO_3} = \frac{c_{NaCl} \cdot V_1}{(V_2 - V_0)}$$

式中　c_{AgNO_3}——硝酸银标准滴定溶液的浓度,单位为摩尔每升(mol/L);

　　　c_{NaCl}——氯化钠标准溶液的浓度,单位为摩尔每升(mol/L);

　　　V_1——吸取氯化钠标准溶液的体积,单位为毫升(mL);

　　　V_2——硝酸银标准滴定溶液的用量,单位为毫升(mL);

　　　V_0——空白试验硝酸银标准滴定溶液的用量,单位为毫升(mL)。

(三)铬酸钾指示剂

称取 10 g 铬酸钾溶于 100 mL 水中,搅拌下滴加硝酸银溶液至出现红棕色沉淀,过滤。

四、分析步骤

(一)配样

称取 25 g 粉碎至 2 mm 以下的试样(氯化镁样品不必粉碎),称准至 0.001 g,置于

400 mL烧杯中,加200 mL的水。加热近沸至试样全部溶解,冷却后移入500 mL容量瓶,加水稀释至刻度,摇匀,必要时过滤。当试样中待测离子含量过高时可适当稀释后再测定。

(二)测定

吸取一定体积(含氯离子85 mg以下)的试样溶液于150 mL烧杯中,加入4滴铬酸钾指示剂,搅拌下用硝酸银标准滴定溶液滴定,直至悬浊液中出现稳定的桔红色为终点,同时做空白试验。在测定氯离子含量较高的样品时,应考虑玻璃量器和环境温度变化对结果的影响,进行校正。

五、结果计算

试样中氯离子含量以质量分数 ω 计,数值以百分数(%)表示,按下式计算:

$$\omega = \frac{(V_1 - V_0) \cdot c_{AgNO_3} \times 35.453}{1\ 000\ m} \times 100\%$$

式中　V_1——硝酸银标准滴定溶液的用量,单位为毫升(mL);

　　　V_0——空白试验硝酸银标准溶液的用量,单位为毫升(mL);

　　　c_{AgNO_3}——硝酸银标准滴定溶液的浓度,单位为摩尔每升(mol/L);

　　　35.453——氯离子的摩尔质量,单位为克每摩尔(g/mol);

　　　m——所取试样质量,单位为克(g);

　　　1 000——单位换算系数。

六、精密度

在同一实验室,由同一操作者使用相同设备,按相同的测试方法,并在短时间内对同一被测对象相互独立进行测试获得的两次独立测试结果的绝对差值不大于表1-9中的规定。

表 1-9　　　　　　　　　　　　　绝对差值规定

氯离子含量/%	结果的绝对差值/%
34.00~47.00	0.10
>47.00	0.13

考核评分参见表1-10。

表 1-10　　　　　　　　　　　　　考核评分表

序号	作业项目	考核内容	配分	操作要求	考核记录	扣分	得分
一	仪器准备	仪器预热	5	已预热			
		电极准备、安装	5	正确			

(续表)

序号	作业项目	考核内容	配分	操作要求	考核记录	扣分	得分
二	样品溶液的配制	容量瓶使用	5	正确、规范(洗涤、试漏、定容)			
		移液管使用	5	正确、规范(润洗、吸放、调刻度)			
三	电位滴定	滴定管的准备	5	正确、规范(洗涤、试漏、润洗、排气泡、调零)			
		滴定操作	5	正确、规范			
		搅拌速度	5	正确			
		是否停止搅拌后读数	5	是			
		滴定剂加入量的控制	5	是			
		读数	5	及时、准确			
四	结果评价	准确度	15	合格			
		精密度	15	合格			
五	数据处理和实训报告	原始数据,计算公式,计算方法和结果	15	正确、完整、规范、及时			
六	文明操作,结束工作	物品摆放	5	仪器摆放整齐,无水迹或少水迹,废纸不乱扔,废液不乱倒			
七	总分						

【技能训练测试题】

一、简答题

1.电位滴定法的原理是什么?

2.电位滴定法中确定终点的方法有哪些?

3.简述一般指示剂法和电位滴定法确定终点的异同点。

4.试述电位滴定法的装置由哪几部分组成。

二、讨论题

列表说明各类反应的电位滴定中所用的指示电极及参比电极,并讨论选择指示电极的原则。

子项目 2　工业盐中微量钙镁离子含量的测定 （原子吸收分光光度法）

项目分析

工业盐质量检验标准见项目一(离子膜烧碱生产原料质量检验)的项目分析部分。

根据化学分析的知识,钙镁离子含量的测定可采用配位滴定法,主要用于常量测定。

但这里我们的任务是测定工业盐中的微量钙镁离子,所以需要借助仪器分析的方法。根据国标 GB/T 13025.8—2012,工业盐中微量钙镁离子含量的测定使用原子吸收分光光度法。

任务 1 认识原子吸收分光光度法并学习仪器使用方法

质检中心已经提供了完成本任务所需要的仪器和试剂,包括原子吸收分光光度计、辅助试剂、分析用玻璃仪器、工业硫酸样品等。本任务学习原子吸收分光光度法的基本原理及仪器的使用方法。

【学习目标】

1.知识目标

(1)了解原子吸收分光光度法的基本原理;理解原子吸收值与待测元素的定量关系。

(2)熟悉原子吸收分光光度计的基本组成及各组成部件的要求、种类、作用、基本结构和工作原理。

(3)熟练掌握仪器使用方法。

2.能力目标

(1)会正确配制标准储备溶液和标准工作溶液。

(2)能熟练操作仪器。

(3)能正确应用数据处理软件。

(4)会进行可燃气体、高压钢瓶、电器的安全操作。

3.素质目标

(1)具有高度的责任感和“质量第一”的理念。

(2)具有实事求是的工作作风。

(3)具有按规范、规程操作的习惯。

子任务 1 了解原子吸收分光光度法

基于测量待测元素的基态原子对其特征谱线的吸收程度而建立起来的分析方法,称为原子吸收光谱法(Atomic Absorption Spectrometry,AAS)或原子吸收分光光度法。原子吸收分光光度法是 20 世纪 50 年代后发展起来的一种新型仪器分析方法。它在冶金、地质、环保、石油化工、医药卫生、农林、公安、食品、轻工等各个部门得到了广泛应用。

一、概述

(一)测定对象

测定对象主要是金属元素及少数非金属元素,有机化合物。

(二)优缺点

原子吸收分光光度法具有灵敏度高、检出限低(火焰原子吸收光谱法的检出限可达

μg/mL 级;无火焰原子吸收光谱法的检出限可达 $1 \times 10^{-10} \sim 1 \times 10^{-14}$ g)、准确度高(相对标准偏差 1%~2%)、选择性好、操作简便、分析速度快、应用广泛等优点,可测定的元素达 70 多种。但它也有不足之处,比如:分析不同元素,必须使用不同的元素灯;测定某些易生成难溶氧化物的元素的灵敏度比较低等。

二、基本原理

当原子处于基态时,有辐射通过自由原子蒸气,且入射辐射的能量(或频率)恰好等于原子中的电子由基态跃迁到激发态所需的能量(或频率)时,该基态原子就会从辐射中吸收能量,产生共振吸收,电子由基态跃迁到激发态,同时伴随着原子吸收光谱的产生。

由于原子的能级是量子化的,所以原子对不同频率辐射的吸收是有选择的。因为各元素的原子结构和外层电子的排布不同,所以不同元素的原子从基态跃迁到激发态吸收的能量也不同。原子由基态跃迁到第一激发态所需能量最低,跃迁最容易,此时产生的吸收线称为共振吸收线或第一共振吸收线。各种元素的共振线不同而各有其特征性,这种共振线称为元素的特征谱线。对于大多数元素来说,共振线是指元素所有谱线中最灵敏的线,也是原子吸收分光光度法中最主要的分析线,浓度较高时也可以选择次灵敏线或其他共振吸收线用于测定。

三、原子吸收分光光度法的定量依据

光源发射的待测元素的特征谱线,通过原子化器中待测元素的原子蒸气时,部分被吸收,透过部分经分光系统和检测系统即可测得该特征谱线被吸收的程度,即吸光度。根据吸收定律,在一定条件下,原子吸收的吸光度与试样中待测元素的浓度之间存在如下关系:$A = Kc$。

这就是原子吸收分光光度法的定量依据,如图 1-20 所示。

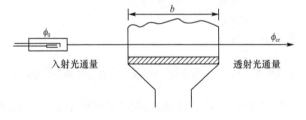

图 1-20　原子吸收分光光度法的定量依据

子任务 2　认识原子吸收分光光度计

一、仪器工作流程

目前,原子吸收分光光度计(图 1-21)仪器种类很多,但大致结构和工作流程是基本相同的。

试液喷射成细雾与燃气混合后进入燃烧的火焰中,被测元素在火焰中转化为原子蒸

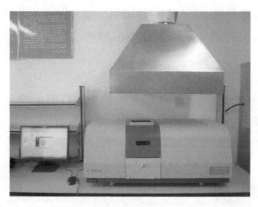

图 1-21 原子吸收分光光度计

气。气态的基态原子吸收从光源发射出的与被测元素吸收波长相同的特征谱线,使该谱线的强度减弱,再经分光系统分光后,由检测器接收。产生的电信号经放大器放大,由显示系统显示吸光度或光谱图。原子吸收分光光度计工作流程如图 1-22 所示。

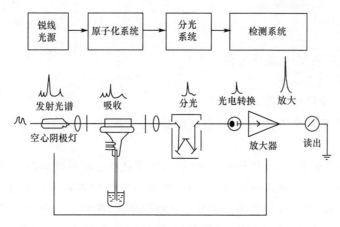

图 1-22 原子吸收分光光度计工作流程

原子吸收分光光度法与紫外分光光度法都是基于物质对紫外光和可见光的吸收而建立起来的分析方法,属于吸收光谱分析。但它们吸光物质的状态不同。原子吸收光谱的吸光物质是基态原子蒸气,紫外-可见吸收光谱的吸光物质是溶液中的分子或离子。原子吸收光谱是线状光谱,紫外-可见吸收光谱是带状光谱,这是两种方法的主要区别。

二、仪器主要组成部件

原子吸收分光光度计主要由光源、原子化系统、分光系统、检测系统等四个部分组成。

(一)光源

1.光源的作用

光源的作用是发射待测元素的特征谱线。

2.光源的要求

(1)能发射待测元素的特征光谱(共振线)。

(2)发射的共振辐射的半宽度要明显小于吸收线的半宽度。

（3）辐射光强度大，背景低，低于特征共振辐射强度的 1%。

（4）稳定性好，30 min 内漂移不得超过 1%，噪声小于 0.1%。

（5）使用寿命长。

3.光源的种类

空心阴极灯、无极放电灯、蒸气放电灯和激光光源灯都能满足上述要求，其中应用最广泛的是空心阴极灯和无极放电灯。

空心阴极灯的外观和构造分别如图 1-23 和图 1-24 所示。

图 1-23　空心阴极灯的外观

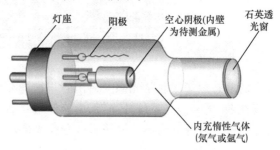
图 1-24　空心阴极灯的构造

（1）**构造**

外观：灯座、玻璃管、石英透光窗。

阴极：待测金属或合金。

阳极：钨棒上镶钛丝或钽片。

内充气体：几百帕低压惰性气体（氖气或氩气）。

（2）**工作原理**

在高压电场作用下，阴极灯开始辉光放电，电子从空心阴极高速射向阳极。在此过程中，电子与周围惰性气体碰撞使之电离，产生的惰性气体的阳离子在电场作用下被加速，猛烈撞击阴极内壁，使阴极表面的自由原子被溅射出来，溅射出的金属原子又受到这些电子、正离子、气体原子的撞击被激发到激发态，但很快又从激发态返回到基态，并同时辐射出该元素的特征谱线。

用不同的待测元素作阴极材料，可制成各相应待测元素的空心阴极灯。若阴极物质只含一种元素，则可制成单元素灯。单元素灯目前应用最广泛，缺点是每测一个元素均需要更换相应的待测元素，使用不太方便；阴极物质含多种元素，则可制成多元素灯，但辐射强度较弱，在应用上受到一定限制。

（3）**空心阴极灯的使用**

①灯电源必须稳定。应有高质稳压电源，采用脉冲供电方式。

②空心阴极灯使用前应预热，使灯的发光强度达到稳定。预热时间随灯元素的不同而不同，一般为 20～30 min。

③灯电流：灯电流大小应合适，不能超过"最大灯电流"。原则是：在保证灵敏度和稳定性的前提下，使用尽可能低的灯电流。

④点燃后可从灯的阴极辉光的颜色判断灯的工作是否正常，判断的一般方法如下：充氖气的灯正常颜色是橙红色；充氩气的灯正常颜色是淡紫色；汞灯是蓝色。灯内有杂质气

体存在时,阴极辉光的颜色变淡,如充氖气的灯颜色可变为粉红,充氩气的灯颜色发蓝或发白,此时应对灯进行处理。

⑤放置不用的空心阴极灯应定期(每月或每隔两三个月)通电,即在工作电流下点燃1 h。在通电加热时,吸气剂能吸掉灯内释放出的各种杂质气体,以减少灯的背景发射。

⑥使用元素灯时,应轻拿轻放。灯点亮后要盖好灯室盖,测量过程不要打开。低熔点的灯用完要等冷却后才能移动。

(二)原子化系统

原子化系统是原子吸收分光光度计中非常重要的组成部分,它的性能直接影响测定的灵敏度和准确度。

原子化系统的作用是提供能量,使试样干燥、蒸发和原子化,也就是将试样中的待测元素转化为基态原子蒸气。光源发出的特征谱线在这里被试样基态原子吸收,所以也可以看作"吸收池"。

原子化的方法主要有火焰原子化法和非火焰原子化法两种。相应的,仪器可分为火焰原子化器与无火焰原子化器。

对原子化系统的要求是:必须具有足够高的原子化效率;必须具有良好的稳定性和重现性;操作简单;干扰水平低;等等。

原子化系统的组成包括雾化器、预混合室、燃烧器三部分,如图1-25所示。

原子化系统的工作原理如图1-26所示。

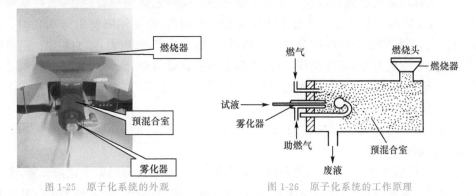

图1-25　原子化系统的外观　　　　　图1-26　原子化系统的工作原理

1.雾化器

雾化器的作用是将试液雾化成细雾。雾粒越细越多,在火焰中产生的基态原子就越多。雾滴粒度和试液的吸入率影响测量精度和化学干扰的大小。因此要求其喷雾稳定、雾滴细微均匀、雾化效率高。目前原子化系统多数使用气动同心型雾化器。雾化器多采用不锈钢、聚四氟乙烯或玻璃等制成。

雾化器的工作原理如图1-27所示。当具有一定压力的压缩空气作为助燃气高速通过毛细管外壁与喷嘴口构成的环形间隙时,在毛细管出口的尖端处形成一个负压区,于是试液沿毛细管吸入并被快速通入的助燃气分散成小雾滴。喷出的雾滴撞击在距毛细管喷口前端几毫米处的撞击球上,进一步分散成更为细小的细雾。一般雾化器的雾化效率为5%～15%。影响雾化效率的因素有雾化器的结构、试液的物理性质和组成、气体压力、温度等。

2.预混合室(雾化室)

预混合室的作用是:使大雾滴沉降、凝聚并从废液口排出;使雾粒与燃气、助燃气充分混合形成气溶胶,以便在燃烧时得到稳定的火焰。为了避免回火爆炸的危险,预混合室的残液排出管必须采用将导管弯曲或插入水中等水封方式。

3.燃烧器

燃烧器的作用是使燃气在助燃气的作用下形成火焰,使进入火焰的试样微粒原子化。对燃烧器的要求是火焰燃烧稳定、原子化程度高、吸收光程长、噪声小、耐高温耐腐蚀等。燃烧器有单缝和三缝两种,目前单缝燃烧器应用最广。通常采用不锈钢制成长缝型燃烧器(图1-28)。

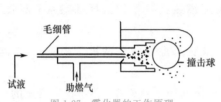

图 1-27 雾化器的工作原理 　　　　图 1-28 长缝型燃烧器

(1)火焰种类

火焰原子吸收分析常用的火焰是空气-乙炔焰和氧化亚氮(N_2O)-乙炔焰。

乙炔气体通常由乙炔钢瓶或乙炔发生器提供。使用乙炔钢瓶要注意,乙炔钢瓶内最大压强为1.5 MPa。乙炔溶于吸附在活性炭上的丙酮内,乙炔钢瓶使用至0.4 MPa时就应重新充气,否则钢瓶中的丙酮会混入火焰,使火焰不稳定,噪声大,影响测定。乙炔钢瓶存放和使用时只能直立,不能横放,以防丙酮流出引起燃烧爆炸。开启瓶阀时,不要超过一圈半,一般只开3/4圈。乙炔钢瓶附近不可有明火。使用时应先开助燃气再开燃气并立即点火,关气时应先关燃气再关助燃气。

空气一般由压强为1 MPa左右的空气压缩机提供。

(2)火焰温度

空气-乙炔焰最常用,但火焰的温度相对略低,对一些需要高温原子化的元素,测定效果不太理想。氧化亚氮-乙炔焰温度高,但燃烧速度缓慢,可测定70多种元素。几种常用火焰的温度见表1-11。

表 1-11　　　　　　　　　　　几种常用火焰的温度

燃气	助燃气	最高火焰温度/K
乙炔	空气	2 600
乙炔	氧气	3 160
乙炔	氧化亚氮	2 990
氢气	空气	2 318
氢气	氧气	2 933
氢气	氧化亚氮	2 880
丙烷	空气	2 198

（3）火焰的空间分布

对于确定类型的火焰而言，其温度在空间上的分布是不均匀的，因而自由原子在火焰中的空间分布也是不均匀的。

正常燃烧的火焰结构由预热区、第一反应区、中间薄层区和第二反应区组成，如图 1-29 所示。试样原子化主要在第一反应区和中间薄层区进行。中间薄层区的温度达到最高点，是原子吸收分析的主要应用区（对于易原子化、干扰效应小的碱金属分析，可以在第一反应区进行）。

（4）火焰的氧化还原特性

化学计量性火焰（中性火焰）：其燃气与助燃气的比例与化学反应计量关系相近，是最常用的火焰，用来分析碱金属除外的元素。

富燃火焰（还原性火焰）：燃气流量大于化学计量的火焰，用来分析易形成难溶氧化物的元素，如 Mo、W、稀土元素。

贫燃火焰（氧化性火焰）：助燃气流量大于化学计量的火焰，其火焰温度较低，用来分析碱金属元素。

（5）原子化过程

试样在火焰原子化系统中的物理化学过程：试液—雾化—进入火焰—蒸发、干燥—热解离（或还原）—基态原子。其历程如图 1-30 所示。

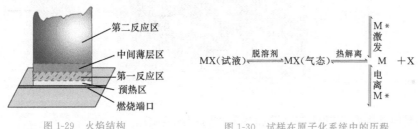

图 1-29　火焰结构　　　　　图 1-30　试样在原子化系统中的历程

火焰原子化法的优点是，操作简便，重现性好，有效光程大，对大多数元素有较高的灵敏度，因此应用广泛。

火焰原子化法的缺点是，原子化效率低，灵敏度不够高，而且一般不能直接分析固体样品，只可以液体进样。

（三）分光系统

分光系统由入射狭缝、出射狭缝和单色器组成。单色器常采用光栅或棱镜。单色器既要将谱线分开，又要有一定的出射光强度。

分光系统的作用是将分析线与其他谱线分开（其他谱线：光源非分析线及杂质发射线，原子化系统发射线等），位于原子化系统与检测系统之间。

分光系统的分辨能力取决于色散元件的色散率和狭缝宽度。对光栅而言，色散本领常用线色散率的倒数表示，即 $D = d\lambda/dL$，其含义是在单色器焦面上每毫米距离内所含的波长数（单位：nm/mm）。此值越小，色散率越大。

狭缝宽度与线色散率倒数的乘积称为单色器的光谱通带，即通过单色器出射狭缝的光束的波长宽度，其关系为

光谱通带 $W(nm)$＝狭缝宽度 $S(mm)$×线色散率倒数 $D(nm/mm)$

(四)检测系统

检测系统的作用是将光吸收信号转变为电信号并放大读出,由光电元件、放大器和显示装置等组成。

子任务3　学习原子吸收分光光度计的使用

TAS-990 型原子吸收分光光度计操作规程如下:

1.打开计算机。

2.打开主机电源。

3.双击 AAWin1.2 图标📟。

4.选择联机后确定进行自检。

5.等自检完成后进行元素灯(图 1-31)选择(选择工作灯和预热灯)。选择镁元素为工作灯。

图 1-31　元素灯

6.根据向导提示用默认的参数和峰值进行寻峰操作。

7.单击 仪器(I) 中的 燃烧器参数(F) 进行燃气流量的调整、燃烧器位置调整,让光路通过燃烧缝的正上方。

8.单击 样品 图标设置样品。

9.单击 参数 图标进行参数设置。

分析线:285.2 nm;光谱通带:0.4 nm;空心阴极灯电流:2 mA;乙炔流量:2 000 mL/min;燃烧器高度:5 mm。

10.检查水封。向排水安全槽(图 1-32)内倒入少量水,至有水从排水管内流出。

11.打开空气压缩机电源(压力 0.25～0.3 MPa)。

12.打开乙炔瓶开关(压力调节到 0.05 MPa 左右)。钢瓶压力到 0.4 MPa 时更换乙炔钢瓶,纯度大于 99.9%。

13.单击图标 点火 。

注意! 点火时,为安全起见,操作者应尽量远离燃烧器,以防发生爆炸时受伤。仪器启动前一定要通风。若仪器长时间不用,由于乙炔管路内有空气进入,第一次点火可能无法点燃,多点几次即可。当按下点火按钮时应确保其他人员身体远离燃烧室上方,最好关闭燃烧室防护罩。在燃烧过程中不可用手接触燃烧器。

14.单击 图标进行能量自动平衡。将进样管放入去离子水中冲洗 2~3 min(图 1-33)。

图 1-32　排水安全槽

图 1-33　吸喷蒸馏水

15.在空白溶液中单击 校零 。提起毛细管,用滤纸擦去水分,插入待测量溶液中,单击 测量 图标后,单击"开始"依次测量标准样品和未知样品。测量结束后将进样管放入去离子水中冲洗 2~3 min。

注意:测量过程中,每测完一个样品都应吸去离子水校零,然后再吸喷第二个样品。实验结束吸喷去离子水 3~5 min 后关机。

16.关闭乙炔钢瓶开关。

17.火焰熄灭后关闭空压机(先关工作开关,再关风机开关,放水)。

18.关闭主机。

19.关闭软件。

20.关闭计算机。

考核评分参见表 1-12。

表 1-12　　　　　　　　　　　　　　考核评分表

序号	作业项目	考核内容	配分	操作要求	考核记录	扣分	得分
一	仪器安全性检查	燃气压力、气路密封、燃烧头位置、报警装置	5	正确			
二	溶液配制	容量瓶使用	5	正确、规范(洗涤、试漏、定容)			
		移液管使用	5	正确、规范(润洗、吸放、调刻度)			
三	开机	开排风,开计算机,开主机,自检	2	正确			

（续表）

序号	作业项目	考核内容	配分	操作要求	考核记录	扣分	得分
四	选择元素灯、调节灯电流、样品设置、参数设置	选择元素灯	2	正确			
		调节灯电流	2	正确、合适			
		调节光谱通带	2	正确、合适			
		选择分析线波长	2	正确			
		调节燃气流量	2	正确、合适			
		调节燃烧器高度	2	正确、合适			
		样品设置	2	正确			
五	点火	检查水封	2	正确			
		开启空气压缩机	2	正确			
		开启乙炔钢瓶，调节乙炔气压力	2	正确			
		点火	2	正确			
		燃气、助燃气开启顺序	2	正确			
六	测样	测量前吸喷蒸馏水，校零	2	正确			
		测量顺序由稀到浓	2	正确			
		每测一种溶液，吸喷蒸馏水，再测下一种溶液	2	正确			
		读数	2	正确、及时			
		测试完毕后吸喷蒸馏水5 min	2	正确			
七	关机	先关燃气，再关助燃气	1	正确			
		关排风	1	正确			
		关主机	1	正确			
		关计算机	1	正确			
八	数据处理和实训报告	结果精密度	15	合格			
		结果准确度	15	合格			
		报告	10	正确、完整、规范、及时			
九	文明操作，结束工作	物品摆放，仪器归位，结束工作	5	仪器拔电源，盖防尘罩；台面无水迹或少水迹，废纸不乱扔，废液不乱倒；结束工作完成良好			
十	总分						

【技能训练测试题】

一、简答题

1.原子吸收光谱法的基本原理是什么？

2.简述火焰原子吸收光谱分析的基本过程。

3.简述原子吸收分光光度计的组成和各部分作用。

二、单选题

1.原子吸收分光光度计的核心部分是( )。

A.光源　　　　　　B.原子化器　　　　C.分光系统　　　　D.检测系统

2.原子吸收光谱是( )。

A.带状光谱　　　　B.线状光谱　　　　C.宽带光谱　　　　D.分子光谱

3.充氖气的空心阴极灯辉光的正常颜色是( )。

A.橙色　　　　　　　　　　　　　B.紫色

C.蓝色　　　　　　　　　　　　　D.粉红色

4.原子吸收光谱产生的原因是( )。

A.分子中电子能级跃迁　　　　　　B.转动能级跃迁

C.振动能级跃迁　　　　　　　　　D.原子最外层电子跃迁

5.原子吸收光谱分析中光源的作用是( )。

A.提供试样蒸发和原子激发所需要的能量

B.产生紫外光

C.发射待测元素的特征谱线

D.产生足够浓度的散射光

三、判断题

1.空心阴极灯的发光强度与工作电流有关,增大电流可以增加发光强度,因此使用时应选择最大额定电流的强度。　　　　　　　　　　　　　　　　　( )

2.空心阴极灯亮,但高压开启后无能量显示,可能是无高压。　　　　　( )

3.在原子吸收分光光度法中,对谱线复杂的元素常用较小的狭缝进行测定。( )

4.原子吸收分光光度计中的单色器是放在原子化系统之前的。　　　　　( )

5.原子吸收光谱分析中,灯电流的选择原则是:在保证放电稳定和有适当光强输出的情况下,尽量选用低的工作电流。　　　　　　　　　　　　　　　　( )

6.原子吸收光谱分析中,测量的方式是峰值吸收,而以吸光度值反映其大小。( )

7.空心阴极灯若长期不用,应定期点燃,以延长灯的使用寿命。　　　　　( )

8.原子吸收光谱是带状光谱,而紫外-可见光谱是线状光谱。　　　　　　( )

任务2　火焰原子吸收光谱法最佳实验条件的选择

任务分析

分析化学中衡量测量结果的两个重要因素是准确度与精密度。由于原子吸收测量的元素多为微量成分,为了保证数据的准确度与精密度,最佳实验条件的选择以获得最高灵敏度、最佳稳定性为依据。在仪器使用前都要进行最佳实验条件的调试,如分析线、灯电流、燃气流量、燃烧器高度、光谱通带等。

本任务中原子吸收光谱法也需要在测定前对最佳实验条件进行调试。

【学习目标】

1.知识目标

(1)进一步熟悉原子吸收分光光度计的基本结构和工作原理以及其使用方法。

(2)掌握最佳测量条件的选择方法。

(3)了解原子吸收光谱分析中常见的干扰及消除方法。

2.能力目标

(1)会熟练操作仪器。

(2)会熟练使用数据处理软件。

(3)会进行测量条件的调试。

(4)会进行可燃气体、高压钢瓶等的安全操作。

3.素质目标

(1)具有独立工作的能力。

(2)具有团结协作的能力。

(3)具有灵活运用所学知识解决实际问题的能力。

子任务1 熟悉仪器测量条件的选择

测量条件的选择对测量的准确度、灵敏度、稳定性、线性范围和重现性等有很大的影响。最佳测量条件应根据实际情况进行选择,主要应考虑以下几个方面:

一、分析线的选择

为了获得较高的灵敏度,通常选择元素的共振线作为分析线。但在分析被测元素浓度较高的试样时,若选择共振线作为分析线,其吸收值可能会突破标准曲线的有效线性范围,给准确定量带来误差,此时可选用灵敏度较低的非共振线作为分析线;某些元素的灵敏线在远紫外区,在这个光谱区内,不同组成的火焰都有较强的背景吸收,所以此时不能选择这些元素的共振线作为分析线;痕量元素的分析则一般选择最强的吸收线作为分析线。表1-13列出了常用的各元素分析线波长。

表1-13　　　　　　　　原子吸收光谱法中常用的各元素分析线波长

元素	分析线波长/nm	元素	分析线波长/nm	元素	分析线波长/nm
Ag	328.1,338.3	Ge	265.2,275.5	Re	346.1,346.5
Al	309.3,308.2	Hf	307.3,288.6	Sb	217.6,206.8
As	193.6,197.2	Hg	253.7,365.0	Sc	391.2,402.0
Au	242.3,267.6	In	303.9,325.6	Se	196.1,204.0
B	249.7,249.8	K	766.5,769.9	Si	251.6,250.7
Ba	553.6,455.4	La	550.1,413.7	Sn	224.6,286.3
Be	234.9,313.0	Li	670.8,323.3	Sr	460.7,407.8
Bi	223.1,222.8	Mg	285.2,279.6	Ta	271.5,277.6
Ca	422.7,239.9	Mn	279.5,403.7	Te	214.3,225.9
Cd	228.8,326.1	Mo	313.3,317.0	Ti	364.3,337.2

（续表）

元素	分析线波长/nm	元素	分析线波长/nm	元素	分析线波长/nm
Ce	520.0,369.7	Na	589.0,330.3	U	351.5,358.5
Co	240.7,242.5	Nb	334.4,358.0	V	318.4,385.6
Cr	357.9,359.4	Ni	232.0,341.5	W	255.1,294.7
Cu	324.8,327.4	Os	290.9,305.9	Y	410.2,412.8
Fe	248.3,352.3	Pb	216.7,283.3	Zn	213.9,307.6
Ga	287.4,294.4	Pt	266.0,306.5	Zr	360.1,301.2

二、光谱通带宽度(光谱带宽)的选择

选择光谱通带,实际上就是选择狭缝的宽度。原子吸收分析中,谱线重叠的可能性一般比较小,因此可以使用较宽的狭缝,使光强增大,提高信噪比。选择狭缝的原则是:在不减少吸光度的前提下,尽可能选用较宽的狭缝。

如果单色器的分辨能力强、火焰背景的发射弱、吸收线附近无干扰线,可选择较宽的狭缝。否则应选择较窄的狭缝。例如:碱金属、碱土金属谱线简单,可选用较宽狭缝;过渡元素与稀土元素等谱线复杂的元素,要选择较窄狭缝。

合适的狭缝宽度可以通过实验的方法确定,具体方法是:逐渐改变单色器的狭缝宽度,直到检测器输出信号最强(吸光度最大)为止。表 1-14 列出了一些元素在测定时经常选用的光谱通带。根据仪器说明书上列出的单色器线色散率倒数,按照公式,光谱通带＝线色散率倒数×狭缝宽度,可以计算出不同的光谱通带所对应的狭缝宽度。

表 1-14　　　　　　　　　　　　不同元素所选用的光谱通带

元素	共振线波长/nm	光谱通带/nm	元素	共振线波长/nm	光谱通带/nm
Al	309.3	0.2	Mn	279.5	0.5
Ag	328.1	0.5	Mo	313.3	0.5
As	193.7	<0.1	Na	589.0	10
Au	242.8	2	Pb	217.0	0.7
Be	234.9	0.2	Pd	244.8	0.5
Bi	223.1	1	Pt	265.9	0.5
Ca	422.7	3	Rb	780.0	1
Cd	228.8	1	Rh	343.5	1
Co	240.7	0.1	Sb	217.6	0.2
Cr	357.9	0.1	Se	196.0	2
Cu	324.7	1	Si	251.6	0.2
Fe	248.3	0.2	Sr	460.7	2
Hg	253.7	0.2	Te	214.3	0.6
In	302.9	1	Ti	364.3	0.2
K	766.5	5	Tl	377.6	1
Li	670.9	5	Sn	286.3	1
Mg	285.2	2	Zn	213.9	5

三、灯电流

空心阴极灯的发射特性取决于灯电流。灯电流过小,放电不稳定,发射强度太弱,虽发射谱线变窄,但测定需放宽狭缝,因而提高光电倍增管及放大器的电压,导致噪声也相应增强;灯电流过大,发射强度增大,但发射谱线变宽,导致灵敏度下降,灯寿命降低。选用灯电流的一般原则是:在保证有足够强且稳定的光强输出条件下,尽量使用较低的工作电流。空心阴极灯上都标明了最大工作电流,通常将最大电流的 1/2～2/3 作为工作电流。最适宜的工作电流由实验确定,一般选择有最大吸光度读数时的最小灯电流。

四、火焰的选择

燃气和助燃气的比例和火焰类型决定了火焰温度,火焰温度会影响原子化效率。

(一)温度

首先要有足够的温度才能使试样充分分解为原子蒸气状态。但温度太高会增加原子的电离或激发,使基态原子数减少;若温度太低,则有些试样不能解离,灵敏度降低,并且还会发生分子吸收,干扰可能更大。因此在确保待测元素能充分解离为基态原子的前提下,低温火焰比高温火焰具有较高的灵敏度。

(二)火焰类型

对低温、中温火焰适合的元素可使用空气-乙炔焰;在火焰中易生成难解离的化合物及难溶氧化物的元素,宜使用氧化亚氮-乙炔焰;分析线在 220 nm 以下的元素,可选用氢气-空气焰。

(三)燃助比

当火焰种类选定后,要选用合适的燃气、助燃气比例。燃助比(燃气与助燃气的流量比)为 1∶4～1∶6 的贫燃火焰,燃烧完全,氧化性强,温度高,还原性气氛差,适于不易氧化的元素的测定,如 Ag、Cu、Ni、Co、Pd 和碱土金属。燃助比为 1.2∶4～1.5∶4 的富燃火焰,温度比化学计量焰的温度低,噪声较大,由于燃烧不完全呈强还原性气氛,因此适于易氧化的元素的测定,如 Cr、Mo、稀土金属等。大多数元素的分析可采用空气-乙炔焰的流量比为 3∶1～4∶1 的化学计量火焰,火焰稳定,温度较高,层次清晰,背景干扰少,噪声低。最佳的流量比应通过绘制吸光度-燃气、助燃气流量曲线来确定,选择最大吸光度时所对应的燃助比。

五、燃烧器高度

不同性质的元素,其基态原子浓度随燃烧器的高度即火焰的高度的分布是不同的。测定时应调节合适的燃烧器高度,使光束从基态原子浓度最大的火焰区域通过,以获得最佳的灵敏度。对于不同待测定元素和不同性质的火焰,燃烧器高度有所不同。最佳的燃烧器高度应通过实验选择,其方法是:先固定燃气和助燃气流量,然后取一固定样品,逐步改变燃烧器高度,绘制吸光度-燃烧器高度曲线图,选择最佳位置。选择在吸光度最大时对应的燃烧器高度。

六、进样量

进样量过大,会对火焰产生冷却效应。同时,较大雾滴进入火焰,难以完全蒸发,原子化效率下降,灵敏度低。进样量过小,进入火焰的溶液太少,吸收信号弱,灵敏度低,不便测量。

在实验条件下,应测定吸光度对进样量的变化,选择最大吸光度时所对应的进样量。

七、干扰及其消除

除了应注意以上实验条件的选择外,在原子吸收光谱分析中,还可能存在干扰问题,有时干扰还相当严重,因此必须了解干扰产生的可能因素,并设法加以抑制和消除。

按照干扰的性质和产生的原因,原子吸收光谱法的干扰大致可分为四类:光谱干扰、电离干扰、化学干扰和物理干扰。

(一)光谱干扰

光谱干扰是指与光谱发射和吸收有关的干扰,主要来自光源和原子化装置,包括谱线干扰和背景干扰。

谱线干扰:当光源产生的共振线附近存在非待测元素的谱线,或试样中待测元素共振线与另一元素吸收线十分接近时,均会产生谱线干扰。例如,Cd 的分析线为 228.80 nm,而 As 为 228.81 nm,当将 As 作为待测元素时,谱线将以 Cd 产生谱线干扰。可用减小狭缝或另选分析线的方法来抑制这种干扰。

背景干扰:包括分子吸收和光散射引起的干扰。背景干扰使吸光度增加,导致测定结果偏高。分子吸收是指在原子化过程中生成的气态分子、氧化物和盐类分子等对光源共振辐射产生吸收而引起的干扰;光散射则是在原子化过程中,产生的固体微粒对光产生散射而引起的干扰。通常波长短、基体浓度大时,光散射严重,测定结果偏高。火焰气体的吸收,其波长越短,吸收越强。例如,在乙炔-空气焰中,波长小于 250 nm 时,如测定锌、镉、砷等元素,火焰就有明显吸收。多采用氘灯扣背景和塞曼效应扣背景的方法来消除这种干扰。

(二)电离干扰

由于基态原子电离而造成的干扰称为电离干扰。这种干扰造成火焰中待测元素的基态原子数量减少,使测定结果偏低。

火焰温度越高,元素电离电位越低,元素越易电离。碱金属和碱土金属由于电离电位较低,容易发生电离干扰。消除方法一是降低火焰温度,二是加入比待测元素更易电离的物质。例如,在测定砷时,常加入一定浓度的钠盐或铯盐,以提高测定的灵敏度。

(三)化学干扰

待测元素与试样中的共存组分或火焰成分发生化学反应,引起原子化程度改变所造成的干扰称为化学干扰。

化学干扰是原子吸收光谱分析中的主要干扰来源,典型的化学干扰是待测元素与共存元素之间形成更加稳定的化合物,使基态原子数目减少。例如,硫酸盐、磷酸盐对测定钙有干扰,就是因为它们之间易形成难挥发的化合物。

常用的消除方法有:加入释放剂、加入保护剂、加入基体改进剂。此外,还可采用提高火焰温度、化学预分离等方法来消除化学干扰。例如,溶液中盐或酸的浓度大时,喷雾效率下降,影响进入火焰中待测元素的原子数量,因而影响吸光度的测定,此时可提高火焰温度、采用化学预分离方法去除多余的盐或酸,来消除它们的影响。

(四)物理干扰

物理干扰指试样中一种或多种物理性质(如黏度、密度、表面张力)发生改变所引起的干扰。主要来源于雾化、去溶剂化及伴随固体转化为蒸气过程中的物理化学现象的干扰。例如,溶液中盐或酸浓度大时,喷雾效率下降,影响进入火焰中待测元素的原子数量,因而影响吸光度的测定。

物理干扰可采用配制与待测试样组成尽量一致的标准溶液的方法来消除,也可采用蠕动泵、标准加入法或稀释法来减小和消除物理干扰。

子任务 2　选择火焰原子吸收光谱法的最佳实验条件

一、仪器与试剂

(一)仪器

原子吸收分光光度计,镁空心阴极灯,空气压缩机,乙炔钢瓶,100 mL 烧杯 1 个,1 000 mL 容量瓶 1 只,100 mL 容量瓶 3 只,5 mL 移液管 1 支,10 mL 移液管 1 支,10 mL 吸量管 1 支。

(二)试剂

镁储备液:准确称取于 800 ℃灼烧至恒重的氧化镁(分析纯)1.658 3 g,滴加 1 mol/L HCl 溶液至完全溶解,移入 1 000 mL 容量瓶中,稀释至标线,摇匀。此溶液镁的质量浓度为 1.000 mg/mL。

二、操作步骤

(一)配制镁标准溶液

1.配制 0.100 0 mg/mL 镁标准溶液:移取 10 mL 1.000 mg/mL 镁储备液于 100 mL 容量瓶中,用蒸馏水稀释至标线,摇匀。

2.配制 0.005 00 mg/mL 镁标准溶液:移取 5 mL 0.100 0 mg/mL 镁标准溶液于 100 mL 容量瓶中,用蒸馏水稀释至标线,摇匀。

3.配制 0.300 μg/mL 镁标准溶液:移取 6 mL 0.005 00 mg/mL 镁标准溶液于 100 mL 容量瓶中,用蒸馏水稀释至标线,摇匀。

常用储备液的配制方法见表 1-15。

表 1-15   常用储备液的配制方法

金属	基准物	配制方法（浓度 1 mg/mL）
Ag	金属银（99.99%） AgNO₃	溶解 1.000 g 银于 20 mL(1+1)硝酸中,用蒸馏水稀释至 1 L; 溶解 1.575 g 硝酸银于 50 mL 蒸馏水中,加入 10 mL 浓硝酸,用蒸馏水稀释至 1 L
Au	金属金	将 0.100 g 金溶解于数毫升王水中,在水浴上蒸干,用盐酸和蒸馏水溶解,稀释至 100 mL,盐酸浓度约为 1 mol/L
Ca	CaCO₃	将 2.497 2 g 在 110 ℃烘干过的碳酸钙溶于(1+4)硝酸中,用蒸馏水稀释至 1 L
Cd	金属镉	溶解 1.000 g 金属镉于(1+1)硝酸中,用蒸馏水稀释至 1 L
Co	金属钴	溶解 1.000 g 金属钴于(1+1)盐酸中,用蒸馏水稀释至 1 L
Cr	K₂Cr₂O₇ 金属铬	溶解 2.829 g 重铬酸钾于蒸馏水中,加 20 mL(1+1)硝酸,用蒸馏水稀释至 1 L 溶解 1.000 g 金属铬于(1+1)盐酸中,加热使之完全溶解,冷却,用蒸馏水稀释至 1 L

（二）安装镁空心阴极灯

安装镁空心阴极灯,并调整灯的位置。

（三）参数设置

打开主机电源,打开计算机,进入 AAWin2.0 工作软件,仪器初始化,选择镁元素灯为工作灯,对元素灯的特征波长进行寻峰操作,选择最佳测定波长,并设置实验条件。详见本子项目任务 1 的子任务 3:认识原子吸收分光光度法并学习仪器使用方法。

（四）打开气源,点火

1.检查水封,开启排风装置排风 10 min,接通空气压缩机电源,将输出压调至 0.3 MPa。

2.开启乙炔钢瓶总阀,调节乙炔钢瓶减压阀输出压力为 0.05 MPa。

3.将燃气流量调节到 2 000~2 400 mL/min,点火(若火焰不能点燃,可重新点火或适当增加乙炔流量后重新点火)。点燃后,应重新调节乙炔流量,选择合适的分析火焰。

（五）最佳实验条件选择

初步设定镁的工作条件为:

分析线波长 λ/nm   285.2

空心阴极灯工作电流 I/mA   8

狭缝宽度/mm   0.4

乙炔流量/(mL/min)   2 000

(1)选择分析线:根据对试样分析灵敏度的要求和干扰情况,选择合适的分析线。试液浓度低时,选最灵敏线;试液浓度高时,选次灵敏线,并要选择没有干扰的谱线。

(2)选择空心阴极灯工作电流:吸喷 0.300 μg/mL 镁标准溶液,固定其他实验条件,改变灯电流分别为 1 mA、2 mA、4 mA、6 mA、8 mA、10 mA,以不同灯电流测定镁标准溶液的吸光度并记录相应的灯电流和吸光度(表 1-16)。

🐾 **注意**:每次测定后都应该用去离子水为空白液喷雾,重新调节吸光度"零"点。

表 1-16　　　　　　　　　　　　　灯电流和吸光度记录表

灯电流 /mA						
A						

(3)选择乙炔流量:固定其他实验条件和助燃气流量,乙炔流量设定为 1 800 mL/min、2 000 mL/min、2 200 mL/min、2 400 mL/min、2 600 mL/min,喷入镁标准溶液,记录相应的乙炔流量和吸光度(表 1-17)。

🦾 **注意:**改变流量后,都要用去离子水调节吸光度"零"点。

表 1-17　　　　　　　　　　　　　乙炔流量和吸光度记录表

空气流量/(L · min^{-1})						
乙炔流量/(mL · min^{-1})						
A						

(4)选择燃烧器高度:吸喷镁标准溶液,改变燃烧器高度分别为 2.0 mm、4.0 mm、6.0 mm、8.0 mm、10.0 mm,逐一记录相应的燃烧器高度和吸光度(表 1-18)。

表 1-18　　　　　　　　　　　　　燃烧器高度和吸光度记录表

燃烧器高度/mm						
A						

(5)选择光谱带宽:在以上最佳燃助比及燃烧器高度条件下,改变光谱通带即狭缝宽度分别为 0.1 mm、0.2 mm、0.4 mm、1 mm、2 mm,测定镁标准溶液的吸光度并记录(表 1-19)。

表 1-19　　　　　　　　　　　　　狭缝宽度和吸光度记录表

狭缝宽度/mm						
A						

(六)实验结束工作

(1)实验结束,吸喷去离子水 5 min 后,关闭乙炔钢瓶总阀,熄灭火焰,待压力表指针回零后旋松减压阀,关闭空气压缩机。

(2)退出工作软件,关闭计算机,关闭仪器电源总开关。

(3)清洗所用仪器,清理实验台面,填写仪器使用登记卡,打扫实验室,关闭电源总闸。

(七)数据处理

通过上面实验得出的最佳实验条件为:

灯电流_____ mA　　　　燃气流量_____ mL/min

分析线_____ nm　　　　燃烧器高度_____ mm

光谱通带_____ nm

考核评分参见表 1-20。

表 1-20   考核评分表

序号	作业项目	考核内容	配分	操作要求	考核记录	扣分	得分
一	仪器安全性检查	燃气压力、气路密封、燃烧头位置、报警装置	5	正确			
二	溶液配制	容量瓶使用	5	正确、规范(洗涤、试漏、定容)			
		移液管使用	5	正确、规范(润洗、吸放、调刻度)			
三	开机	开排风,开计算机,开主机,自检	2	正确			
四	选择元素灯、调节灯电流、样品设置、参数设置	选择元素灯	2	正确			
		调节灯电流	2	正确、合适			
		调节光谱通带	2	正确、合适			
		选择分析线波长	2	正确			
		调节燃气流量	2	正确、合适			
		调节燃烧器高度	2	正确、合适			
		样品设置	2	正确			
五	点火	检查水封	2	正确			
		开启空气压缩机	2	正确			
		开启乙炔钢瓶,调节乙炔气压力	2	正确			
		点火	2	正确			
		燃气、助燃气开启顺序	2	正确			
六	测样	测量前吸喷蒸馏水,校零	2	正确			
		测量由稀到浓	2	正确			
		每测一种溶液,吸喷蒸馏水,再测下一种溶液	2	正确			
		读数	2	正确、及时			
		测试完毕后吸喷蒸馏水 5 min	2	正确			
七	关机	先关燃气,再关助燃气	1	正确			
		关排风	1	正确			
		关主机	1	正确			
		关计算机	1	正确			

（续表）

序号	作业项目	考核内容	配分	操作要求	考核记录	扣分	得分
八	数据处理和实训报告	分析线的选择	6	正确			
		灯电流的选择	6	正确			
		燃气流量的选择	6	正确			
		燃烧器高度的选择	6	正确			
		光谱通带的选择	6	正确			
		报告	10	正确、完整、规范、及时			
九	文明操作，结束工作	物品摆放，仪器归位，结束工作	5	仪器拔电源，盖防尘罩；台面无水迹或少水迹，废纸不乱扔，废液不乱倒；结束工作完成良好			
十	总分						

【技能训练测试题】

单选题

1.原子吸收光谱法测定中,通过改变狭缝宽度,可消除（　　　　）。

A.分子吸收　　　　　　　　　　　　　B.背景吸收

C.光谱干扰　　　　　　　　　　　　　D.基体干扰

2.原子吸收光谱法的背景干扰,主要表现形式为（　　　　）。

A.火焰中被测元素发射的谱线

B.火焰中干扰元素发射的谱线

C.光源产生的非共振线

D.火焰中产生的分子吸收

3.空心阴极灯的主要操作参数是（　　　　）。

A.灯电流　　　　　　　　　　　　　　B.灯电压

C.阴极温度　　　　　　　　　　　　　D.内充气体压力

4.选择不同的火焰类型主要取决于（　　　　）。

A.分析线波长　　　　　　　　　　　　B.灯电流大小

C.狭缝宽度　　　　　　　　　　　　　D.待测元素性质

5.原子吸收光谱法中的物理干扰可用下述（　　　　）的方法消除。

A.扣除背景

B.加释放剂

C.配制与待测试样组成相似的溶液

D.加保护剂

6.原子吸收分光光度计工作时需采用多种气体,下列（　　　　）不是 AAS 室使用的气体。

A.空气　　　　　　B.乙炔气　　　　　　C.氮气　　　　　　D.氧气

任务3　工业硫酸中钙镁离子含量的测定

【学习目标】

1.知识目标

(1)熟练掌握原子吸收光谱分析定量方法。

(2)熟悉仪器性能的评价。

2.能力目标

(1)会熟练操作和评价仪器。

(2)会熟练使用数据处理软件。

(3)能正确选择不同的定量方法测定样品。

(4)会进行可燃气体、高压钢瓶等的安全操作。

3.素质目标

(1)具有独立工作能力。

(2)具有团结协作能力。

(3)具有灵活运用所学知识解决实际问题的能力。

(4)具有安全操作意识和意外事故处理能力。

子任务1　熟悉样品预处理知识

样品的预处理是指在进行原子吸收测定之前,将样品处理成溶液状态,也就是对试样进行分解,使被测元素处于溶解状态。

在原子吸收光谱分析中,各种金属离子的溶液通常需用盐酸或硝酸调至 pH＝1～2保存。采用低温冷藏(5 ℃左右)或冷冻(－22～－18 ℃),避光和避免暴露于空气中,能抑制微生物的活动,减缓物理挥发和化学反应。在盛装溶液之前,容器还必须用规定的方法反复洗涤至干净。样品溶液不宜长期放置,以防发生吸附、沉淀现象或发生其他反应,从而改变被测组分的含量和状态。

一、取样

试样制备的第一步是取样,取样要有代表性,取样量大小要适当。样品在采样、包装、运输、碎样等过程中要防止污染,样品存放的容器材质要根据测定要求而定。

二、样品预处理

原子吸收光谱分析通常是以溶液的形式进样。如果被测元素浓度太高,可用适当溶剂稀释后测定;如果待测元素浓度太低或共存干扰组分浓度较高,则应先富集或分离被测组分,然后再进行测定。

(一)溶解法、消化法、熔融法、微波溶样法

溶解法是用水、酸或碱溶液将样品溶解。

消化法分为湿法消化和干法灰化。湿法消化是将样品置于强酸或混合强酸中加热，目的是破坏样品中的有机物，溶解样品中的无机物，使各种形态的待测组分转变为单一的高价态，以便分析。湿法消化不容易损失金属元素，所需时间较短，但酸的用量大，造成较高的试剂空白。干法灰化是在较高温度下，用氧来氧化样品。具体做法是：准确称取一定量样品，放在石英坩埚或铂坩埚中，于 $80\sim150\ ℃$ 加热，赶去大量有机物，然后放于高温炉中，加热至 $450\sim550\ ℃$ 进行灰化处理。冷却后再将灰分用 HNO_3、HCl 或其他溶剂进行溶解。此法适合大批样品分析，空白值比湿法消化要低。但样品消化时间长，难以被彻底消化，且回收率比较低。

用酸不能溶解或溶解不完全的样品需要采用熔融法。熔融剂的选择原则是：酸性试样用碱性熔融剂，碱性试样用酸性熔融剂。

微波溶样法是利用样品与酸的混合物对微波能的吸收，来达到快速加热、消解样品的目的。此法具有加热速率快、效率高等优点，已被广泛采用。无论是地质样品还是有机样品，微波消解均可获得满意结果。

（二）被测元素的分离与富集

分离共存干扰组分同时使被测组分得到富集是提高痕量组分测定相对灵敏度的有效途径。目前常用的分离与富集方法有沉淀和共沉淀法、萃取法、离子交换法、浮选分离富集技术、电解预富集技术，以及应用泡沫塑料、活性炭等的吸附技术。其中应用较普遍的是萃取法和离子交换法。

注：本任务的样品处理方法详见实训部分。

子任务2　学习原子吸收光谱定量分析方法

一、工作曲线法

工作曲线法也称标准曲线法，与紫外-可见分光光度法的工作曲线法相似。

（一）方法

先配制与试样溶液相同或相近基体（指溶液中除待测组分外的其他成分的总体）的含有不同浓度的待测元素的标准溶液，在最佳测定条件下，由低浓度到高浓度依次测定它们的吸光度，绘制 A-c（吸光度-浓度）的工作曲线（图1-34）。将在相同条件下测得的试样吸光度值从标准曲线上查找出对应的浓度值，最后计算出原始试样中待测组分的浓度。

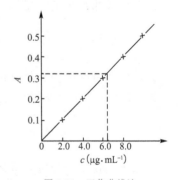

图1-34　工作曲线法

（二）优缺点

工作曲线法简便快速，适于组成较简单的大批样品分析。但对于组成复杂的样品测定，标准样的组成难以与其接近，基体效应差别较大，测定准确度欠佳。

（三）注意事项

1.配制标准系列的浓度，一般控制吸光度在 $0.1\sim0.8$，以免浓度过大或过小，超出标准曲线的直线范围,测定结果不准。标准溶液浓度范围应将试液中待测元素的浓度包括在内。

2.测量过程要严格保持条件不变。一旦测定条件改变,分析前都应重新绘制工作曲线。

3.标准溶液与试液的基体要相似,以消除基体效应(指试样中与待测元素共存的一种或多种组分所引起的种种干扰)。

二、标准加入法

(一)适用范围

当试样中共存物不明或基体复杂而又无法配制与试样组成相匹配的标准溶液时,可采用标准加入法进行分析。

(二)方法

吸取试液四份以上,第一份不加待测元素标准溶液,第二份开始,依次按比例加入不同量待测组分标准溶液,用溶剂稀释、定容到相同体积,以空白试液为参比,在相同测量条件下,分别测量各份试液的吸光度,绘制 A-c(吸光度-浓度)工作曲线,将直线外推至浓度轴,延长线在横坐标上的截距所表示的浓度(绝对值),即为待测液的浓度 c_x,如图 1-35 所示。

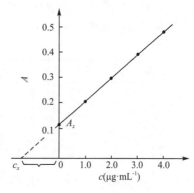

图 1-35 标准加入法

(三)优缺点

标准加入法可以消除基体效应带来的影响,并在一定程度上消除了化学干扰和电离干扰,但不能消除背景干扰。因此只有在扣除背景之后,才能得到待测元素的真实含量,否则将使测量结果偏高。批量分析由于过程繁杂,不宜采用标准加入法。

(四)注意事项

1.相应的标准曲线应是一条直线,而且当待测元素不存在时,曲线应通过零点。待测组分的浓度应在曲线线性范围之内。

2.加入标准物质的最低含量应与被测元素在同一数量级或略低。

3.为了保证在整个测定范围内有良好的线性,至少要采用四个点来制作外推曲线。

三、内标法

内标法是指将一定量试液中不存在的元素 N 的标准物质加到试液中进行测定的方法,所加入的这种标准物质称之为内标物质或内标元素。

内标法与标准加入法的区别就在于前者所加入的标准物质是试液中不存在的;而后者所加入的标准物质是待测组分的标准溶液,是试液中存在的。

(一)方法

在一系列不同浓度的待测元素标准溶液及试液中依次加入相同量的内标元素 N,稀释至同一体积。在同一实验条件下,分别在内标元素及待测元素的共振吸收线处,依次测量每种溶液中待测元素 M 和内标元素 N 的吸光度 A_M 和 A_N,并求出它们的比值 A_M/A_N,再绘制 A_M/A_N-c_M 的内标工作曲线(图 1-36)。

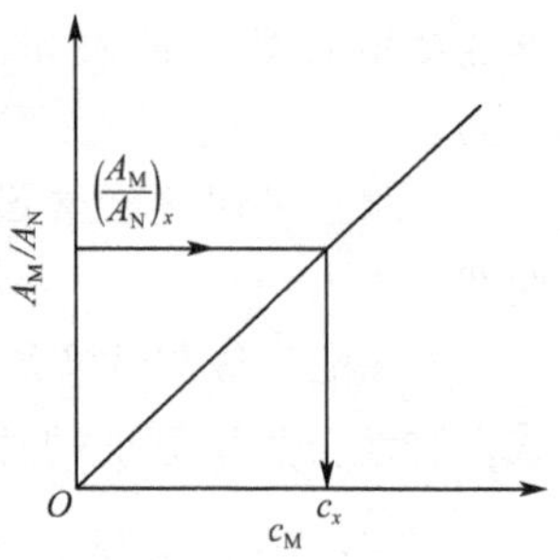

由待测试液测出 A_M/A_N 的比值,在内标工作曲线上用内查法查出试液中待测元素的浓度并计算试样中待测元素的含量。

图 1-36　内标工作曲线

(二)注意事项

1.所选用内标元素在物理性质、化学性质等方面应与待测元素相同或相近。

2.内标元素加入量应接近待测元素的量。

在实际工作中往往是通过试验来选择合适的内标元素和内标元素量。表 1-21 列举了一些常用内标元素。

表 1-21　　　　　　　　　　　常用内标元素

待测元素	内标元素	待测元素	内标元素	待测元素	内标元素
Al	Cr	Cu	Cd,Mn	Na	Li
Au	Mn	Fe	Au,Mn	Ni	Cd
Ca	Sr	K	Li	Pb	Zn
Cd	Mn	Mg	Cd	Si	Cr,V
Co	Cd	Mn	Cd	V	Cr
Cr	Mn	Mo	Sr	Zn	Mn,Cd

3.内标法仅适用于双道或多道仪器,单道仪器不能采用。

(三)内标法的优点

内标法能消除溶液黏度、表面张力、样品的雾化率等物理干扰,还能消除实验条件波动而引起的误差。

子任务 3　熟悉衡量仪器性能的指标——灵敏度、检出限

一、灵敏度

(一)IUPAC(国际纯粹与应用化学联合会)定义

1975 年 IUPAC 规定,将灵敏度定义为 A-c 工作曲线的斜率,用 S 表示

$$S = \frac{dA}{dc}$$

式中　A——吸光度;

　　　c——待测元素浓度,$\mu g/mL$。

(二)实际应用

在原子吸收光谱分析中,为了方便反映不同元素灵敏度的高低,普遍采用"1%吸收灵

敏度"特征浓度或特征含量来表征灵敏度的高低。

1.特征浓度

在火焰原子吸收光谱法中常用特征浓度来表征元素的灵敏度。特征浓度指能产生1%吸收(吸光度 $A=0.004\ 4$)时待测元素的浓度。

$$c_0 = \frac{0.004\ 4}{A}\rho$$

式中　c_0——特征浓度,$\mu g/mL \cdot (1\%)^{-1}$;

　　　ρ——被测溶液浓度,$\mu g/mL$;

　　　A——测得的溶液吸光度。

2.特征质量

在石墨炉原子吸收光谱法中常用特征质量来表征灵敏度,所谓特征质量,指能产生1%吸收(吸光度 $A=0.004\ 4$)时待测元素的质量。

$$m_c = \frac{0.004\ 4}{A}m$$

式中　m_c——特征质量,$\mu g \cdot (1\%)^{-1}$;

　　　m——被测元素的质量,μg;

　　　A——测得的溶液吸光度。

对分析工作来说,显然是特征浓度或特征质量越小越好。

二、检出限

(一)定义

检出限指仪器能以适当的置信度检出的待测元素的最小浓度或最小量。通常是指空白溶液吸光度信号标准偏差的 3 倍所对应的待测元素浓度或质量。

(二)表达式

火焰法中:

$$\rho_{DL} = \frac{3S_b}{S_c}$$

其中 $S_b = \sqrt{\dfrac{\sum\limits_{i=1}^{n}(x_i - \overline{x})^2}{n-1}}$,$S_c$ 指浓度的灵敏度。

石墨炉法中:

$$m_{DL} = \frac{3S_b}{S_m}$$

其中 $S_b = \sqrt{\dfrac{\sum\limits_{i=1}^{n}(x_i - \overline{x})^2}{n-1}}$,$S_m$ 指质量的灵敏度。

检出限取决于仪器稳定性,并随样品基体的类型和溶剂的种类不同而变化。信号的波动来源于光源、火焰及检测器噪声,因而不同类型仪器的检出限可能相差很大。两种不同元素可能有相同的灵敏度,但由于每种元素光源噪声、火焰噪声及检测器噪声等不同,检出限就可能不一样。因此,检出限是仪器性能的一个重要指标。待测元素的存在量只有高出检出限,才能可靠地将有效分析信号与噪声信号分开。"未检出"就是待测元素的量低于检出限。

三、灵敏度和检出限的区别

灵敏度只考虑检测信号的大小,而检出限考虑了仪器噪声。检出限越低,说明仪器越稳定。因此检出限是衡量仪器性能的一项重要的综合指标。

子任务4 工业盐中微量钙镁离子含量的测定(GB/T 13025.6—2012)（原子吸收分光光度法）

一、实验原理

试样经过湿消化后,导入原子吸收分光光度计中,经火焰原子化后,钙、镁分别吸收422.7 nm、202.6 nm 的共振线,其吸光度与它们的含量成正比,与标准系列比较定量。

二、试剂

(一)试剂规格

除非另有说明,在分析中仅使用确认为优级纯的试剂和 GB/T 6682—2008 中规定的二级水。

(二)氯化镧($LaCl_3 \cdot 7H_2O$)溶液

称取 80.2 g 氯化镧,溶于水后,用水稀释至 1 000 mL。

(三)镁标准储备液

准确称取 1.658 g 于 800 ℃ 灼烧至恒重的氧化镁,溶于 25 mL 盐酸及少量水中,移入 1 000 mL 容量瓶中,用水稀释至刻度,储存于聚乙烯瓶内,每毫升该溶液含 1 mg 镁。

(四)镁标准工作液

吸取 1.00 mL 镁标准储备液于 100 mL 容量瓶中,用水稀释至刻度,每毫升该溶液含 10 μg 镁。

(五)钙标准储备液

准确称取 2.497 3 g 在 105～110 ℃ 干燥至恒重的碳酸钙,溶于 50 mL 盐酸溶液 (1+4)中,移入 1 000 mL 容量瓶中,用水稀释至刻度,储存于聚乙烯瓶内,每毫升该溶液含 1 mg 钙。

(六)钙标准工作液

吸取 1.00 mL 钙标准储备液于 100 mL 容量瓶中,用水稀释至刻度,每毫升该溶液含 10 μg 钙。

三、仪器

1.原子吸收分光光度计。
2.一般实验室仪器。
所用玻璃仪器均用 4 mol/L 硝酸浸泡 12 h 以上,用水冲洗干净。

四、分析步骤

(一)试样处理

称取 10.00 g 试样,加入少量水溶解,加入 2 mL 浓硝酸煮沸,冷却后移入 100 mL 容量瓶中,用水稀释至刻度。同时做试剂空白。

(二)测定

1.仪器参数

钙、镁的共振线分别为 422.7 nm、202.6 nm,将仪器调至最佳状态。

2.钙的测定

准确吸取适量等体积(0.50～2.00 mL)的试样溶液分别放入 3 支 25 mL 比色管中,分别加入 0 mL、2.00 mL、4.00 mL 钙标准工作液(含钙 0 μg、20 μg、40 μg),加入 2.0 mL 氯化镧溶液,加水至刻度,摇匀;另取一只比色管,加入同体积的试剂空白溶液和氯化镧溶液,加水至刻度,摇匀,以此溶液调零,测定吸光度。

3.镁的测定

准确吸取适量等体积(0.50～2.00 mL)的试样溶液分别放入 3 支 25 mL 比色管中,分别加入 0 mL、5.00 mL、10.00 mL 镁标准工作液(含镁 0 μg、50 μg、100 μg),加入 2.0 mL 氯化镧溶液,加水至刻度,摇匀;另取一只比色管,加入同体积的试剂空白溶液和氯化镧溶液,加水至刻度,摇匀,以此溶液调零,测定吸光度。

五、结果计算

以标准加入的钙、镁质量为函数,与其对应的吸光度为自变量,建立线性回归方程。试样中钙或镁的含量以质量分数 ω 计,数值以毫克每千克(mg/kg)表示,按式(5)计算:

$$\omega = \frac{b \cdot 100}{10.00 \cdot V}$$

式中 b——线性回归方程截距的绝对值,单位为微克(μg);

100——配制试样溶液的体积,单位为毫升(mL);

10.00——称取试样质量,单位为克(g);

V——所取试样溶液的体积,单位为毫升(mL)。

六、精密度

在同一实验室,由同一操作者使用相同设备,按相同的测试方法,并在短时间内对同一被测对象相互独立进行测试,获得的两次独立测试结果的绝对差值不大于其算术平均值的 10%。

考核评分参见表 1-22。

表 1-22 考核评分表

序号	作业项目	考核内容	配分	操作要求	考核记录	扣分	得分
一	仪器安全性检查	燃气压力、气路密封、燃烧头位置、报警装置	2	正确			
二	溶液配制	容量瓶使用	5	正确、规范(洗涤、试漏、定容)			
		移液管使用	5	正确、规范(润洗、吸放、调刻度)			
三	开机	开排风,开计算机,开主机,自检	2	正确			
四	选择元素灯、调节灯电流、样品设置、参数设置	选择元素灯	2	正确			
		调节灯电流	2	正确、合适			
		调节光谱通带	2	正确、合适			
		选择分析线波长	2	正确			
		调节燃气流量	2	正确、合适			
		调节燃烧器高度	2	正确、合适			
		定量分析方法选择	3	正确			
		样品设置	2	正确			
五	点火	检查水封	2	正确			
		开启空气压缩机	2	正确			
		开启乙炔钢瓶,调节乙炔气压力	2	正确			
		点火	2	正确			
		燃气、助燃气开启顺序	2	正确			
六	测样	测量前吸喷蒸馏水,校零	2	正确			
		测量由稀到浓	2	正确			
		每测一种溶液,吸喷蒸馏水,再测下一种溶液	2	正确			
		读数	2	正确、及时			
		测试完毕后吸喷蒸馏水 5 min	2	正确			
七	关机	先关燃气,再关助燃气	1	正确			
		关排风	1	正确			
		关主机	1	正确			
		关计算机	1	正确			

（续表）

序号	作业项目	考核内容	配分	操作要求	考核记录	扣分	得分
八	数据处理和实训报告	工作曲线图	6	正确			
		工作曲线线性	6	正确			
		结果精密度	8	合格			
		结果准确度	10	合格			
		报告	10	正确，完整，规范，及时			
九	文明操作，结束工作	物品摆放，仪器归位，结束工作	5	仪器拔电源，盖防尘罩；台面无水迹或少水迹；废纸不乱扔，废液不乱倒；结束工作完成良好			
十	总分						

【技能训练测试题】

一、简答题

1.原子吸收光谱分析常用的定量方法有哪些？说明其应用特点。

2.内标法定量时，如何选择内标元素？

3.如何评价原子吸收光谱仪器的性能？

二、计算题

1.分别吸取 0 mL、1.00 mL、2.00 mL、3.00 mL、4.00 mL，浓度为 10 $\mu g/mL$ 的镍标准溶液，分别置于25 mL容量瓶中，稀释至标线，在火焰原子吸收光谱仪上测得吸光度分别为 0、0.06、0.12、0.18、0.23。另称取镍合金试样 0.312 5 g，经溶解后移入 100 mL 容量瓶中，稀释至标线。准确吸取此溶液 2.00 mL，放入另一 25 mL 容量瓶中，稀释至标线，在与标准曲线相同的测定条件下，测得溶液的吸光度为 0.15。求试样中镍的含量。

2.称取含镉试样 2.511 5 g，经溶解后移入 25 mL 容量瓶中稀释至标线。分别移取此样品溶液 5.00 mL，置于四个 25 mL 容量瓶中，再向此四个容量瓶中依次加入浓度为 0.5 $\mu g/mL$ 的镉标准溶液 0 mL、5.00 mL、10.00 mL、15.00 mL，并稀释至标线，在火焰原子吸收光谱仪上测得吸光度分别为 0.06、0.18、0.30、0.41。求样品中镉的含量。

3.某原子吸收分光光度计，对浓度均为 0.20 $\mu g/mL$ 的 Ca^{2+} 溶液和 Mg^{2+} 溶液进行测定，吸光度分别为 0.054 和 0.072。试问这两个元素哪个灵敏度高？

三、讨论题

总结本实验测定工业硫酸中铁含量的原子吸收光谱分析的条件。

项目二　离子膜烧碱生产辅助试剂的质量检验

项目分析

生产离子膜烧碱的某工厂有一批用作干燥剂的工业硫酸需要进行质量检验,作为质检人员,需要首先搜集相关标准分析方法,然后依据标准方法进行具体实验分析,一般依据国家标准(GB/T 534—2014),其具体技术要求如下:

1.分类:工业硫酸分为浓硫酸和发烟硫酸两类。

2.化学指标:工业硫酸的化学指标应符合表 2-1 的规定。

表 2-1　　　　　　　　　　　　工业硫酸的化学指标

项目	指标					
	浓硫酸			发烟硫酸		
	优等品	一等品	合格品	优等品	一等品	合格品
硫酸(H_2SO_4)的质量分数/%,≥	92.5 或 98.0	92.5 或 98.0	92.5 或 98.0	—	—	—
游离三氧化硫的质量分数/%,≥	—	—	—	20.0 或 25.0	20.0 或 25.0	20.0 或 25.0 或 65.0
灰分的质量分数/%,≤	0.02	0.03	0.10	0.02	0.03	0.10
铁(Fe)的质量分数/%,≤	0.005	0.010	—	0.005	0.010	0.030
砷(As)的质量分数/%,≤	0.000 1	0.001	0.01	0.000 1	0.000 1	—
汞(Hg)的质量分数/%,≤	0.001	0.01	—	—	—	—
铅(Pb)的质量分数/%,≤	0.005	0.02	—	0.005	—	—
透明度/mm,>	80	50	—	—	—	—
色度	不深于标准色度	不深于标准色度	—	—	—	—

注:指标中的"—"表示该类别产品的技术要求中没有此项目。

子项目 1　工业硫酸中铁含量的测定(可见分光光度法)

项目分析

工业硫酸中的铁为微量铁,微量铁含量的测定可采用可见分光光度法、邻菲罗啉分光光度法、原子吸收分光光度法等。这里重点学习可见分光光度法测定微量铁。

任务 1　学习紫外-可见分光光度法以及相关仪器使用方法

 任务分析

　　准备本任务所需要的仪器和试剂,包括分光光度计、辅助试剂、分析用玻璃仪器、工业盐样品等。学习紫外-可见分光光度法的基本原理以及相关仪器的使用方法。

【学习目标】

1.知识目标

(1)了解光和光谱的性质。

(2)掌握吸收定律公式、物理意义、相关计算及应用。

(3)熟悉紫外-可见分光光度计的类型、仪器基本组成、工作流程和原理、主要部件的作用、使用条件和维护保养常识、仪器检查和调校方法(波长准确度、吸收池配套性等)。

2.能力目标

(1)会进行仪器的检查(波长校正、吸收池配套等)。

(2)会使用仪器(开机、关机、调零等)并进行仪器的日常维护保养。

3.素质目标

(1)具有高度的责任感和"质量第一"的理念。

(2)具有实事求是的工作作风。

(3)具有较好的团结协作能力。

子任务 1　了解紫外-可见分光光度法

　　可见分光光度法属于分光光度法的一种。分光光度法是利用分光光度计,根据物质对不同波长的单色光的吸收程度不同而对物质进行定性和定量分析的方法。按所用光的波谱区域不同又可分为:可见分光光度法(400～780 nm),主要用于有色物质的定量分析;紫外分光光度法(200～400 nm),可用于结构鉴定和定量分析;红外分光光度法(3×10^3～3×10^4 nm),主要用于有机化合物的结构鉴定。

　　其中可见分光光度法和紫外分光光度法合称紫外-可见分光光度法。紫外-可见分光光度法(UV-Vis)是基于物质分子对200～780 nm区域内光辐射的吸收而建立起来的分析方法,又称电子光谱法。紫外-可见分光光度法是仪器分析中应用最为广泛的分析方法之一。该法的基本特点是:①灵敏度较高,检出限较低。可测定 μg 甚至 ng 级的物质。②电子光谱图较简单,分析速度较快。③应用范围广。在无机化合物分析、有机化合物的鉴定和结构分析、同分异构体的鉴别、配合物的组成和稳定常数的测定等方面都有应用。紫外-可见分光光度法测定的相对误差为 2%～5%,适合于测定低含量和微量组分,不适合中、高含量组分的测定。

　　由于分光光度法是利用分光光度计根据物质对不同波长的单色光的吸收程度不同而对物质进行定性和定量分析的方法,所以在此首先了解一下物质对光的吸收情况。

一、光与光谱的知识

(一)光的性质

光是一种电磁波,按照波长(或频率)排列,可得到电磁波谱图(图 2-1)。

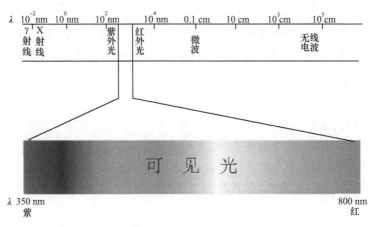

图 2-1　光的电磁波谱

光具有波粒二象性,一定波长的光具有一定的能量,波长越长(频率越低),光量子的能量越低。具有相同能量(相同波长)的光为单色光,由不同能量(不同波长)的光组合在一起的光称为复合光。若两种不同颜色的单色光按一定的强度比例混合得到白光,那么就称这两种单色光为互补光,这种现象称为光的互补。不同颜色的吸收光见表 2-2。

表 2-2　　　　　　　　　　　　　　　　不同颜色的吸收光

物质颜色	吸收光	
	颜色	波长/nm
黄绿	紫	400~450
黄	蓝	450~480
橙	绿蓝	480~490
红	蓝绿	490~500
紫红	绿	500~560
紫	黄绿	560~580
蓝	黄	580~600
绿蓝	橙	600~650
蓝绿	红	650~780

白光是复合光,例如日光、白炽灯光等白光都是复合光。让一束白光通过分光元件,它将分解成红、橙、黄、绿、青、蓝、紫等各种颜色的光,即可见光谱(图 2-2)。

(二)物质颜色的产生

当光照射到物质上时,会产生反射、散射、吸收或透射等现象,若被照射的物质为溶液,光的散射可以忽略。当一束白光照射某一有色溶液时,一些波长的光被溶液吸收,另一些波长的光则透过,溶液的颜色由透射光的波长所决定。吸收光与透射光互为补色光。如硫酸铜溶液吸收白光中的黄色光而呈现蓝色;高锰酸钾溶液吸收绿色的光而呈紫红色。

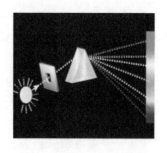

为什么物质溶液吸收某些波长的光,而另一些波长的光则不被吸收?为什么不同的物质溶液呈现不同的颜色?

分子、原子和离子,都具有不连续的量子化能级,在一般情况下分子处于最低能态(基态)。当入射光照射物质

图 2-2 白光分解得到可见光

时,分子会选择性地吸收某些波长的光,由基态跃迁到激发态(较高能级),其能级差 $E_{激发态} - E_{基态}$ 与选择性吸收的光子能量 $h\upsilon$ 的关系为

$$h\upsilon = E_{激发态} - E_{基态}$$

由于各种分子运动所处的能级和产生能级跃迁时能量变化都是量子化的,因此在分子运动产生能级跃迁时,只能吸收分子运动相对应的特定频率(或波长)的光能。而不同物质分子内部结构不同,分子的能级也是千差万别的,各种能级之间的间隔也互不相同,这样就决定了它们对不同波长光的选择性吸收。

物质的颜色是基于物质对光有选择性吸收的结果,而物质呈现的颜色则是被物质吸收光的互补色。

二、吸收定律

(一)朗伯-比尔(Lambert-Beer)定律

当一束平行的单色光垂直照射到一定浓度的均匀透明溶液时,光的一部分被吸收,一部分被容器表面反射。设入射光强度为 I_0,透射光强度为 I(图 2-3)。

透射光强度(I)与入射光强度(I_0)之比称为透射比(亦称透射率),用 T 表示,则有

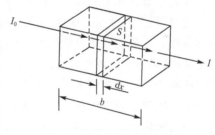

图 2-3 溶液对单色光的吸收

$$T = \frac{I}{I_0}$$

溶液的 T 越大,表明它对光的吸收越弱;反之,T 越小,表明它对光的吸收越强。为了更明确地表明溶液的吸光强弱与表达物理量的相应关系,常用吸光度 A 表示物质对光的吸收程度,其定义为

$$A = \lg \frac{1}{T} = \lg \frac{I_0}{I}$$

A 值越大,表明物质对光吸收越强。T 及 A 都是表示物质对光吸收程度的一种量度,透射比常以百分率表示,称为百分透射比,$T\%$;吸光度 A 没有单位,两者可通过公式互相换算。

当入射光波长一定时,溶液的吸光度 A 是吸光物质的浓度 c 及吸收介质厚度 b(吸收光程)的函数。朗伯和比尔分别于 1760 年和 1852 年研究了这三者的定量关系。

朗伯-比尔定律表明：当一束平行单色光垂直入射通过均匀、透明的吸光物质的稀溶液时，溶液对光的吸收程度与溶液的浓度及液层厚度的乘积成正比，即

$$A = Kbc$$

式中　A——吸光度；

　　　K——吸光系数；

　　　b——液层厚度；

　　　c——溶液浓度。

朗伯-比尔定律是光吸收的基本定律，俗称"光吸收定律"，是分光光度法定量分析的依据和基础。该定律不仅适用于溶液对光的吸收，也适用于气体或固体对光的吸收。

朗伯-比尔定律应用的条件：一是必须使用单色光；二是吸收发生在均匀的介质；三是吸收过程中，吸收物质互相不发生作用。

(二)摩尔吸光系数和质量吸光系数

吸光系数是吸收物质在一定波长和溶剂条件下的特征常数。

(1)摩尔吸光系数

当溶液浓度以 mol/L 为单位、液层厚度以 cm 为单位时，K 常用 ε 代替，ε 称为摩尔吸光系数，其单位为 L/(mol·cm)。此时朗伯-比尔定律可写为

$$A = \varepsilon bc$$

摩尔吸光系数的物理意义是：浓度为 1 mol/L 的溶液，于厚度为 1 cm 的吸收池中，在一定波长下测得的吸光度。

吸光系数有如下特点：一是不随浓度和液层厚度的改变而改变。在温度和波长等条件一定时，吸光系数仅与吸收物质本身的性质有关，与待测物质浓度无关，可作为定性鉴定的参数。二是同一吸收物质在不同波长下的 ε 值是不同的。在最大吸收波长处的摩尔吸光系数，常以 ε_{max} 表示。ε_{max} 表明了该吸收物质最大限度的吸光能力，也反映了光度法测定该物质可能达到的最大灵敏度。三是 ε_{max} 越大表明该物质的吸光能力越强，用光度法测定该物质的灵敏度越高。一般认为，$\varepsilon < 1 \times 10^4$ L/(mol·cm)，则方法的灵敏度较低；ε 在 $1 \times 10^4 \sim 5 \times 10^4$ L/(mol·cm)时，方法的灵敏度为中等；ε 为 $5 \times 10^4 \sim 1 \times 10^5$ L/(mol·cm)时，灵敏度高；$\varepsilon > 1 \times 10^5$ L/(mol·cm)，属超高灵敏度。

(2)质量吸光系数

质量吸光系数适用于摩尔质量未知的化合物。若溶液浓度以质量浓度 ρ(g/L)表示，液层厚度以 cm 表示，相应的吸光度，则为质量吸光度，质量吸光系数以 a 表示，其单位为 L·g^{-1}·cm^{-1}。这样朗伯-比尔定律可表示为

$$A = ab\rho$$

(三)吸光度的加和性

在多组分的体系中，在某一波长下，如果各种对光有吸收的物质之间没有相互作用，则体系在该波长的总吸光度等于各组分吸光度的和，即吸光度具有加和性，称为吸光度加和性原理。可表示如下：

$$A_{总} = A_1 + A_2 + \cdots + A_n = \sum A_n$$

式中各吸光度的下标表示组分 $1, 2, \cdots, n$。

吸光度的加和性对多组分同时定量测定、校正干扰等都极为有用。

(四)影响光吸收定律的主要因素

根据光吸收定律,当吸收池厚度为恒定时,吸光度与试样的浓度成正比,以吸光度对浓度作图应得到一条通过原点的直线。但实际测定时,有时这条直线会发生弯曲,或者直线不过原点。这种现象称为偏离光吸收定律(图 2-4)。引起这种偏离的因素主要有物理性因素、化学性因素和光吸收定律的局限性。

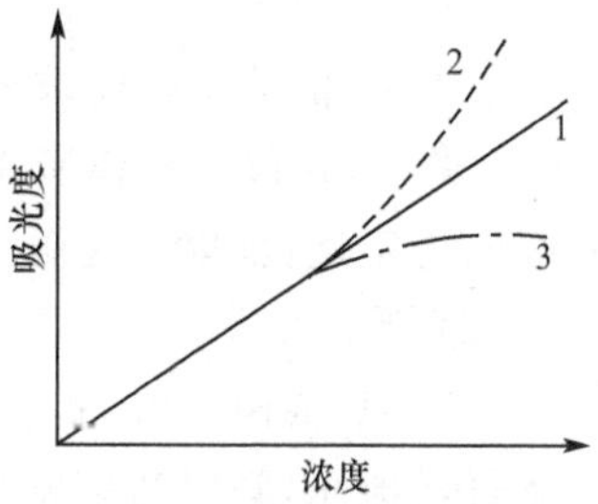

(1)物理性因素

物理性因素是由仪器的非理想状态引起的。一般的分光光度计只能获得近乎单色的狭窄光带,难以获得真正的纯单色光。而物质对不同波长的光吸收程度不同(吸光系数不同),因而导致了对光吸收定律的偏离。非单色光、杂散光、非平行入射光都会引起对光吸收定律的偏离。

图 2-4 偏离朗伯-比尔定律
1—无偏离;2—正偏离;3—负偏离

(2)化学性因素

溶液中的吸光物质因离解、缔合,形成新的化合物而改变了吸光物质的浓度,导致偏离光吸收定律。因此,测量前的化学预处理工作是十分重要的,如控制好显色反应条件,控制溶液的化学平衡等,以防止产生偏离。

(3)光吸收定律的局限性

严格来说,光吸收定律是一个有限定律,它只适用于浓度小于 0.01 mol/L 的稀溶液。因为浓度高时,吸光粒子间平均距离减小,以致每个粒子都会影响其邻近粒子的电荷分布。这种相互作用使它们的摩尔吸光系数 ε 发生改变,因而导致偏离光吸收定律。为此,在实际工作中,待测溶液的浓度应控制在 0.01 mol/L 以下。

子任务 2 认识紫外-可见分光光度计

一、紫外-可见分光光度计的组成和各部分作用

尽管紫外-可见分光光度计的种类和型号繁多,但它们都是由光源、单色器、吸收池、检测器、信号显示系统这五个基本部件组成的。分光光度计工作原理如图 2-5 所示。

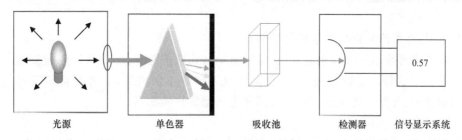

光源　　　单色器　　　吸收池　　　检测器　　信号显示系统

图 2-5 分光光度计工作原理

如图 2-5 所示,由光源发出的光,经单色器获得一定波长的单色光照射到样品溶液,

被吸收后,经检测器将光强度变化转变为电信号变化,并经信号显示系统调制放大后,显示或打印出吸光度 A(或透射比 T),完成测定。

(一)光源

1.作用:供给符合要求的入射光。

2.要求:在仪器操作所需的光谱区域内能够发射连续的辐射;应有足够的辐射强度及良好的稳定性;辐射强度随波长的变化应尽可能小;光源的使用寿命长,操作方便。

3.种类:

(1)钨灯或卤钨灯:提供可见光源,可发射波长为 $320\sim2\,500$ nm。使用时必须严格控制灯丝电压,必要时配备稳压装置,以保证光源的稳定。

(2)氢灯或氘灯:提供紫外光源,可发射波长为 $185\sim375$ nm。用稳压电源供电,放电十分稳定,光强度大且恒定。氘灯的灯管内充有氢同位素氘,其光谱分布与氢灯类似,但光强度比同功率的氢灯大 $3\sim5$ 倍,是紫外光区应用最广泛的一种光源。

(二)单色器

1.作用:把光源发出的连续光谱分解成单色光,并能准确方便地"取出"所需要的某一波长的光。

2.组成:单色器主要由狭缝、色散元件和透镜系统组成。

3.分类:棱镜单色器、光栅单色器。

(三)吸收池

吸收池如图 2-6 所示。

1.作用:盛放待测液和决定透光液厚度的器件。

2.分类:玻璃吸收池——能吸收紫外光,仅适用于可见光区。石英吸收池——不能吸收紫外光,适用于紫外和可见光区。

3.要求:匹配性(对光的吸收和反射应一致)——测量前进行配套性检验。

图 2-6　吸收池

4.规格:0.5 cm、1.0 cm、2.0 cm、3.0 cm、5.0 cm 等。

5.使用:手执两侧的毛面,盛放液体高度为总高度的四分之三;用擦镜纸或丝绸擦拭光学面;吸收池使用后应立即用水冲洗干净,有色物污染可以用 3 mol/L HCl 和等体积乙醇的混合液浸泡洗涤;凡含有腐蚀玻璃的物质(如 F^-、$SnCl_2$、H_3PO_4 等)的溶液,不得长时间盛放在吸收池中;不得在火焰或电炉上加热或烘烤吸收池。

(四)检测器

1.作用:将光信号转变为电信号的装置。

2.常用检测器:光电池,光电管(红敏和蓝敏),光电倍增管,二极管阵列检测器。二极管阵列检测器的特点是响应速度快,但灵敏度不如光电倍增管,后者具有很高的放大倍数。目前紫外-可见分光光度计广泛使用光电倍增管作检测器。

(五)信号显示系统

1.作用:将检测器的电信号经过放大后,以一定的形式显示,方便计算和记录。

2.显示装置:检流计、微安表、数字显示记录仪等。

二、紫外-可见分光光度计的类型及特点

紫外-可见分光光度计按使用波长范围可分为：可见分光光度计和紫外-可见分光光度计两类。前者的使用波长范围是 400～780 nm；后者的使用波长范围为 200～1 000 nm。可见分光光度计只能用于测量有色溶液的吸光度，而紫外-可见分光光度计可测量在紫外光区、可见光区及近红外光区有吸收的物质的吸光度。

按光路结构，紫外-可见分光光度计可分为单光束式及双光束式两类。

(一)单光束分光光度计

单光束是指从光源发出的光，经过单色器分光后只得一束光，从进入吸收池到最后照在检测器，始终为一束光。721、722、751、7504、T6 等型号分光光度计均为单光束分光光度计。单光束分光光度计基本光路如图 2-7 所示。

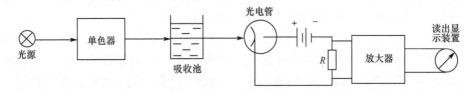

图 2-7 单光束分光光度计基本光路

单光束分光光度计的特点是结构简单、价格低，主要适于定量分析。其不足之处是操作麻烦，任一波长的光均要用参比调节 $T=100\%$，再测样品。另外光源不稳定会影响测量的准确度。

(二)双光束分光光度计

从光源中发出的光经过单色器后被一个旋转的扇面镜(斩光器)分为强度相等的两束光，分别通过参比溶液和样品溶液后，再经扇面镜将两束光交替地投射到同一检测器上。在光电倍增管上产生交变脉冲信号，经比较放大后，由显示器显示出透光度、吸光度、浓度或进行波长扫描记录吸收光谱。710、730、760MC、760CRT、日本岛津 UV-210 等型号分光光度计属于双光束分光光度计。双光束分光光度计基本光路如图 2-8 所示。

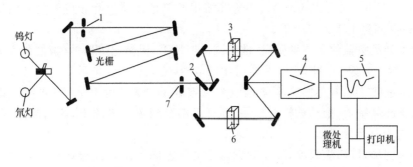

图 2-8 双光束分光光度计基本光路

1—进口狭缝；2—斩光器；3—参比池；4—检测器；5—记录仪；6—试样池；7—出口狭缝

双光束分光光度计的特点是测量方便，不需要更换吸收池；实现了快速自动吸收光谱扫描；补偿了光源不稳定性的影响。

子任务3　学习紫外-可见分光光度计和可见分光光度计的使用

一、紫外-可见分光光度计的校验

(一)波长的校正
1.仪器波长的一般性检查

开启仪器,在吸收池位置插入一块白色硬纸片,将波长从 720 nm 向 420 nm 方向调节,观察出口狭缝射出的光线颜色是否与波长调节器所指示的波长相符(黄色光波长范围较窄,将波长调节在 580 nm 处应出现黄光),若相符,表示该仪器分光系统基本正常。

2.使用镨钕滤光片检查仪器波长

镨钕滤光片是一种含有稀有金属镨与钕的玻璃制品。因它的吸收峰都有一个标准值(推荐 529 nm 吸收峰),可用来鉴定仪器波长的正确性。

检查方法:把镨钕滤光片放入比色皿架内,将波长调节到 520 nm,在空白挡上调节 $T=100\%$,然后拉动拉杆使镨钕滤光片进入光路测定透过率,记下读数。在 520～540 nm 间每隔 2 nm 测定一次透过率(注意:每改变一次波长,都应调节空气参比 $T=100\%$),找出最小透过率值对应的波长。合格的分光光度计要求测出的峰的最大吸收波长与仪器标示值相差在±3 nm 以内。

(二)吸收池配套检验

在一组吸收池中加入已配好的 30 μg/mL 重铬酸钾溶液,调节波长为 440 nm,选择其中透过率最大的吸收池为参比,调节其透过率 $T=100\%$,测定并记录其他比色皿的透过率值,要求透过率的最大值与最小值之差不大于0.5%。若所测各吸收池透过率偏差不大于0.5%,则这些吸收池可配套使用。超出上述偏差的吸收池不能配套使用。

二、721 型可见分光光度计的使用步骤

1.检查仪器各调节钮的起始位置是否正确,接通电源开关,打开样品室暗箱盖,使电表指针处于"0"位,预热 20 min 后,再选择需用的单色光波长和相应的放大灵敏度挡,用调"0"电位器调整电表为 $T=0\%$。

2.盖上样品室盖使光电管受光,推动试样架拉手,使参比溶液池(溶液装入 3/4 高度,置第一格)置于光路上,调节 100%透射比调节器,使电表指针指示 $T=100\%$。

3.重复进行"打开样品室盖,调零,盖上样品室盖,调透射比为100%"的操作至仪器稳定。

4.盖上样品室盖,推动试样架拉手,使样品溶液池置于光路上,读出吸光度值。读数后应立即打开样品室盖。

5.测量完毕,取出吸收池,洗净后倒置于滤纸上晾干。各旋钮置于原来位置,电源开关置于"关",拔下电源插头。

6.放大器各挡的灵敏度为:"1"×1 倍、"2"×10 倍、"3"×20 倍,灵敏度依次增大。由于当单色光波长不同时,光能量不同,需选不同的灵敏度挡。选择原则是在能使参比溶液调到 $T=100\%$处时,尽量使用灵敏度较低的挡,以提高仪器的稳定性。改变灵敏度挡

后,应重新调"0"和"100"。

721 型分光光度计的结构和外观分别如图 2-9 和图 2-10 所示。

图 2-9　721 型分光光度计的结构

l—波长读数盘;2—微安表;3—比色皿暗盒盖;4—波长调节器;5—"0"透射比调节器;6—"100%"透射比调节器;7—比色皿架拉杆;8—灵敏度选择钮;9—电源开关

图 2-10　721 型分光光度计的外观

三、T6 紫外-可见分光光度计的使用步骤

1.打开仪器(图 2-11)电源,等待自检完成后显示主界面。此过程中样品池盖要盖着,样品池中不要放置比色皿。

2.按"ENTER"键选择光度测量功能。

3.按"SET"键进入参数设置。

4.测光方式选吸光度 Abs。

5.选择试样设定。

6.选择试样室(五连池,八连池,固定池)要与仪器硬件配置相同。

图 2-11　T6 紫外-可见分光光度计

7.选择使用样品池数,也就是使用的比色皿个数。

8.空白溶液校正和试样池空白校正都选择否,其他项不动。

9.按"RETURN"键返回光度测量主界面。

10.按"Gotoλ"键输入测量波长后按"ENTER"键确认。

11.将放有空白溶液的比色皿放入 1 号样品池中按"Zero"键校零。

12.按"START/STOP"键进入测量界面,将放有样品溶液的比色皿放入样品池中按"START/STOP"键测量,就会出现测量结果。

13.测量结束后返回到主界面。

14.关闭仪器电源。

【技能训练测试题】

一、简答题

1.试说明紫外-可见分光光度计的基本结构,并指出各部件的作用。

2.分光光度计检查和调校的内容包括哪些?

二、单选题

1.紫外-可见分光光度法的适合检测波长范围是( )。

A.400~780 nm
B.200~400 nm

C.200~780 nm
D.200~1 000 nm

2.分光光度法的吸光度与( )无关。

A.入射光的波长
B.液层的高度

C.液层的厚度
D.溶液的浓度

3.在分光光度法中,宜选用的吸光度读数范围是( )。

A.0~0.2
B.0.1~∞

C.1~2
D.0.2~0.8

4.721型分光光度计在使用时发现波长在 580 nm 处,出射光不是黄色,而是其他颜色,其原因可能是( )。

A.有电磁干扰,导致仪器失灵

B.仪器零部件配置不合理,产生实验误差

C.实验室电路的电压小于 380 V

D.波长指示值与实际射出光谱值不符合

5.在分光光度法中,应用光的吸收定律进行定量分析,应采用的入射光为( )。

A.白光
B.单色光
C.可见光
D.复合光

6.紫外-可见分光光度计中的成套吸收池其透光率之差应不大于( )。

A.0.5%
B.0.1%
C.0.1%~0.2%
D.5%

7.可见分光光度计提供的波长范围是( )。

A.800~1 000 nm
B.400~800 nm

C.200~400 nm
D.10~400 nm

8.分光光度计中检测器灵敏度最高的是( )。

A.光敏电阻
B.光电管
C.光电池
D.光电倍增管

9.721 型分光光度计适用于( )。

A.可见光区
B.紫外光区
C.近红外光区
D.都适用

10.在 300 nm 处进行分光光度测定时,应选用( )比色皿。

A.硬质玻璃
B.软质玻璃
C.石英
D.透明塑料

三、判断题

1.紫外分光光度计的光源常用碘钨灯。 ( )

2.可见分光光度计检验波长的准确度采用苯蒸气的吸收光谱曲线检查。 ( )

3.在分光光度法中,单色光不纯是导致偏离朗伯-比尔定律的因素之一。 ( )

4.光的吸收定律不仅适用于溶液,同样也适用于气体和固体。 ( )

5.常见的可见光源是氢灯或氖灯。 ( )

四、多选题

1.下列属于紫外-可见分光光度计组成部分的有( )。

A.光源
B.单色器
C.吸收池
D.检测器

2.下列 722 型分光光度计的主要技术是(　　)。

A.光源:氘灯

B.接收元件:光电管

C.波长范围:200~800 nm

D.光学系统

3.紫外-可见分光光度计中的单色器的主要元件是(　　)。

A.棱镜　　　　　B.光电管　　　　　C.吸收池　　　　　D.光栅

4.分光光度法中测得的吸光度有问题,可能的原因包括(　　)。

A.比色皿没有放正位置

B.比色皿配套性不好

C.比色皿毛面放于透光位置

D.比色皿润洗不到位

5.检验紫外-可见分光光度计波长正确性时,应分别绘制吸收曲线的是(　　)。

A.甲苯蒸气

B.苯蒸气

C.镨钕滤光片

D.重铬酸钾溶液

五、计算题

采用 1,10-邻二氮菲吸光光度法测定某试液中 Fe^{2+} 的物质的量,已知 Fe^{2+} 的浓度为 1.0 $\mu g/mL$,比色皿厚度为 1 cm,于 508 nm 波长下测得 $A=0.20$,计算 ε 及 a 各为多少? ($M_{Fe}=55.85$ g/mol)

任务 2　工业硫酸中铁离子含量的测定

【学习目标】

1.知识目标

(1)掌握可见分光光度分析法显色条件和测量条件的选择。

(2)熟练掌握定量方法(工作曲线法、比较法等),了解分析误差来源。

2.能力目标

(1)会配制标准溶液。

(2)会进行仪器的检查(波长校正,吸收池配套,零点及光电流稳定性检查)。

(3)会操作仪器(开机、关机、调零等)和进行仪器日常维护保养。

(4)能准确绘制吸收曲线和工作曲线。

(5)会进行显色反应条件试验(显色剂用量、酸度、显色时间等条件选择)。

(6)能正确记录和处理数据。

(7)能正确使用移液管、吸量管、容量瓶等仪器。

3.素质目标

(1)具有高度的责任感。

(2)具有实事求是的工作作风。

(3)具有按规范、规程操作的习惯。

(4)具有快速掌握新知识、新技能的能力。

子任务 1　测定工业硫酸中铁离子含量

铁离子含量的测定属于定量分析。前面提到吸光度 A 与被测溶液的浓度 c 之间符合朗伯-比尔定律,但即使我们利用分光光度计测定出被测试液的吸光度,由于不知道吸收系数 K 值,还是无法知道其浓度,因此我们需要借助一些特殊的定量方法来间接求得浓度。

一、定量方法

(一)工作曲线法

工作曲线法又称标准曲线法,它是实际工作中使用最多的一种定量方法。

工作曲线的绘制方法是:配制四个以上浓度不同的待测组分的标准溶液,以空白溶液为参比溶液,在选定的波长下,分别测定各标准溶液的吸光度。以标准溶液浓度为横坐标,吸光度为纵坐标,在坐标纸(或计算机软件)上绘制曲线,此曲线即称为工作曲线(图 2-12)。

实际工作中,为了避免使用时出差错,在所作的工作曲线上还必须标明标准曲线的名称、所用标准溶液的名称和浓度、坐标分度和单位、测量条件(仪器型号、入射光波长、吸收池厚度、参比溶液名称)以及制作日期和制作者姓名。

在测定样品时,应按与配制标准溶液相同的方法制备待测试液(为了保证显色条件一致,操作时一般是试样和标样同时显色),在相同测量条件下测量试液的吸光度,然后在工作曲线上查出待测试液浓度。

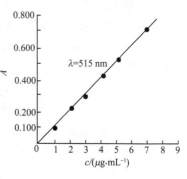

图 2-12　工作曲线

配制系列标准溶液要注意:

标准系列溶液的组成、介质尽可能接近试样溶液;标准系列溶液的浓度取值要合适,应在线性范围内,其吸光度数值适宜范围为 0.2～0.8;一个标准系列一般应有 5～9 个不同浓度的标准溶液。当标准溶液的浓度低于 0.1 mg/mL 时,应先配成比使用的浓度高 1～3 个数量级的浓溶液(不小于 1 mg/mL)作为储备液,然后再稀释。

为了保证测定准确度,要求标样与试样溶液的组成保持一致,待测试液的浓度应在工作曲线线性范围内,最好在工作曲线中部。工作曲线应定期校准,如果实验条件变动(如更换标准溶液、重新配制所用试剂、修理仪器、更换光源等情况),工作曲线应重新绘制。工作曲线法适于成批样品的分析,它可以消除一定的随机误差。

由于受到各种因素的影响,实验测出的各点可能不完全在一条直线上,这时"画"直线的方法就显得随意性大了一些,若采用最小二乘法来确定直线回归方程,就准确多了。这条直线称回归直线。工作曲线可以用一元线性方程表示,即

$$y = a + bx$$

式中　x——标准溶液的浓度;

　　　y——相应的吸光度;

　　　b——回归系数,为直线斜率。

直线斜率 b 可由下式求出:

$$b = \frac{\sum\limits_{i=1}^{n}(x_i - \overline{x})(y_i - \overline{y})}{\sum\limits_{i=1}^{n}(x_i - \overline{x})^2}$$

式中 $\overline{x}$, $\overline{y}$ —— x 和 y 的平均值;

x_i ——第 i 个点的标准溶液的浓度;

y_i ——第 i 个点的吸光度(以下相同)。

a 为直线的截距,可由下式求出

$$a = \frac{\sum\limits_{i=1}^{n}y_i - b\sum\limits_{i=1}^{n}x_i}{n} = \overline{y} - b\,\overline{x}$$

工作曲线线性的优劣可以用回归直线的相关系数来表示,相关系数 γ 可用下式求得

$$\gamma = b\sqrt{\frac{\sum\limits_{i=1}^{n}(x_i - \overline{x})^2}{\sum\limits_{i=1}^{n}(y_i - \overline{y})^2}}$$

相关系数接近 1,说明工作曲线线性好,一般要求所作工作曲线的相关系数 γ 要大于 0.999。

(二)比较法

这种方法是用一个已知浓度的标准溶液(c_s),在一定条件下,测得其吸光度 A_s,然后在相同条件下测得试液 c_x 的吸光度 A_x,设试液、标准溶液完全符合朗伯-比尔定律,则

$$c_x = \frac{A_x}{A_s}c_s$$

使用比较法要求:c_x 与 c_s 浓度应接近,且都符合吸收定律。比较法适于个别样品的测定。

二、工业硫酸中铁质量分数的测定(GB/T 534—2014)

(一)原理

试样蒸干后,残渣溶解于盐酸中,用盐酸羟胺还原溶液中的铁,在 pH 为 2～9 的条件下,二价铁离子与邻菲罗啉(又称邻二氮菲)反应生成橙色络合物,对此络合物做吸光度测定。

(二)试剂

1.硫酸溶液:1+1。

2.盐酸溶液:1+10。

3.盐酸羟胺溶液:10 g/L。

4.乙酸-乙酸钠缓冲溶液:pH≈4.5。

5.邻菲罗啉盐酸溶液(1 g/L):称取 0.1 g 邻菲罗啉溶于少量水中,加入 0.5 mL 盐酸溶液溶解后,用水稀释至 100 mL,避光保存。

6.铁(Fe)标准溶液:0.1 mg/mL。

7.铁(Fe)标准溶液(10 μg/mL):量取 10.00 mL 铁标准溶液置于 100 mL 容量瓶中,用水稀释至刻度,摇匀。此溶液使用时现配。

(三)仪器

分光光度计:具有 1 cm 比色皿。

(四)分析步骤

1.工作曲线的绘制

取 5 只 50 mL 容量瓶,分别加入铁标准溶液 0 mL、2.50 mL、5.00 mL、7.50 mL、10.00 mL。对每只容量瓶中的溶液做下述处理:加水至约 25 mL,加入 2.5 mL 盐酸羟胺溶液和 5 mL 乙酸-乙酸钠缓冲溶液,5 min 后加 5 mL 邻菲罗啉盐酸溶液,用水稀释至刻度,摇匀,放置 15～30 min,显色。

在 510 nm 波长处,用 1 cm 比色皿,以不加铁标准溶液的空白溶液作参比,用分光光度计测定上述溶液的吸光度。

以上述溶液中铁的质量(单位为微克)为横坐标,对应的吸光度值为纵坐标,绘制工作曲线或根据所得吸光度值计算出线性回归方程。

2.测定

称取 10～20 g 试样,精确到 0.01 g,置于 50 mL 烧杯中,在沙浴(或可调温电炉)上蒸发至干燥,冷却,加 2 mL 盐酸溶液和 25 mL 水,加热使盐类溶解,移入 100 mL 容量瓶中,用水稀释至刻度,摇匀。

用移液管量取一定体积的试液置于 50 mL 容量瓶中,使其相应的铁质量在 10～100 μg,加水稀释至约 25 mL。然后加入 2.5 mL 盐酸羟胺溶液和 5 mL 乙酸-乙酸钠缓冲溶液,5 min 后加 5 mL 邻菲罗啉盐酸溶液,用水稀释至刻度,摇匀,放置 15～30 min,显色。在 510 nm 波长处,用 1 cm 比色皿,以不加铁标准溶液的空白溶液作参比,用分光光度计测定试液的吸光度。

根据试液的吸光度值从工作曲线上查得相应的铁的质量或用线性回归方程计算出铁的质量。

(五)结果计算

铁(Fe)的质量分数 ω 按下式计算:

$$\omega = \frac{10^{-6}m_1}{m} \times 100\%$$

式中 m_1——从工作曲线上查得的或用线性回归方程计算出的铁的质量,单位为微克(μg);

m——试样的质量,单位为克(g)。

取平行测定结果的算术平均值为测定结果。铁的质量分数＞0.005％时,平行测定结果的相对偏差应不大于 10％;铁的质量分数≤0.005％时,平行测定结果的相对偏差应不大于 20％。

考核评分参见表 2-3。

表 2-3   考核评分表

序号	作业项目	考核内容	配分	操作要求	考核记录	扣分	得分
一	仪器调校	仪器预热	5	已预热			
		波长正确性、吸收池配套性检查	5	正确			
二	溶液配制	比色管使用	5	正确、规范(洗涤、试漏、定容)			
		移液管使用	5	正确、规范(润洗、吸放、调刻度)			
		显色时间的控制	5	正确			
三	仪器使用	比色皿使用	5	正确、规范			
		调"0"和"100"操作	5	正确、规范			
		波长选择	5	正确			
		测量由稀到浓	5	是			
		参比溶液的选择和位置	5	正确			
		读数	5	及时、准确			
四	数据处理和实训报告	工作曲线绘制,报告	15	合格			
		准确度	15	正确、完整、规范、及时			
		工作曲线线性	0	≤ 0.99 差			
			4	$0.99\sim0.999$ 一般			
			8	$0.999\sim0.9999$ 较好			
			10	>0.9999 好			
五	文明操作结束工作	物品摆放、结束工作	5	仪器拔电源,盖防尘罩;比色皿清洗,倒置控干;台面无水迹或少水迹;废纸不乱扔,废液不乱倒;结束工作完成良好			
六	总分						

子任务 2 任务准备工作——选择显色和测量条件

工业盐中微量钙镁离子含量的测定实验过程中,除了被测样品溶液,还加入了很多相关试剂如三乙醇胺、邻菲罗啉(又称邻二氮菲)溶液、硼砂缓冲溶液等,这些试剂到底起到什么作用? 入射光波长为何选择 574 nm? 因此需完成一个子任务:邻二氮菲分光光度法测微量铁,以此任务为载体重点学习显色和测量条件的选择。

可见分光光度表分析的前提是试液具有可见的颜色。但在实际工作中,除了少数待测组分本身有色,绝大多数待测组分无色或浓度低时几乎无色。这样就必须先将待测组分转变为有色化合物,然后再进行测定。将待测组分转变为有色化合物的反应称为显色反应,能与待测组分生成有色化合物的试剂称为显色剂。

一、显色反应

显色反应以配位反应应用最普遍。同一种组分可与多种显色剂反应生成不同有色物质。在分析时,要考虑以下因素。

(一)选择显色反应考虑的因素

1.选择性好:一种显色剂最好只与一种待测组分起显色反应。

2.灵敏度高:要求反应生成的有色化合物的摩尔吸光系数大。

3.生成的有色化合物组成恒定,化学性质稳定,保证测定准确度及再现性。

4.如果显色剂有色,则要求有色化合物与显色剂之间的颜色差别要大。一般要求$\Delta\lambda > 60$ nm。

5.显色条件要易于控制,以保证其有较好的再现性。

(二)显色剂

常用的显色剂可分为无机显色剂和有机显色剂两大类。

1.无机显色剂

许多无机试剂能与金属离子发生显色反应,但由于灵敏度、选择性较差等原因,具有实际应用价值的并不多。常用的无机显色剂主要有硫氰酸盐、钼酸铵、氨水和过氧化氢等。

2.有机显色剂

有机显色剂与金属离子形成的配合物稳定性、灵敏度和选择性都比较高,而且有机显色剂的种类较多,实际应用广。表 2-4 列出了几种常用的有机显色剂。

表 2-4　　　　　　　　　　　几种常用的有机显色剂

显色剂	测定元素	反应介质	λ_{max}/nm	$\varepsilon_{max}/[L/(mol \cdot cm)]$
磺基水杨酸	Fe^{2+}	pH 为 2~3	520	1.6×10^3
邻二氮菲	Fe^{2+} Cu^{2+}	pH 为 3~9	510 435	1.1×10^4 7.0×10^3
丁二酮肟	Ni(Ⅳ)	氧化剂存在,碱性条件	470	1.3×10^4
1-亚硝基-2-苯酚	Co^{2+}	—	415	2.9×10^4
钴试剂	Co^{2+}	—	570	1.1×10^5
二硫腙	Cu^{2+}、Pb^{2+}、Zn^{2+}、Cd^{2+}、Hg^{2+}	不同酸度	490~550 (Pb 520)	$4.5 \times 10^4 \sim 3.0 \times 10^5$ (Pb 6.8×10^4)
偶氮砷(Ⅲ)	Th(Ⅳ)、Zr(Ⅳ)、La^{3+}、Ce^{4+}、Ca^{2+}、Pb^{2+}	强酸至弱酸介质	665~675 (Th 665)	$1.0 \times 10^4 \sim 1.3 \times 10^5$ (Th 1.3×10^5)
RAR(吡啶偶氮间苯二酚)	Co、Pd、Nb、Ta、Th、In、Mn	不同酸度	Nb 550	Nb 3.6×10^4

（续表）

显色剂	测定元素	反应介质	λ_{max}/nm	$\varepsilon_{max}/[L/(mol \cdot cm)]$
二甲酚橙	Zr(Ⅳ)、Hf(Ⅳ)、Nb(Ⅴ)、UO$_2$$^{2+}$、Bi^{3+}、Pb^{2+}	不同酸度	530~580 (Hf 530)	1.6×10^4~5.5×10^4 (Hf　4.7×10^4)
铬天青S	Al	pH 为 5~5.8	530	5.9×10^4
结晶紫	Ca	7 mol/L 盐酸、CHCl$_3$-丙酮萃取	—	5.4×10^4
罗丹明B	Ca、Tl	6 mol/L 盐酸、苯萃取，1 mol/L HBr 异丙醚萃取	—	6×10^4, 1.0×10^5
孔雀绿	Ca	6 mol/L 盐酸、C$_6$H$_5$Cl-CCl$_4$ 萃取	—	9.9×10^4
亮绿	Tl、B	0.01~0.1 mol/L HBr、乙酸乙酯萃取，pH 为 3.5 的苯萃取	—	7.0×10^4, 5.2×10^4

（三）显色条件的选择

1.显色剂用量

若 M 为待测物质，R 为显色剂，MR 为反应生成的有色配合物，则显色反应可以用下式表示：M＋R ⇌ MR。增加 R 的用量，有利于反应。但 R 本身也会产生一定吸收，其用量太大会增加空白值，也会引起一些干扰反应。

显色剂一般应适当过量。在具体工作中显色剂用量需要经实验来确定，即通过作吸光度-显色剂浓度（A-c_R）曲线，来获得显色剂的适宜用量。其方法是：固定待测组分浓度和其他条件，然后加入不同量的显色剂，分别测定吸光度 A 值，绘制 A-c_R 曲线，一般可得如图 2-13 所示的三种曲线。选择曲线平坦部分所对应的显色剂用量为最佳用量。

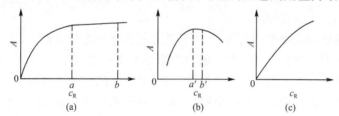

图 2-13　吸光度与显色剂浓度的关系曲线

2.溶液的酸度

酸度是显色反应的重要条件，它对显色反应的影响有：溶液酸度会影响本身是有机弱酸或有机弱碱的显色剂的解离程度；对于一些逐级络合的显色反应，酸度不同，产物不同，生成物的颜色也不同；溶液酸度过低可能引起被测金属离子水解，甚至产生沉淀，从而破坏了有色配合物，使溶液颜色发生变化，甚至无法测定。

显色反应适宜的酸度必须通过实验来确定，其方法是：固定待测组分及显色剂浓度，改变溶液 pH，制得数个显色液。在相同测定条件下分别测定其吸光度，作出 A-pH 关系曲线，选择曲线平坦部分对应的 pH 作为显色反应适宜的 pH 范围。

3.显色温度

不同的显色反应对温度的要求不同。大多数显色反应是在常温下进行的，但有些反应必须在较高温度下才能进行或进行得比较快。由于温度对光的吸收及颜色的深浅也有

影响,所以在绘制工作曲线和进行样品测定时,应该要求标准溶液和待测溶液在测定过程中温度保持一致。

4.显色时间

在显色反应中应该从两个方面来考虑时间的影响。一是显色反应完成所需要的时间,称为"显色(或发色)时间";二是显色后有的有色配合物易褪色,有色物质色泽保持稳定的时间,称为"稳定时间"。

确定适宜时间的方法:取一待测组分溶液,在确定的显色条件下显色。从加入显色剂开始,每隔一定时间测吸光度一次,绘制 $A\text{-}t$ 关系曲线。曲线平坦部分对应的时间就是测定吸光度的最适宜时间。

5.溶剂

有机溶剂常常可以降低有色物质的离解度,从而提高显色反应的灵敏度。

6.共存离子的干扰

共存离子造成的干扰有:共存离子本身有色;共存离子与显色剂反应,生成更稳定的配合物,消耗显色剂,显色反应不完全,测定结果偏低;共存离子与显色剂反应,生成有色化合物,使测定结果偏高。

消除干扰可采用以下方法:控制溶液的酸度,使待测离子显色,而干扰离子不生成有色化合物;加入掩蔽剂,掩蔽干扰离子;改变干扰离子的价态以消除干扰;选择适当的分离方法,分离干扰离子。还可通过选择合适的工作波长、合适的参比溶液来消除干扰。

二、测量条件的选择

(一)入射光波长的选择

依据待测物质的吸收光谱曲线,为了提高分析的灵敏度和准确度,应选用最大吸收波长作为测定的入射光波长。如果最大吸收峰附近有干扰存在(如共存离子或所使用试剂有吸收),则在保证有一定灵敏度的情况下,选择吸收曲线中干扰物质吸收很弱,而待测物质吸收较强的波长进行测定(应选曲线较平坦处对应的波长),以消除干扰。

吸收光谱曲线是通过实验获得的,具体方法是:将不同波长的光依次通过某一固定浓度和厚度的有色溶液,分别测出它们对各种波长光的吸收程度(用吸光度 A 表示),以波长为横坐标,以吸光度为纵坐标作图,画出曲线,此曲线称为该物质的光吸收曲线(或吸收光谱曲线),它描述了物质对不同波长光的吸收程度。图 2-14 所示为三种不同浓度的 $KMnO_4$ 溶液的三条光吸收曲线。由图可以看出:

1.高锰酸钾溶液对不同波长的光的吸收程度是不同的,对波长为 525 nm 的光吸收最多,在吸收曲线上有一高峰(称为吸收峰)。光吸收程度最大处的波长称为最大吸收波长(常以 λ_{max} 表示)。在进行吸光度测定时,通常都是选取在 λ_{max} 的波长处来测量,因为这时可得到最大的灵敏度。

2.不同浓度的高锰酸钾溶液,其吸收曲线的形状相似,最大吸收波长也一样。所不同的是吸收峰峰高随浓度的增加而增高。

3.不同物质的吸收曲线,其形状和最大吸收波长都各不相同。因此,可利用吸收曲线来作为物质定性分析的依据。

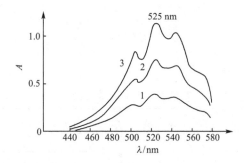

$1:c(KMnO_4)=1.56\times10^{-4}\ mol/L$

$2:c(KMnO_4)=3.12\times10^{-4}\ mol/L$

$3:c(KMnO_4)=4.68\times10^{-4}\ mol/L$

图 2-14　$KMnO_4$ 溶液的光吸收曲线

(二)参比溶液的选择

参比溶液也称空白溶液,应包括除待测组分以外的全部背景组分,以消除由于样品池壁及溶剂等背景成分对作用光的发射和吸收带来的误差。

1.溶剂参比

当试样溶液的组成比较简单,待测试液、显色剂和其他试剂均无色,仅有待测物质与显色剂的反应产物有吸收时,可采用纯溶剂作参比溶液,这样可以消除溶剂、吸收池等因素的影响。

2.试剂参比

如果显色剂或其他试剂在测定波长处有吸收,此时应采用试剂参比溶液。即按显色反应相同条件,不加入试样,加入同样试剂和溶剂,作为参比溶液。这种参比溶液可消除试剂中的组分产生的影响。

3.试液参比

如果待测试液中含有有色组分,而显色剂和其他试剂无色,可用不加显色剂的试液作为参比溶液。这种参比溶液可以消除有色离子的影响。

4.褪色参比

如果待测试液、显色剂和其他试剂均有色,可先用掩蔽剂将试液中的待测组分掩蔽,然后再加入显色剂和其他试剂,并以此溶液作为参比溶液。

总之,选择参比溶液时,应尽可能全部抵消各种共存有色物质的干扰,使试液的吸光度真正反映待测物的浓度。

(三)吸光度范围的选择

在分光光度计中,透射比的标尺是均匀的,吸光度与透射比为负对数关系,所以吸光度的标尺刻度是不均匀的。因此,对于同一台仪器,读数的波动对透射比来说应基本为一定值,而对吸光度来说它的读数则不再为定值。由分光光度计读数标尺上吸光度与透射比的关系可以看出,吸光度越大,读数波动所引起的吸光度误差也越大。

根据朗伯-比尔定律,则 $-\lg T=\varepsilon bc$

将上式微分后,经整理得

$$\frac{\Delta c}{c} = \frac{0.043\ 4}{T\lg T}\cdot\Delta T$$

$\dfrac{\Delta c}{c}$ 即浓度相对误差(表 2-5)。

表 2-5　　　　　不同 T(或 A)时的浓度相对误差(设 $\Delta T=\pm0.5\%$)

$T/\%$	A	$\dfrac{\Delta c}{c}/\%$	$T/\%$	A	$\dfrac{\Delta c}{c}/\%$
95	0.022	±10.2	40	0.399	±1.36
90	0.046	±5.3	30	0.523	±1.38
80	0.097	±2.8	20	0.699	±1.55
70	0.155	±2.0	10	1.000	±2.17
60	0.222	±1.63	3	1.523	±4.75
50	0.301	±1.44	2	1.699	±6.38

　　实际工作中,可以通过调节被测溶液的浓度(如改变取样量,改变显色后溶液总体积等)、使用厚度不同的吸收池来调整待测溶液吸光度,使其在适宜的吸光度范围内。

三、邻二氮菲分光光度法测定微量铁

(一)原理

　　邻二氮菲(phen)和 Fe^{2+} 在 pH=3～9 的溶液中,生成一种稳定的橙红色配合物 $Fe(phen)_3^{2+}$,其 $\lg K=21.3$,$\varepsilon_{508}=1.1\times10^4$ L/(mol·cm),铁含量在 0.1～6.0 μg/mL 时遵守比尔定律,其吸收曲线如图 2-15 所示。显色前需用盐酸羟胺或抗坏血酸将 Fe^{3+} 全部还原为 Fe^{2+},然后再加入邻二氮菲,并调节溶液酸度至适宜的显色酸度范围。有关反应如下

$$2Fe^{3+}+2NH_2OH\cdot HCl=2Fe^{2+}+N_2\uparrow+2H_2O+4H^++2Cl^-$$

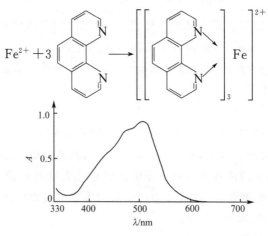

图 2-15　邻二氮菲-铁(Ⅱ)的吸收曲线

(二)仪器和试剂

1.仪器

可见分光光度计,100 mL、1 L 容量瓶各 1 只,50 mL 容量瓶 10 只,10 mL 移液管 1 支,10 mL 吸量管 1 支,5 mL 吸量管 3 支,2 mL 吸量管 1 支,1 mL 吸量管 1 支。

2.试剂

(1)100.0 μg/mL 铁标准储备液:准确称取 0.863 4 g $NH_4Fe(SO_4)_2 \cdot 12H_2O$ 置于烧杯中,加 10 mL 硫酸溶液$[c(H_2SO_4)=3 \text{ mol/L}]$,溶解后,定量转移到 1 L 容量瓶中,用蒸馏水稀释至刻度,摇匀。

(2)10.00 μg/mL 铁标准溶液:移取 100.0 μg/mL 铁标准储备液 10.00 mL 于 100 mL 容量瓶中,并用蒸馏水稀释至刻度,摇匀。

(3)100 g/L 盐酸羟胺水溶液(用时现配)。

(4)1.5 g/L 邻二氮菲水溶液:先用少量乙醇溶解邻二氮菲,再用蒸馏水稀释至所需刻度。避光保存,两周内有效。

(5)1.0 mol/L 乙酸钠溶液。

(6)1.0 mol/L 氢氧化钠溶液。

(三)操作步骤

1.准备工作

(1)清洗容量瓶、移液管及需要的玻璃器皿。

(2)配制铁标准溶液和其他辅助试剂。

(3)按仪器说明书检查仪器。开机预热 20 min,并调试至工作状态。

(4)检查仪器波长的正确性和吸收池的配套性。

2.绘制吸收曲线

取两只 50 mL 容量瓶,移取 10.00 μg/mL 铁标准溶液 5.00 mL 于其中一只 50 mL 容量瓶中,然后在两只容量瓶中各加入 1 mL 100 g/L 盐酸羟胺溶液,摇匀。放置 2 min 后,各加入 2 mL 1.5 g/L 邻二氮菲溶液、5 mL 1.0 mol/L 乙酸钠溶液,以蒸馏水稀释至刻度,摇匀。用 2 cm 吸收池,以试剂空白为参比,在 440～540 nm,每隔10 nm 测定一次待测溶液的吸光度 A,在峰值附近每间隔 5 nm 测量一次。以波长为横坐标,吸光度为纵坐标,绘制吸收曲线,从而选择测定铁(Ⅱ)的最大吸收波长。

注意:每加入一种试剂都必须摇匀。改变入射光波长时,必须重新调节参比溶液吸光度至零。

3.有色配合物稳定性试验

取两只 50 mL 容量瓶,用步骤 2.的方法配制邻二氮菲-铁(Ⅱ)有色溶液和试剂空白,放置 2 min,立即用 2 cm 吸收池,以试剂空白为参比溶液,在选定的波长下测定吸光度。以后隔 10 min,20 min,30 min,60 min,120 min 测定一次吸光度,并记录吸光度和时间。见表 2-6。

表 2-6   记录吸光度和时间

t/min	2	10	20	30	60	120
A						

以放置时间为横坐标、吸光度为纵坐标绘制 A-t 曲线,对络合物的稳定性做出判断。

4.显色剂用量试验

取 6 只 50 mL 容量瓶,各加 10.00 μg/mL 铁标准溶液 5.00 mL,100 g/L 盐酸羟胺溶液 1.0 mL,摇匀。分别加入 0 mL、0.5 mL、1.0 mL、2.0 mL、3.0 mL、4.0 mL 1.5 g/L 邻二氮菲溶液,再各加 5.0 mL 1.0 mol/L 乙酸钠溶液,以蒸馏水稀释至刻度,摇匀。用 2 cm 吸收池,以试剂空白为参比,在选定波长下测量各溶液的吸光度。见表 2-7。

表 2-7   记录各溶液的吸光度

编号	1	2	3	4	5	6
V(phen)/mL	0	0.5	1.0	2.0	3.0	4.0
A						

以显色剂邻二氮菲的体积为横坐标、相应的吸光度为纵坐标,绘制吸光度-显色剂用量曲线,确定显色剂的合适用量。

5.溶液 pH 的影响

在 6 只 50 mL 容量瓶中各加入 10.00 μg/mL 铁标准溶液 5.00 mL,100 g/L 盐酸羟胺溶液 1.0 mL,摇匀。再分别加入 2.0 mL 1.5 g/L 邻二氮菲溶液,摇匀。用吸量管分别加入 0 mL、0.5 mL、1.0 mL、1.5 mL、2.0 mL、2.5 mL 1 mol/L NaOH 溶液,以蒸馏水稀释至刻度,摇匀。用精密 pH 试纸或酸度计测量各溶液的 pH,并在选定波长下测量各溶液的吸光度。见表 2-8。

表 2-8   记录各溶液的 pH 及其相应吸光度

编号	0	1	2	3	4	5
V(NaOH)/mL	0	0.5	1.0	1.5	2.0	2.5
pH						
A						

以试剂空白为参比,在选定波长下,选用 2 cm 吸收池,测量各溶液的吸光度。绘制 A-pH 曲线,确定适宜的 pH 范围。

6.标准曲线的绘制

取 6 只 50 mL 容量瓶,分别准确加入 10.00 μg/mL 铁标准溶液 0 mL、2.00 mL、4.00 mL、6.00 mL、8.00 mL、10.00 mL,再依次加入 1.0 mL 100 g/L 盐酸羟胺溶液,5.0 mL 1.0 mol/L 乙酸钠溶液,2.0 mL 1.5 g/L 邻二氮菲溶液,摇匀,加蒸馏水定容到刻度线,即各浓度的铁标准溶液。

在选定的 λ_{max} 下,以试剂空白为参比,测定铁标准系列溶液的吸光度,见表 2-9。

表 2-9　　　　　　　　　　　　　　　　　　　记录各溶液的吸光度

编号	1	2	3	4	5
铁标准溶液体积/mL	2.00	4.00	6.00	8.00	10.00
A					

7.样品的测定

取两只 50 mL 容量瓶,分别加入样品溶液 5 mL,再依次加入 1.0 mL 100 g/L 盐酸羟胺溶液,5.0 mL 1.0 mol/L 乙酸钠溶液,2.0 mL 1.5 g/L 邻二氮菲溶液,摇匀,加水定容到刻度。

在选定的 λ_{max} 下,以试剂空白为参比,测定铁样品溶液的吸光度,见表 2-10。

表 2-10　　　　　　　　　　　　　　　　　　记录样品溶液的吸光度

编号	1	2
A		

考核评分参见表 2-11。

表 2-11　　　　　　　　　　　　　　　　　　　考核评分表

序号	作业项目	考核内容	配分	操作要求	考核记录	扣分	得分
一	仪器调校	仪器预热	5	已预热			
		波长正确性、吸收池配套性检查	5	正确			
二	溶液配制	容量瓶的使用	5	正确、规范(洗涤、试漏、定容)			
		移液管的使用	5	正确、规范(润洗、吸放、调刻度)			
		显色时间的控制	5	正确			
三	仪器使用	比色皿使用	5	正确、规范			
		调"0"和"100"操作	5	正确、规范			
		波长选择	5	正确			
		测量由稀到浓	5	是			
		参比溶液的选择	5	正确			
		读数	5	及时、准确			
四	结果评价	准确度	10	合格			
		精密度	10	合格			
五	数据处理和实训报告	吸收曲线,A-t 曲线,A-c_R 曲线,A-pH 曲线,报告	20	正确、完整、规范、及时			

（续表）

序号	作业项目	考核内容	配分	操作要求	考核记录	扣分	得分
六	文明操作，结束工作	物品摆放，仪器归位，结束工作	5	仪器拔电源，盖防尘罩；比色皿清洗，倒置控干；台面无水迹或少水迹；废纸不乱扔，废液不乱倒；结束工作完成良好			
七	总分						

【技能训练测试题】

一、简答题

1.微量铁进行分光光度分析的显色条件如何选择？

2.进行分光光度测量的条件如何选择？

3.如何选择合适的参比溶液？

二、判断题

1.分光光度计使用的光电倍增管负高压越高，灵敏度就越高。　　（　　）

2.仪器分析中，浓度低于 0.1 mg/mL 的标准溶液，常在临用前用较高浓度的标准溶液在容量瓶内稀释而成。　　（　　）

3.配制仪器分析用标准溶液所用的试剂纯度应在分析纯以上。　　（　　）

4.用镨钕滤光片检测分光光度计波长误差时，若测出的最大吸收波长的仪器标示值与镨钕滤光片的吸收峰波长相差 3 nm，说明仪器波长标示值准确，一般不需做校正。

（　　）

5.工作曲线法是常用的一种定量方法，绘制工作曲线时需要在相同操作条件下测出 3 个以上标准点的吸光度后，在坐标纸上作图。　　（　　）

6.吸光系数越小，说明比色分析法的灵敏度越高。　　（　　）

三、选择题

1.使用 721 型分光光度计时，仪器在 100% 处经常漂移的原因是（　　）。

A.保险丝断了　　　　　　　　　　　B.电流表动线圈不通电

C.稳压电源输出导线断了　　　　　　D.电源不稳定

2.钨灯可发射范围为（　　）nm 的连续光谱。

A.220～760　　　　B.380～760　　　　C.320～2 500　　　　D.190～2 500

3.某有色溶液在某一波长下用 2.0 cm 吸收池测得其吸光度为 0.750，若改用 0.5 cm 和 3.0 cm 吸收池，则吸光度各为（　　）。

A.0.188/1.125　　　B.0.108/1.105　　　C.0.088/1.025　　　D.0.180/1.120

4.有两种不同的有色溶液均符合朗伯-比尔定律，测定时若比色皿厚度、入射光强度及溶液浓度皆相等，以下说法中（　　）是正确的。

A.透射光强度相等　　　　　　　　　B.吸光度相等

C.吸光系数相等   D.以上说法都不对

5.仪器分析中标准储备溶液的浓度应不小于( )。

A.1 μg/mL   B.1 mg/mL   C.1 g/mL   D.1 mg/L

6.邻二氮菲分光光度法测定水中微量铁的试验中,参比溶液采用( )。

A.溶液参比   B.空白溶液   C.样品参比   D.褪色参比

7.透明有色溶液被稀释时,其最大吸收波长位置会( )。

A.向长波长方向移动   B.向短波长方向移动

C.不移动,但吸收峰高度降低   D.不移动,但吸收峰高度增加

8.紫外-可见分光光度计的结构组成为( )。

A.光源—吸收池—单色器—检测器—信号显示系统

B.光源—单色器—吸收池—检测器—信号显示系统

C.单色器—吸收池—光源—检测器—信号显示系统

D.光源—吸收池—单色器—检测器

(附加)任务 3   未知有机物含量的测定

任务分析

有一种未知有机物的待测溶液,可能是维生素 C、苯甲酸、水杨酸、糖精钠、硝酸盐氮中的一种。要求对其进行定性和定量分析。

分析以上五种物质,发现它们都对紫外光有吸收,因此,需要首先学习紫外分光光度法的分析原理。

【学习目标】

1.知识目标

(1)了解紫外吸收光谱的产生原因(价电子类型、电子跃迁类型、吸收带类型),常见有机化合物的紫外吸收光谱特征,溶剂对紫外吸收光谱的影响。

(2)熟悉紫外定性分析方法和应用。

2.能力目标

(1)会配制标准溶液。

(2)会进行仪器的检查(波长校正,吸收池配套)。

(3)会操作仪器(开机、关机、调零等)和进行仪器的日常维护保养。

(4)能准确绘制吸收曲线和工作曲线。

(6)能正确记录和处理数据。

(7)能正确使用光源、单色器、光电管、吸收池、移液管、吸量管、容量瓶等仪器。

3.素质目标

(1)具有独立工作能力。

(2)具有团结协作能力。

(3)具有灵活运用所学知识解决实际问题的能力。

子任务1　了解紫外分光光度法

　　紫外分光光度法是基于物质对紫外光的选择性吸收来进行分析测定的方法。根据电磁波谱,紫外光区的波长范围是 10～400 nm,紫外分光光度法主要是利用 200～400 nm 的近紫外光区的辐射(200 nm 以下远紫外光辐射会被空气强烈吸收)进行测定的。

　　紫外吸收光谱与可见吸收光谱都是由分子中价电子能级跃迁产生的,紫外吸收光谱有如下特点:

　　一是紫外吸收光谱较简单,分析速度较快,但特征性不强,必须与其他方法(如红外吸收光谱、核磁共振波谱和质谱等)配合使用,才能得出可靠的结论。

　　二是在无机化合物分析、有机化合物分析、有机化合物的鉴定和结构分析、同分异构体的鉴别、配合物的组成和稳定常数的测定等方面都具有广泛应用。

　　三是灵敏度和准确度较高,检出限较低。摩尔吸光系数可达 10^4～10^5 数量级,可测浓度为 10^{-6} g/L 级的物质,相对误差可达 1% 以下。一般用于共轭体系的定量分析。

　　如果对某一吸光物质进行波长扫描,便可得到该物质的吸收光谱,如果吸收波长位于紫外区,则为紫外吸收光谱。

　　图 2-16 所示的紫外吸收光谱中,可以用曲线上吸收峰所对应的最大吸收波长 λ_{max} 和该波长下的摩尔吸光系数 ε_{max} 来表示茴香醛的紫外吸收特征。

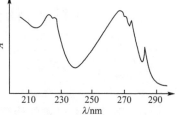

图 2-16　茴香醛紫外吸收光谱

一、方法原理

(一)有机化合物紫外吸收光谱的产生

　　电子围绕分子或原子运动的概率分布称为轨道。电子所具有的能量不同,它所处的轨道也不同。有机化合物的价电子主要有三种:形成单键的 σ 电子、形成双键的 π 电子和氧或氮、硫、磷、卤素等含未成键的 n 电子。如甲醛分子所示:

$$O: \leftarrow n\ 电子$$
$$\| \leftarrow \pi\ 电子$$
$$C\!-\!H$$
$$| \leftarrow \sigma\ 电子$$
$$H$$

　　其分子轨道可能有 σ 和 π 成键轨道、n(非键)轨道、π^*、σ^* 反键轨道。这几种轨道能级高低的次序通常为:$\sigma < \pi < n < \pi^* < \sigma^*$。当分子吸收适当频率的光辐射时,分子内 σ 电子、π 电子或 n 电子将由较低能级跃迁到较高能级,即由成键轨道或 n 非键轨道跃迁到相应的反键轨道中(图 2-17)。三种价电子可能产生 $\sigma \rightarrow \sigma^*$,$\sigma \rightarrow \pi^*$,$\pi \rightarrow \pi^*$,$\pi \rightarrow \sigma^*$,$n \rightarrow \sigma^*$,$n \rightarrow \pi^*$ 等六种形式的电子跃迁,其中较为常见的是 $\sigma \rightarrow \sigma^*$ 跃迁,$n \rightarrow \sigma^*$ 跃迁,$\pi \rightarrow \pi^*$ 跃迁和

$n \rightarrow \pi^*$ 跃迁四种类型,这些跃迁所需能量大小为 $\sigma \rightarrow \sigma^* > n \rightarrow \sigma^* > \pi \rightarrow \pi^* > n \rightarrow \pi^*$。

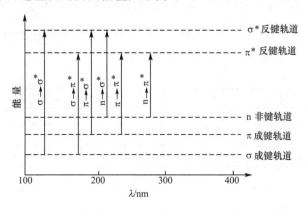

图 2-17　分子轨道能级图及电子跃迁形式

紫外吸收光谱就是由化合物分子中三种不同类型的价电子在各种不同能级上跃迁产生的。

1.σ→σ* 跃迁

含有 σ 键的化合物都能发生 σ→σ* 跃迁。它所需要的能量最大,吸收光波长最短。这类跃迁的吸收带出现在 200 nm 以下的真空紫外区。如甲烷的 $\lambda_{max} = 125$ nm,它的吸收光谱曲线必须在真空中测定。

2.n→σ* 跃迁

含有 O、N、S、P、卤素等杂原子的饱和有机化合物都可能发生 n→σ* 跃迁。所需能量小于 σ→σ* 跃迁,对应的吸收光波长在 200 nm 左右,例如饱和脂肪族氯化物为 170~175 nm;饱和脂肪族醇或醚为 180~185 nm,饱和脂肪胺为 190~200 nm;饱和脂肪族溴化物为 200~210 nm。当分子中含有硫、碘等电离能较低的原子时,吸收波长高于 200 nm(如 CH_3I 的 n→σ* 吸收峰在 258 nm)。

3.π→π* 跃迁

分子中含有双键、三键的化合物和芳环及共轭烯烃可发生 π→π* 跃迁。孤立双键的吸收波长为 160~190 nm(例如乙烯的 $\lambda_{max} = 180$ nm);共轭双键的吸收波长 >210 nm,并产生很强的吸收带,即 K 带;随着共轭双键数增加,吸收峰向长波方向移动,甚至能够进入可见光区。π→π* 跃迁的吸收强度很强,通常其 $\varepsilon_{max} \geq 1 \times 10^4$ L/(mol·cm)。

4.n→π* 跃迁

分子中含有孤对电子的原子和 π 键同时存在并共轭时(如含 $\diagup C{=}O$,$\diagup C{=}S$,$-N{=}O,-N{=}N-$),会发生 n→π* 跃迁。它所需的能量最低,对应的吸收光波长最长,一般大于 260 nm,但吸收强度弱,一般 $\varepsilon_{max} < 100$ L/(mol·cm),所产生的弱吸收带称为 R 带。

(二)紫外吸收光谱的基本概念

1.生色团和助色团

生色团是指具有一个或多个不饱和键和未共用电子对的基团。生色团并不是有颜色,而是指分子中在 200～1 000 nm 波长范围产生特征吸收峰的基团,如 $\diagup C = C \diagup$、 $\diagup C = O$、 —N=N—、—C≡N、—C≡C—、—COOH、—N=O 等。发生的跃迁类型是 $\pi \rightarrow \pi^*$ 或 $n \rightarrow \pi^*$ 跃迁。表 2-12 列出了一些生色团的最大吸收波长。

表 2-12 一些生色团的最大吸收波长

生色团	实例	溶剂	λ_{max}/nm	$\varepsilon_{max}/[L/(mol \cdot cm)]$	跃迁类型
$\diagup C = C \diagup$	$C_6H_{13}CH\!=\!CH_2$	正庚烷	177	13 000	$\pi \rightarrow \pi^*$
—C≡C—	$C_5H_{11}C\!\equiv\!CCH_3$	正庚烷	178	10 000	$\pi \rightarrow \pi^*$
$\diagup C = N—$	$(CH_3)_2C\!=\!NOH$	气态	190,300	5 000,—	$\pi \rightarrow \pi^*$, $n \rightarrow \pi^*$
—C≡N	$CH_3C\!\equiv\!N$	气态	167	—	$\pi \rightarrow \pi^*$
$\diagup C = O$	CH_3COCH_3	正己烷	186,280	1 000,16	$n \rightarrow \sigma^*$, $n \rightarrow \pi^*$
—COOH	CH_3COOH	乙醇	204	41	$n \rightarrow \pi^*$
—CONH₂	CH_3CONH_2	水	214	60	$n \rightarrow \pi^*$
$\diagup C = S$	CH_3CSCH_3	水	400	—	$n \rightarrow \pi^*$
—N=N—	$CH_3N\!=\!NCH_3$	乙醇	339	4	$n \rightarrow \pi^*$
$\diagup C—N\diagdown^{O}_{O}$	CH_3NO_2	乙醇	271	186	$n \rightarrow \pi^*$
—N=O	C_4H_9NO	乙醇	300,665	100,20	$n \rightarrow \pi^*$
$\diagdown S = O$	$C_6H_{11}SOCH_3$	乙醇	210	1 500	$n \rightarrow \pi^*$
$C_6H_5—$	$C_6H_5OCH_3$	甲醇	217,269	640,148	$\pi \rightarrow \pi^*$

助色团是一些含有未共用电子对的氧原子、氮原子或卤素原子的基团。如—OH,—OR,—NH₂,—NHR,—SH,—Cl,—Br,—I 等。助色团本身不产生吸收峰,但与生色团相连,能使其吸收峰波长向长波方向移动,吸收强度增加。发生的跃迁类型是 $n \rightarrow \sigma^*$ 跃迁。

2.红移和蓝移

共轭作用或引入助色团可使吸收峰向长波方向移动,这种现象称为吸收峰"红移"。能使有机化合物的 λ_{max} 向长波方向移动的基团(如助色团、生色团)称为向红基团。

由于有机化合物结构改变(如失去助色团或共轭作用减弱),可使吸收峰向短波方向移动,这种现象称为吸收峰"蓝移"。能使有机化合物的 λ_{max} 向短波方向移动的基团(如—CH₃,—O—CO—CH₃ 等)称为向蓝基团。

3.吸收带的类型

吸收带是指吸收峰在紫外光谱中的谱带的位置。化合物的结构不同,跃迁的类型不同,吸收带的位置、形状、强度均不相同。根据电子及分子轨道的种类不同,吸收带可分为如下四种类型:

（1）R 吸收带

R 吸收带由德文 Radikal（基团）而得名，由 n→π* 跃迁产生。特点是强度弱[$\varepsilon <$ 100 L/(mol·cm)]，吸收波长较长（200～400 nm）。例如 $CH_2=CH-CHO$ 的 $\lambda_{max}=$ 315 nm[$\varepsilon=14$ L/(mol·cm)]的吸收带为 n→π* 跃迁产生，属 R 吸收带。R 吸收带随溶剂极性增加而蓝移，但当附近有强吸收带时则产生红移，有时被掩盖。

（2）K 吸收带

K 吸收带由德文 Konjugation（共轭作用）得名，由 π→π* 跃迁产生。其特点是强度高 [$\varepsilon \geqslant 10^4$ L/(mol·cm)]，吸收峰为 217～280 nm。K 吸收带的波长位置及吸收强度与共轭体系数目、位置、取代基的种类等有关。吸收波长随共轭体系的加长向长波方向移动，吸收强度也随之加强。可用于判断化合物的共轭结构。此类吸收带是紫外光谱中应用最多的吸收带。共轭烯烃和取代的芳香化合物可以产生这类谱带。例如：$CH_2=CH-CH=CH_2$ 的 $\lambda_{max}=217$ nm[$\varepsilon=10\ 000$ L/(mol·cm)]，属 K 吸收带。

（3）B 吸收带

B 吸收带由德文 Benzenoid band（苯型谱带）得名。由芳香族化合物的 π→π* 跃迁产生的精细结构吸收，吸收峰为 230～270 nm（图 2-18）。B 吸收带的精细结构常用于辨识芳香族化合物。当苯环上有取代基并与苯环共轭，或在极性溶剂中测定时，这些精细结构会简单化或消失。

（4）E 吸收带

E 吸收带由德文 Ethylenicband band（乙烯型谱带）而得名，由 π→π* 跃迁产生，是芳香族化合物的特征吸收带，可分为 E_1 带和 E_2 带。E_1 带 $\lambda_{max}=184$ nm，为强吸收；E_2 带 $\lambda_{max}=204$ nm，为较强吸收。当苯环上的氢被助色团取代时，E_2 带红移，一般在 210 nm 左右；当苯环上氢被生色团取代，并与苯环共轭时，E_2 带和 K 吸收带合并，且向长波方向移动。B 吸收带的精细结构简单化，吸收强度增加并向长波方向移动。

例如苯乙酮 ⬡—$\overset{\text{O}}{\underset{}{\text{C}}}$—$CH_3$ 可产生 K 吸收带（π→π*），其 $\lambda_{max}=240$ nm（图 2-19）。此时 B 吸收带（π→π*）也发生红移（$\lambda_{max}=278$ nm）。可见 K 吸收带与苯的 E 吸收带相比显著红移，这是由于苯乙酮中羰基与苯环形成共轭体系的缘故。

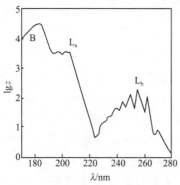

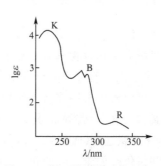

图 2-18　苯的紫外吸收光谱曲线（己烷为溶剂）　　图 2-19　苯乙酮的紫外吸收光谱

(三)影响紫外吸收光谱的因素

1.共轭效应

若共轭体系形成大 π 键,可使各能级间的能量差变小,跃迁也更容易。这种使吸收峰向长波方向移动,吸收强度也随之增加的现象称为共轭效应。

2.助色效应

当助色团与生色团相连时,由于助色团的 n 电子与发色团的 π 电子共轭,也可使吸收峰向长波方向移动,吸收强度也随之增加,这种现象称为助色效应。

3.超共轭效应

超共轭效应由烷基的 σ 键与共轭体系的 π 键共轭而引起,其效应也可使吸收峰向长波方向移动,吸收强度增加,但其作用远小于共轭效应。

4.溶剂效应

紫外吸收光谱测定通常是将样品配制成溶液后进行的,常用溶剂及其极限波长见表2-13。所谓极限波长是指溶剂产生吸收的光的波长极限,当大于此波长时溶剂不产生吸收,而小于此波长时溶剂就会产生明显吸收。选择溶剂时要注意所用溶剂在测定波长处应没有明显的吸收,而且对被测物溶解性要好,不和被测物发生作用,不含干扰测定的物质。

表 2-13　　　　　　　　　　紫外吸收光谱测量常用的溶剂及其极限波长

溶剂	水	正己烷	正庚烷	环己烷	甲醇	乙醇	乙醚	氯仿	乙酸	四氯化碳	苯	丙酮
极限波长/nm	210	210	210	210	210	210	220	245	250	265	280	330

由于溶剂的极性不同引起某些化合物吸收光谱的红移或蓝移,这种现象称为溶剂效应。溶剂的极性强弱能影响物质的精细结构,因此也影响其紫外吸收光谱的吸收峰的波长、强度及形状。例如异丙叉丙酮 $[(CH_3)_2-C=CHCO-CH_3]$ 分子中有 $\pi \rightarrow \pi^*$ 和 $n \rightarrow \pi^*$ 跃迁,当用非极性溶剂正己烷时,$\pi \rightarrow \pi^*$ 跃迁的 $\lambda_{max}=230$ nm,而用水作溶剂时,$\lambda_{max}=243$ nm,可见在极性溶剂中 $\pi \rightarrow \pi^*$ 跃迁产生的吸收带红移了。而 $n \rightarrow \pi^*$ 跃迁产生的吸收峰却恰恰相反,以正己烷作溶剂时,$\lambda_{max}=329$ nm,而用水作溶剂时,$\lambda_{max}=305$ nm,吸收峰产生蓝移。

二、常见有机化合物的紫外吸收光谱

(一)饱和烃

饱和单键碳氢化合物只有 σ 电子,因而只能产生 $\sigma \rightarrow \sigma^*$ 跃迁。由于 σ 电子最不易激发,需要吸收很大的能量才能产生 $\sigma \rightarrow \sigma^*$ 跃迁,所以这类化合物在 200 nm 以上无吸收,在紫外吸收光谱分析中常用作溶剂使用,如己烷、环己烷、庚烷等。当饱和单键碳氢化合物中的氢被氧、氮、卤素、硫等原子取代时,这类化合物既有 σ 电子,又有 n 电子,可以实现 $\sigma \rightarrow \sigma^*$ 和 $n \rightarrow \sigma^*$ 跃迁,其吸收峰可以落在远紫外区和近紫外区。

烷烃和卤代烃的紫外吸收很小,利用它们的紫外吸收光谱分析这类化合物的价值不大。不过,饱和醇类化合物如甲醇、乙醇由于在近紫外区无吸收,常被用作紫外光谱分析的溶剂。

(二)不饱和脂肪烃

1.含孤立不饱和键的烃类化合物

具有孤立双键或三键的烯烃或炔烃,它们都产生 $\pi \rightarrow \pi^*$ 跃迁,但多数在 200 nm 以上无吸收。如乙烯吸收峰在 171 nm,乙炔吸收峰在 173 nm,丁烯吸收峰在 178 nm。若烯分子中氢被助色团如—OH、—NH_2、—Cl 等取代,吸收峰发生红移,吸收强度会有所增加。对于含有 $\diagdown C=O$、$\diagdown C=S$ 等生色团的不饱和烃类,会产生 $\pi \rightarrow \pi^*$ 和 $n \rightarrow \pi^*$ 跃迁,它们的吸收带处于近紫外区甚至到达可见光区。如丙酮吸收峰在 194 nm($\pi \rightarrow \pi^*$)和 280 nm($n \rightarrow \pi^*$),亚硝基丁烷(C_4H_8NO)吸收峰在 300 nm($\pi \rightarrow \pi^*$)和 665 nm(呈红色,$n \rightarrow \pi^*$)。

2.含共轭体系的不饱和烃

具有共轭双键的化合物,相间的 π 键相互作用生成大 π 键,由于大 π 键各能级之间的距离较近,电子易被激发,所以产生了 K 吸收带,其吸收峰一般在 217~280 nm。如丁二烯($CH_2=CH-CH=CH_2$)吸收峰在 217 nm,吸收强度也显著增加[$\varepsilon=21\ 000$ L/(mol·cm)]。K 吸收带的波长及强度与共轭体系的长短、位置、取代基种类等有关,共轭双键越多,波长越长,甚至出现颜色。可据此判断共轭体系的存在情况。表 2-14 列出了共轭双键对吸收波长的影响。

表 2-14 共轭双键对吸收波长的影响

化合物名称	共轭双键	波长 λ_{max}/nm	摩尔吸收系数 ε[L/(mol·cm)]	颜色
己三烯	(C=C)$_3$	258	35 000	无色
二甲基八碳四烯	(C=C)$_4$	296	52 000	无色
十碳五碳	(C=C)$_5$	335	11 8000	微黄
二甲基十二碳六烯	(C=C)$_6$	360	70 000	微黄
双氢-β-胡萝卜素	(C=C)$_8$	415	210 000	黄
双氢-α-胡萝卜素	(C=C)$_{10}$	445	63 000	橙
番茄红素	(C=C)$_{11}$	470	185 000	红

共轭分子除共轭烯烃外,还有 α、β 不饱和酮,α、β 不饱和酸,苯环与双键或羰基的共轭等。如苯乙酮 ⟨苯环⟩—$\overset{\text{O}}{\underset{\|}{\text{C}}}$—$CH_3$,由于羰基与苯环双键共轭,因此在它们的紫外吸收光谱中(图 2-19)可以看到很强的 K 吸收带,另外可见苯环的特征吸收 B 带,以及由—C=O 中 $n \rightarrow \pi^*$ 跃迁而产生的 R 带。

(三)芳香族化合物

苯的紫外吸收光谱是由 $\pi \rightarrow \pi^*$ 跃迁组成的三个谱带(图 2-19),即 E_1、E_2 具有精细结构的 B 吸收带。当苯环上引入取代苯时,E_2 和 B 一般产生红移且强度加强。如果苯环上有两个取代基,则二取代基的吸收光谱与取代基的种类及取代位置有关。任何种类的取代基都能使苯的 E_2 带发生红移。当两个取代基在对位时,ε_{max} 和 λ_{max} 都较间位和邻位取代时大。

例如：

317 nm　　　　　　273.5 nm　　　　　　278.5 nm

当对位二取代苯中一个取代基为斥电子基，另一个是吸电子基时，吸收带红移最明显。例如：

269 nm　　　　　　230 nm　　　　　　381 nm

稠环芳烃母体吸收带的最大吸收波长大于苯，这是由于它有两个或两个以上共轭的苯环，苯环数目越多，λ_{max}越大。例如苯（255 nm）和萘（275 nm）均为无色，而骈四苯为橙色，吸收峰波长为 460 nm。骈五苯为紫色，吸收峰波长为 580 nm。

（四）杂环化合物

在杂环化合物中，只有不饱和的杂环化合物在近紫外区才有吸收。以 O、S 或 N 取代环戊二烯的 CH_2 的五元不饱和杂环化合物，如呋喃、噻吩和吡咯等，既有 $\pi \to \pi^*$ 跃迁引起的吸收谱带，又有 $n \to \pi^*$ 跃迁引起的吸收谱带。吡啶是含有一个杂原子的六元杂环芳香化合物，也是一个共轭体系，也有 $\pi \to \pi^*$ 和 $n \to \pi^*$ 跃迁，它的紫外吸收光谱与苯相似。同样，喹啉和萘、氮蒽和蒽的紫外吸收光谱也都很相似。

子任务 2　学习紫外分光光度法定性定量方法

一、定性鉴定

紫外吸收光谱法用于定性分析时，通常是根据吸收光谱的形状、吸收峰的数目、最大吸收波长的位置和相应的摩尔吸光系数等进行定性鉴定的。

（一）定性分析

紫外吸收光谱定性分析一般采用比较光谱法。所谓比较光谱法，是将经提纯的样品和标准物用相同溶剂配成溶液，并在相同条件下绘制吸收光谱曲线，比较其吸收光谱是否一致。如果紫外光谱曲线完全相同（包括曲线形状、λ_{max}、λ_{min}、吸收峰数目、拐点及 ε_{max} 等），则可初步认为是同一种化合物。如果没有标准物，则可借助各种有机化合物的紫外-可见吸收光谱标准谱图或有关电子光谱的文献资料进行比较。

紫外吸收光谱比较简单，特征性不强，定性分析有一定的局限性。无机元素一般不用该方法定性分析，而主要用发射光谱来定性。

有机化合物的紫外吸收光谱，只反映结构中生色团、助色团的特性，而不能反映整个分子的特征，因此实际应用中，通常与红外光谱、核磁共振波谱、质谱等技术结合或与高效液相色谱联机，用于定性分析与结构分析。

(二)结构分析

紫外吸收光谱在研究化合物结构中的主要作用是推测官能团、结构中的共轭关系和共轭体系中取代基的位置、种类和数目。

1.推测化合物的共轭体系、部分骨架

先将样品尽可能提纯,然后绘制紫外吸收光谱。由所测出的光谱特征,根据一般规律对化合物做初步判断。

如果样品在 $200\sim400$ nm 无吸收[$\varepsilon<10$ L/(mol·cm)],则初步断定该化合物无共轭双键体系,可能是直链烷烃或环烷烃及脂肪族饱和胺、醇、醚、腈、羧酸等。如果在 $210\sim250$ nm 有强吸收带,表明含有共轭双键。若 ε 为 $1\times10^4\sim2\times10^4$ L/(mol·cm),说明该结构为二烯或不饱和酮;若在 $260\sim350$ nm 有强吸收带,可能有 $3\sim5$ 个共轭单位。如果在 $250\sim300$ nm 有弱吸收带,$\varepsilon=10\sim100$ L/(mol·cm),则说明含有羰基;在此区域内若有中强吸收带,表示具有苯的特征,可能有苯环。如果化合物有许多吸收峰,并且有些峰出现在可见光区,则可能具有长链共轭体系或稠环芳香生色团。如果化合物有颜色,则至少有 $4\sim5$ 个相互共轭的生色团(主要指双键)。含氮化合物和碘仿例外。

2.区分化合物的构型

例如肉桂酸有下面两种构型:

(顺式)

$\lambda_{max}=280$ nm

$\varepsilon_{max}=7\,000$ L/(mol·cm)

(反式)

$\lambda_{max}=295$ nm

$\varepsilon_{max}=135\,00$ L/(mol·cm)

它们的波长吸收强度不同,反式构型没有立体障碍,偶极矩大,而顺式构型有立体障碍,因此反式的吸收波长和强度都比顺式的大。

3.互变异构体的鉴别

例如异丙叉丙酮有如下两个异构体:

$$CH_3-\underset{\underset{CH_3}{|}}{C}=CHCOCH_3 \qquad CH_2=\underset{\underset{CH_3}{|}}{C}-CH_2COCH_3$$

(a) (b)

经紫外吸收光谱法测定,其中的一个化合物在 235 nm[$\varepsilon=12\,000$ L/(mol·cm)]有吸收带,而另一个在 220 nm 以上没有强吸收带。所以可以肯定,在 235 nm 有吸收带的应是具有共轭体系的结构,如(a)所示,而另一个的结构式则如(b)所示。

(三)纯度检查

如果样品和杂质的紫外吸收带位置和强度不同,就可通过比较它们的紫外吸收光谱来判断样品是否被杂质污染。

二、定量分析

紫外分光光度法定量分析与可见分光光度法定量分析的定量依据和定量方法相同，不再重复讲解。

子任务 3　测定未知有机物含量

一、原理

利用紫外吸收光谱定性的方法是：将未知试样和标准样在相同的溶剂中，配制成相同浓度，在相同条件下，分别绘制它们的紫外吸收光谱曲线，比较两者是否一致。或者将试样的吸收光谱与标准谱图（如 Sadtler 标准光谱图）对比，若两光谱图 λ_{max} 和 ε_{max} 相同，表明是同一种物质。

紫外吸收光谱定量测定与可见分光光度法相同。在一定波长和一定比色皿厚度下，绘制工作曲线，由工作曲线得到未知试样中有机物含量即可。

二、仪器与试剂

(一)仪器

紫外分光光度计(UV-7504 型)，石英比色皿(1 cm)：2 个；容量瓶 100 mL、50 mL各10 只，吸量管 1 mL、2 mL、5 mL、10 mL 各 1 支，移液管 20 mL、25 mL、50 mL各1 支。

(二)试剂

1.标准溶液(1 mg/mL)：从维生素 C、水杨酸、糖精钠、硝酸盐氮、苯甲酸五种物质中任取其中两种，分别配成 1 mg/mL 的标准溶液，作为储备液。

2.未知液：浓度 40～60 μg/mL，必为给出的两种标准物质中的一种。

三、实验步骤

(一)吸收池配套性检查

石英吸收池在 220 nm 装蒸馏水，以一个吸收池为参比，调节 T 为 100%，测定其余吸收池的透射比，其偏差应小于 0.5%，可配成一套使用，记录其余比色皿的吸光度值作为校正值。

(二)未知物的定性分析

将两种标准储备液和未知液均配成浓度约为 10 μg/mL 的待测溶液。以蒸馏水为参比，于波长 200～350 nm 范围内测定三种溶液的吸光度，并作吸收曲线。根据吸收曲线的形状确定未知物，并从曲线上确定最大吸收波长作为定量测定时的测量波长。

五种标准物质溶液的吸收曲线参见图 2-20 至图 2-24。

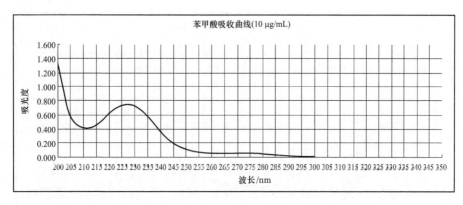

图 2-20 苯甲酸标准物质溶液吸收曲线

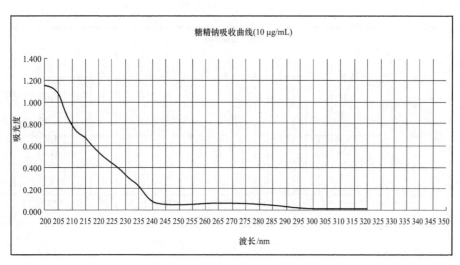

图 2-21 糖精钠标准物质溶液吸收曲线

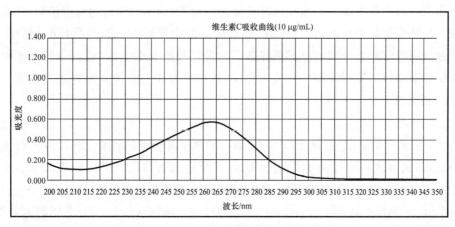

图 2-22 维生素 C 标准物质溶液吸收曲线

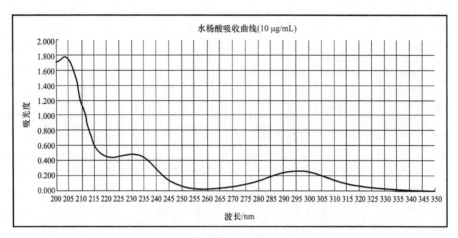

图 2-23　水杨酸标准物质溶液吸收曲线

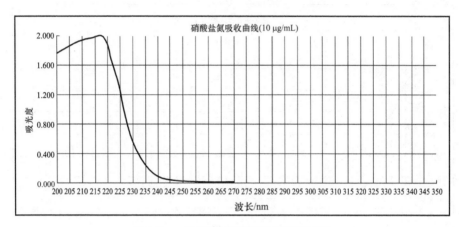

图 2-24　硝酸盐氮标准物质溶液吸收曲线

(三)未知物的定量分析

　　根据未知液吸收曲线上最大吸收波长处的吸光度,确定未知液的稀释倍数,并配制待测溶液。合理配制标准系列溶液(推荐:标准储备液先稀释 10 倍,然后再配制成所需浓度),于最大吸收波长处分别测出其吸光度。然后以浓度为横坐标,以相应的吸光度为纵坐标绘制标准曲线。根据待测溶液的吸光度,从标准曲线上查出未知样品的浓度。未知样要平行测定两次。

　　附:推荐方法

　　1.苯甲酸含量的测定:准确吸取 1 mg/mL 的苯甲酸标准储备液 10 mL,在 100 mL 容量瓶中定容(此溶液的浓度为 100 μg/mL)。再分别准确移取 0 mL、1 mL、2 mL、4 mL、6 mL、8 mL、10 mL 上述溶液,在 100 mL 容量瓶中定容(浓度分别为 0 μg/mL、1 μg/mL、2 μg/mL、4 μg/mL、6 μg/mL、8 μg/mL、10 μg/mL)。准确移取 10 mL 苯甲酸未知液,在 100 mL 容量瓶中定容,于最大吸收波长处分别测定以上溶液的吸光度。然后以浓度为横坐标,以相应的吸光度为纵坐标绘制标准曲线。从标准曲线上查得未知液的浓度。

2.糖精钠含量的测定:准确吸取 1 mg/mL 的糖精钠标准储备液 10 mL,在 100 mL 容量瓶中定容(此溶液的浓度为 100 μg/mL)。再分别准确移取 0 mL、1 mL、2 mL、4 mL、6 mL、8 mL、10 mL 上述溶液,在 50 mL 容量瓶中定容(浓度分别为 0 μg/mL、2 μg/mL、4 μg/mL、8 μg/mL、12 μg/mL、16 μg/mL、20 μg/mL)。准确移取 10 mL 糖精钠未知液,在 50 mL 容量瓶中定容,于最大吸收波长处分别测定以上溶液的吸光度。然后以浓度为横坐标,以相应的吸光度为纵坐标绘制标准曲线。从标准曲线上查得未知液的浓度。

3.维生素 C 含量的测定:准确吸取 1 mg/mL 的维生素 C 标准储备液 10 mL,在 100 mL 容量瓶中定容(此溶液的浓度为 100 μg/mL)。再分别准确移取 0 mL、1 mL、2 mL、4 mL、6 mL、8 mL、10 mL 上述溶液,在 50 mL 容量瓶中定容(浓度分别为 0 μg/mL、2 μg/mL、4 μg/mL、8 μg/mL、12 μg/mL、16 μg/mL、20 μg/mL)。准确移取 10 mL 维生素 C 未知液,在 50 mL 容量瓶中定容,于最大吸收波长处分别测定以上溶液的吸光度。然后以浓度为横坐标,以相应的吸光度为纵坐标绘制标准曲线。从标准曲线上查得未知液的浓度。

4.水杨酸含量的测定:准确吸取 1 mg/mL 的水杨酸标准储备液 10 mL,在 100 mL 容量瓶中定容(此溶液的浓度为 100 μg/mL)。再分别准确移取 0 mL、1 mL、2 mL、4 mL、6 mL、8 mL、10 mL 上述溶液,在 50 mL 容量瓶中定容(浓度分别为 0 μg/mL、2 μg/mL、4 μg/mL、8 μg/mL、12 μg/mL、16 μg/mL、20 μg/mL)。准确移取 10 mL 水杨酸未知液,在 50 mL 容量瓶中定容,于最大吸收波长处分别测定以上溶液的吸光度。然后以浓度为横坐标,以相应的吸光度为纵坐标绘制标准曲线。从标准曲线上查得未知液的浓度。

5.硝酸盐氮含量的测定:准确吸取 1 mg/mL 的硝酸盐氮标准储备液 10 mL,在 100 mL 容量瓶中定容(此溶液的浓度为 100 μg/mL)。再分别准确移取 0 mL、1 mL、2 mL、4 mL、6 mL、8 mL、10 mL 上述溶液,在 100 mL 容量瓶中定容(浓度分别为 0 μg/mL、1 μg/mL、2 μg/mL、4 μg/mL、6 μg/mL、8 μg/mL、10 μg/mL)。准确移取 10 mL 硝酸盐氮未知液,在 100 mL 容量瓶中定容,于最大吸收波长处分别测定以上溶液的吸光度。然后以浓度为横坐标,以相应的吸光度为纵坐标绘制标准曲线。从标准曲线上查得未知液的浓度。

四、结果计算

根据未知液的稀释倍数,可求出未知溶液的浓度。

五、结束工作

1.实验完毕,关闭电源,取出吸收池,清洗晾干放入盒内保存。
2.清理工作台,罩上仪器防尘罩,填写仪器使用记录。

考核评分参见表 2-15。

表 2-15 考核评分表

序号	作业项目	考核内容	配分	操作要求	考核记录	扣分	得分
一	仪器调校	仪器预热	5	已预热			
		波长正确性、吸收池配套性检查	5	正确			
二	溶液配制	容量瓶使用	2	正确、规范(洗涤、试漏、定容)			
		移液管使用	3	正确、规范(润洗、吸放、调刻度)			
三	仪器使用	比色皿使用	5	正确、规范			
		调"0"和"100"操作	5	正确、规范			
		波长选择	5	正确			
		测量由稀到浓	5	是			
		参比溶液的选择	5	正确			
		读数	5	及时、准确			
四	数据处理和实训报告	吸收曲线,工作曲线绘制,报告	20	合格			
		准确度	10	正确、完整、规范、及时			
		工作曲线线性	0	<0.99 差			
			4	0.99~0.998 一般			
			6	0.999~0.999 9 较好			
			10	>0.999 9 好			
五	文明操作,结束工作	物品、仪器摆放,结束工作	5	仪器拔电源,盖防尘罩;比色皿清洗,倒置控干;台面无水迹或少水迹;废纸不乱扔,废液不乱倒;结束工作完成良好			
六	总分						

【技能训练测试题】

一、名词解释

生色团　助色团　红移　蓝移　溶剂效应　共轭效应

二、选择题

1.下列含有杂质原子的饱和有机化合物均有 $n \rightarrow \sigma^*$ 电子跃迁,以下(　　)出现此吸收带的波长较长。

A.甲醇　　　　　　B.氯仿　　　　　　　　C.一氟甲烷　　　　　　D.碘仿

2.在紫外-可见光区有吸收的化合物是(　　)。

A.$CH_3-CH_2-CH_3$ B.CH_3-CH_2-OH

C.$CH_2=CH-CH_2-CH=CH_2$ D.$CH_3-CH=CH-CH=CH-CH_3$

3.某非水溶性化合物,在 $200\sim250$ nm 有吸收,当测定其紫外-可见光谱时,应选用的合适溶剂是(　　)。

  A.正己烷   B.丙酮   C.甲酸甲酯   D.四氯乙烯

4.在异丙叉丙酮 中,n→π* 跃迁的吸收带,在下述(　　)溶剂中测定时,其最大吸收的波长最长。

  A.水   B.甲醇   C.正己烷   D.氯仿

三、简答题

1.紫外吸收光谱图中有几种电子跃迁类型？其特点是什么？

2.试指出苯甲酸的紫外吸收光谱的特征。

3.某化合物在正己烷和乙醇中分别测得最大吸收波长 $\lambda_{max}=305$ nm 和 $\lambda_{max}=307$ nm,该吸收是由哪一种跃迁类型所引起的？

模块二
有机产品分析示例

项目三 PVC产品残留氯乙烯单体含量的测定(气相色谱法)

**项目分析**

生产PVC(聚氯乙烯)的某工厂需要检验PVC产品中残留氯乙烯单体的含量。PVC中有两种物质具致癌可能性,一是VCM(氯乙烯单体),一是DEHA(增塑剂),VCM的成分在1 ppm(百万分之一)的范围内是无毒的,如果超标就有致癌的可能性;而增塑剂在高温下会释放出来并对人体有害。

作为质检人员,需要首先搜集相关标准分析方法,然后依据标准方法进行具体实验分析,一般依据国家标准(GB/T 4615—2013)来进行测定。

任务1 认识气相色谱法

任务分析

依据国家标准(GB/T 4615—2013),本项目采用气相色谱法进行分析。质检中心已经提供了分析需要的仪器和试剂,包括气相色谱仪、氢火焰离子化检测器、辅助试剂、分析用玻璃仪器、PVC样品等。本任务学习气相色谱法的基本原理及仪器的使用方法。

【学习目标】

1.知识目标

(1)了解"茨维特经典实验"原理、气相色谱的分类。

(2)熟悉色谱流出曲线和基本术语。

(3)熟悉色谱分离的基本原理和基本理论。

(4)熟悉分离度的概念和应用。

2.能力目标

(1)能熟练解读色谱流出曲线。

(2)能根据分离度判断分离效果。

3.素质目标

(1)具有高度的责任感和"质量第一"的理念。

(2)具有实事求是的工作作风。

(3)具有较好的团结协作能力。

子任务1 了解色谱法——"茨维特经典实验"

一、"色谱法"名称的由来

俄国植物学家茨维特(M.S.Tswett,图3-1)的一生致力于植物色素的分离与提纯工作。1906年,在研究植物色素的过程中,他做了一个经典的实验(图3-2):将植物叶色素的石油醚提取液倾入一根装有颗粒碳酸钙吸附剂的竖直玻璃柱管中,并不断地向管中注入纯净的石油醚来冲洗,使其冲洗液自由流下。经过一段时间之后,他发现在玻璃柱管内形成了间隔明晰的不同颜色的谱带,即植物叶子的几种色素在玻璃柱上展开;留在最上面的是叶绿素;绿色层下接着是两三种叶黄素;最下层的是黄色的胡萝卜素。他把具有不同颜色的色带填充剂推出,按色层的位置分段切割,各种色素就得以分离。再用合适的溶剂将色素分别溶解,就

图 3-1　色谱法创始人——俄国植物学家茨维特

得到了各成分的纯溶液。当时茨维特把这种色带叫作"色谱"(Chromatography),把这种分离方法叫作"色谱法",把盛装颗粒碳酸钙吸附剂的玻璃管叫作"色谱柱",颗粒碳酸钙叫作"固定相",纯净的石油醚叫作"流动相"。

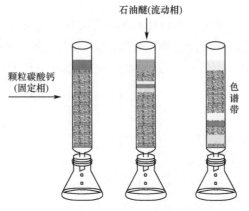

石油醚(流动相)

颗粒碳酸钙(固定相) →

色谱带

图 3-2　茨维特经典实验

从上述实验可以看出:色谱法是一种物理化学分离方法。色谱法中流动相的作用是携带样品流经色谱柱;固定相被固定于色谱柱中,能吸附或溶解样品中的组分。样品中各个组分流经色谱柱的过程中在两相间反复分配而得到分离。现代色谱法不仅能分离有色组分,还能分离无色组分;不仅能分离混合物,还能进行定性定量分析。

二、色谱法的分类

(一)按固定相和流动相的状态分类

流动相为液体的色谱法称为液相色谱法(LC),流动相为气体的色谱法称为气相色谱

法(GC)。根据固定相是液态还是固态物质,液相色谱又可分为液液色谱(LLC)和液固色谱(LSC),气相色谱也可分为气液色谱(GLC)和气固色谱(GSC)。

(二)按固定相形式分类

将固定相装入色谱柱中的色谱法叫柱色谱法,用滤纸及其吸着水为固定相的色谱法叫纸色谱法,用涂成或压成薄层的吸附剂粉末作固定相的色谱法叫薄层色谱法(图 3-3)等。

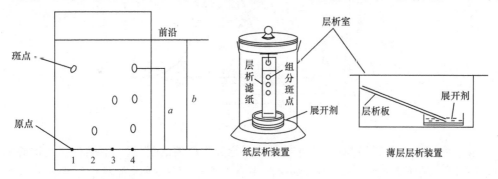

图 3-3　薄层色谱法

(三)根据分离原理分类

按照分离的原理分类:利用固体吸附剂对不同组分的吸附性能的差异进行分离的色谱法叫吸附色谱法;利用不同组分在两相中有不同的分配系数来进行分离的色谱法叫分配色谱法;利用离子交换原理进行分离的色谱法叫离子交换色谱法;利用多孔性凝胶对不同大小分子的渗透或排阻作用而分离的色谱法叫凝胶渗透色谱法。

目前,应用最广泛的是以流动相的状态分类的气相色谱法和高效液相色谱法。

三、色谱法的优点

色谱法具有以下优点:分离效率高;应用范围广;分析速度快;样品用量少;灵敏度高;分离和测定一次完成;可以和多种波谱分析仪器联用;易于自动化,可在工业流程中使用。

子任务 2　解析色谱图

气相色谱法就是以气体为流动相的色谱法,是基于色谱柱能分离样品中各组分,检测器能连续响应,能同时对各组分进行定性定量分析的一种分离分析方法。气相色谱法不仅可以分析气体,还可以分析液体和固体。只要样品在 $-196\sim450\ ℃$ 范围内能汽化,都可以用气相色谱法进行分析。

气相色谱法的缺点是在没有纯样品或纯样品的色谱图时,对未知物的定性定量分析比较困难,常需要与其他高分离效能和定性能力强的仪器如红外光谱仪、质谱仪等联用;无机物和某些高沸点有机物或易分解、腐蚀性和反应性比较强的物质,用气相色谱法难以分析。

色谱分析时,试样进入色谱柱,试样中的各个组分经色谱柱分离后,随载气(流动相)依次进入检测器,被转换成电信号,然后由记录系统放大和记录下来,得到一条反映组分产生的信号随时间变化的曲线,即色谱流出曲线,也叫色谱图(图 3-4)。色谱流出曲线是以组分流出色谱柱的时间(t)或载气流出体积(V)为横坐标,以检测器对各组分的电信号响应值(mV)为纵坐标的一条曲线。

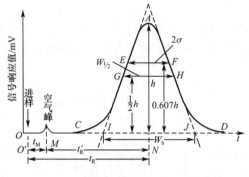

图 3-4　色谱流出曲线

根据色谱图,可以得到对样品进行定性定量分析所需的信息。比如:根据色谱峰的个数,可判断样品所含的最少组分数,如果图中有 3 个色谱峰,则此样品中至少含有 3 种组分;根据色谱峰的流出时间等,可以进行定性分析;根据色谱峰的面积或峰高,可以进行定量分析。除此之外,色谱图也是评价柱效能和分离效能的依据。

一、基线

当气路中只有载气通过,没有组分流出时记录仪所记录的流出曲线叫基线。基线是仪器各种杂散信号的记录,反映了实验条件的稳定程度。稳定的基线是一条平直的线。如果实验条件不稳定,基线就会产生波动或漂移,只有基线稳定,仪器才能正常工作。

二、色谱峰

色谱峰是流出曲线上的突起部分。每个峰代表样品中的一个组分。

(一)峰形

理论上讲色谱峰应该是对称的,符合高斯正态分布。

实际上一般情况下的色谱峰都是非对称的,称为非高斯峰(图 3-5),主要有以下几种情况:

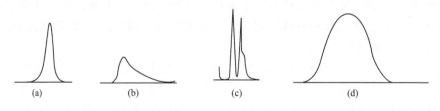

图 3-5　非高斯峰

1.前伸峰:前沿较后沿平缓的不对称峰。如图 3-5(a)所示。

2.拖尾峰:后沿较前沿平缓的不对称峰。如图 3-5(b)所示。

3.分叉峰:两种组分没有完全分开而重叠在一起的峰。如图 3-5(c)所示。

4."馒头"峰：峰形比较矮而胖的峰。如图 3-5（d）所示。

（二）峰高和峰面积

峰高（h）是指从峰最大值到基线的距离（图 3-4）。峰面积（A）是指峰与基线间所包围的面积。峰高或峰面积与组分含量成正比，是气相色谱法进行定量分析的主要依据。

（三）峰宽与半峰宽

色谱峰两侧拐点处所作的切线与峰底相交两点之间的距离，称为峰宽，如图 3-4 的 IJ 段，常用符号 W_b 表示。在峰高为 $h/2$ 处的峰宽 $\overline{GH}$，称为半峰宽，常用符号 $W_{1/2}$ 表示。

（四）标准偏差（σ）

色谱峰两边拐点间距离的一半，即 0.607h 处的色谱峰宽度的一半等于标准偏差，用 σ 表示。

$$W_{1/2} = 2\sigma\sqrt{2\ln 2} = 2.354\sigma$$
$$W_b = 4\sigma = 1.699W_{1/2}$$

σ 值越大，流出的组分越分散，分离效果越差；反之，流出组分集中，分离效果好。

三、保留值

保留值用来描述各组分色谱峰在色谱图中的位置，在一定实验条件下，组分的保留值具有特征性，是气相色谱法定性的参数。保留值通常用时间或用将组分带出色谱柱所需载气的体积来表示。

（一）死时间（t_M）

死时间指不与固定相作用的气体（如空气或甲烷等）从进样开始到柱后出现浓度极大值时所需要的时间，t_M 近似为载气流过色谱柱所需时间，它反映了未被固定相填充的柱内死体积和检测器死体积的大小，与待测组分的性质无关。以 s 或 min 为单位表示。

（二）保留时间（t_R）

试样从进样开始到柱后出现待测组分浓度最大值时所需的时间称为保留时间，它对应于样品到达柱末端的检测器所需的时间。当固定相、柱温、载气流速和其他操作条件不变时，一种组分只有一个特定的保留时间，它是色谱定性分析的依据。以 s 或 min 为单位表示。

（三）调整保留时间（t_R'）

扣除了死时间后的保留时间称为该组分的调整保留时间。

$$t_R' = t_R - t_M$$

t_R' 是由于被分析组分与色谱柱中固定相发生相互作用而引起的组分在柱内滞留的时间，t_R' 扣除了组分在柱内气相所占的空间内运行消耗的 t_M，所以用它定性比 t_R 更合理。以 s 或 min 为单位表示。

（四）死体积（V_M）、保留体积（V_R）、调整保留体积（V_R'）

保留时间受载气流速的影响，为了消除这一影响，保留值也可以用从进样开始到出现峰极大值所流过的载气体积来表示，即用保留时间乘以载气平均流速，以 mL 为单位表示。

$$V_M = t_M \cdot F_c$$

$$V_R = t_R \cdot F_c$$
$$V'_R = t'_R \cdot F_c$$

F_c 是操作条件下柱内载气的平均流速,单位一般为 mL/min。

(五)相对保留值(r_{21})

在一定色谱条件下组分 2 对组分 1 的调整保留时间之比称为相对保留值。

$$r_{21} = \frac{t'_{R2}}{t'_{R1}} = \frac{V'_{R2}}{V'_{R1}}$$

式中　t'_{R2}——组分 2 的调整保留时间;

　　　t'_{R1}——组分 1 的调整保留时间。

r_{21} 仅与柱温及固定相性质有关,而与其他操作条件如柱长、柱内填充情况及载气流速等无关。相对保留值是定性指标之一,比绝对保留值更可靠。许多物质的相对保留值数据可以从色谱手册中查到,通常下标 2 表示被测物,下标 1 表示标准物。

(六)相比率(β)

色谱柱内气相与吸附剂或固定相体积之比称为相比率。它是色谱柱型和结构的重要参数,常用符号 β 表示。填充柱 β 为 6~35,毛细管柱 β 为 50~1 500。

$$\beta = \frac{V_M}{V_s}$$

式中　V_M——色谱柱中流动相体积,mL。

　　　V_s——色谱柱中固定相体积,mL。在气液色谱中,V_s 为柱内固定液体积;在气固色谱中,V_s 为吸附剂表面容量。

(七)分配系数(K)和容量因子(k)

1.分配系数(K)

分配系数是分配达到平衡状态时,组分在固定相与流动相中的浓度比。样品在色谱柱中两相间的分配如图 3-6 所示。

组分的分配系数为

$$K = \frac{c_s}{c_M}$$

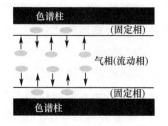

图 3-6　样品在色谱柱中两相间的分配

式中　c_s——组分在固定相中的浓度,g/mL;

　　　c_M——组分在流动相中的浓度,g/mL。

影响 K 的因素包括固定相和温度:

①组分一定时,K 主要取决于固定相性质。

②组分及固定相一定时,温度增加,K 减小。

③试样中的各组分具有不同的 K 值,这是分离的基础。

④选择适宜的固定相可改善分离效果。

2.容量因子(k)

容量因子又称分配比、容量比,指在一定温度、压力下,组分在固定相和流动相中达到分配平衡时,在固定相中的质量和在流动相中的质量之比。

$$k = \frac{m_{\text{s}}}{m_{\text{M}}}$$

式中 m_{s}、m_{M} 分别为组分在固定相和流动相中的质量(g)。

3.K 与 k 的关系

$$K = \frac{c_{\text{s}}}{c_{\text{M}}} = \frac{m_{\text{s}}/V_{\text{s}}}{m_{\text{M}}/V_{\text{M}}} = k\frac{V_{\text{M}}}{V_{\text{s}}} = k\beta$$

分配系数和分配比之间的关系如下：

(1)K 与 k 都与组分及固定相的性质有关，并随柱温、柱压变化而变化。分配系数与两相体积无关，分配比与两相体积有关。

(2)K 与 k 都能说明色谱柱对组分保留能力的大小，数值越大，该组分的保留时间越长。且

$$k = \frac{t'_{\text{R}}}{t_{\text{M}}}$$

子任务 3　熟悉色谱分离的基本原理和基本理论

一、色谱分离的基本原理

试样气体由载气携带进入色谱柱，与固定相接触时，很快被固定相溶解或吸附。随着载气的不断通入，被溶解或吸附的组分又从固定相中挥发或脱附下来，挥发或脱附下来的组分随着载气向前移动时，又再次被固定相溶解或吸附。随着载气的流动，溶解与挥发或吸附与脱附的过程反复进行。由于组分性质的差异，固定相对它们的溶解或吸附的能力不同。易被溶解或吸附的组分，挥发或脱附较难，随载气移动的速度慢，在柱内停留的时间长；反之，不易被溶解或吸附的组分随载气移动的速度快，在柱内停留的时间短，所以，经过一定的时间间隔(一定柱长)后性质不同的组分便彼此分离。

二、色谱分离的基本理论

(一)塔板理论

塔板理论是 1941 年由马丁(Martin)和辛格(Synge)提出的半经验式理论。

塔板理论把色谱柱比作分馏塔，即色谱柱由一系列连续的、相等板高的塔板组成。塔板理论认为，在每一块塔板上，组分在两相间很快达到平衡。由于流动相在不停地移动，组分就在这些塔板间隔的气液两相间不断达到分配平衡。经过多个塔板后，分配系数小即挥发性大的组分先从柱内流出。由于色谱柱的塔板数很多，因此不同组分的分配系数即使仅有微小差异，仍然可能得到很好的分离效果。

塔板理论把每一块塔板的高度，即组分在柱内达成一次分配平衡所需的柱长称为理论塔板高度，简称板高，用 H 表示，单位为 mm。设柱长为 L(mm)，则理论塔板数 n 为

$$n = \frac{L}{H}$$

理论塔板数(n)可根据色谱图上所测得的保留时间(t_R)和峰底宽(W_b)或半峰宽($W_{1/2}$)按下式推算

$$n = 5.54 \left(\frac{t_R}{W_{1/2}}\right)^2 = 16 \left(\frac{t_R}{W_b}\right)^2$$

可以看出,当色谱柱长 L 一定时,组分的保留时间越长,峰形越窄,则理论塔板数 n 越大,H 越小,组分在该柱内达到分配平衡的次数就越多,色谱柱的柱效能似乎就越高。但在实际应用中,常常出现计算出的 n 值很大,但真正的分离效能并不高的现象。这是由于保留时间 t_R 中包括了死时间 t_M,而 t_M 不参加柱内的分配,即理论塔板数还未能真实地反映色谱柱的实际分离效能。因此,为了真实反映柱效能的高低,应以 t_R' 代替 t_R 计算所得到的有效理论塔板数 n_{eff} 来衡量色谱柱的柱效能。计算公式为

$$n_{eff} = \frac{L}{H_{eff}} = 5.54 \left(\frac{t_R'}{W_{1/2}}\right)^2 = 16 \left(\frac{t_R'}{W_b}\right)^2$$

式中　H_{eff}——有效理论塔板高度。

由于 n_{eff} 和 H_{eff} 能较好地反映实际柱效能的高低,因此可将它们作为柱效能指标。组分的 t_R' 越大,峰形越窄,n_{eff} 越大,H_{eff} 越小,被测组分在柱内被分配的次数越多,柱效能越高。

不同物质在同一色谱柱上的分配系数不同,用有效塔板数和有效塔板高度作为衡量柱效能的指标时,应指明测定物质。在比较不同色谱柱的柱效能时,应在同一色谱操作条件下,以同一种组分通过不同色谱柱,测定并计算不同色谱柱的 n_{eff} 或 H_{eff},然后再进行比较。但是柱效能的高低并不能反映各组分的分离情况,因此 n_{eff} 或 H_{eff} 不是衡量分离程度的指标。

塔板理论虽然指出了理论塔板数 n 或理论塔板高度 H 对色谱柱效能的影响,但是没有指出色谱操作条件影响塔板高度的原因,因此存在一定的局限性。

(二)速率理论

1956 年,范第姆特(J. J. Van Deemter)等人提出了色谱过程的动力学理论——速率理论。

速率理论吸收了塔板理论中板高的概念,充分考虑了组分在两相间的扩散和传质过程,从动力学角度较好地解释了影响板高的各种因素,对气相、液相色谱都较为适用。它以方程的形式概括了影响板高的三个因素,即范第姆特方程式(Van Deemter equation)

$$H = A + \frac{B}{u} + Cu$$

式中　A——涡流扩散项;

　　　B/u——分子扩散项;

　　　Cu——传质阻力项;

　　　u——载气线速度,cm/s。

1.涡流扩散项 A

$$A = 2\lambda d_p$$

式中　d_p——固定相颗粒平均直径;

λ——固定相填充的不均匀因子。

由于试样组分分子进入色谱柱碰到柱内填充颗粒时不得不改变流动方向，因而它们在气相中形成紊乱的类似"涡流"的流动（图 3-7）。组分分子所经过的路径长度不同，达到柱出口的时间也不同，因而引起色谱峰形展宽，板高增大，柱效能降低。

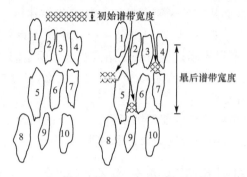

图 3-7 涡流扩散现象

固定相颗粒越小，填充得越均匀，可有效降低 λ 和 d_p，从而使 A 减小，H 减小，则柱效能越高，色谱峰越窄。

2.分子扩散项 B/u

$$B = 2\gamma D_g$$

式中　γ——弯曲因子，它反映了固定相对分子扩散的阻碍程度，填充柱的 $\gamma < 1$，空心柱 $\gamma = 1$；
　　　D_g——组分在气相中的扩散系数，随载气和组分的性质、温度、压力而变化。

组分进入色谱柱后，以"塞子"的形式存在于柱端，随载气向前移动，由于柱内存在浓度梯度，组分分子必然由高浓度向低浓度扩散（其扩散方向与载气运动方向一致），从而使峰扩张（图 3-8）。

结论：流动相流速加快，可减小扩散；组分在气相中的扩散系数 D_g 近似地与载气的摩尔质量的平方根成反比，所以实际操作过程中使用摩尔质量大的载气可以减小分子扩散。

3.传质阻力项 Cu

物质在相际之间的转移过程叫传质过程（图 3-9）。传质阻力项包括气相传质阻力项和液相传质阻力项。

$$Cu = C_g u + C_1 u$$

式中 C_g、C_1 分别为气相传质阻力系数和液相传质阻力系数。

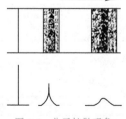

图 3-8 分子扩散现象

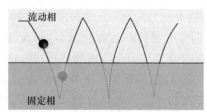

图 3-9 传质过程

气相传质阻力是组分从气相到气液界面间进行质量交换所受到的阻力，这个阻力会使柱横断面上的浓度分配不均匀。涡流扩散阻力越大，所需时间越长，峰形展宽就越大。

由于 $C_g \cdot u \propto (d_p^2/D_g) \cdot u$，所以实际过程中若采用小颗粒的固定相，以 D_g 较大的 H_2 或 He 作载气，提高柱温，减少固定液用量，可以减少传质阻力，提高柱效能。

　　液相传质阻力是指试样组分从固定相的气液界面到液相内部进行质量交换达到平衡后，又返回到气液界面时所受到的阻力。进入液相的组分分子，因其在液相里有一定的停留时间，当它回到气相时，必然落后于原在气相中随载气向柱出口方向运动的分子，这样势必造成色谱峰扩张。由于 $C_l \cdot u \propto (d_f^2/D_l) \cdot u$（式中 d_f 为固定相液膜厚度；D_l 为组分在液相中的扩散系数）。所以实际过程中若采用液膜薄的固定液则有利于液相传质，但不宜过薄，否则会减少样品的容量，降低柱的寿命。提高柱温，组分在液相中的扩散系数 D_l 大，也有利于传质、减少峰扩张。

　　综上所述，气相色谱中影响柱效能的因素有：柱填充的均匀程度；载体的粒度，表面无深孔；固定液的液膜厚度（气液）；载气的流速和种类；柱温等。

子任务 4　判断相邻两峰分离是否完全——认识分离度

　　样品中各组分，特别是难分离物质对（物理常数相近、结构类似的相邻组分）在一根柱内能否得到分离，取决于各组分在固定相中分配系数的差异，也就是取决于固定相的选择性，而不是由柱效能高低确定。因而柱效能不能说明难分离物质对的实际分离效果，而选择性也无法说明柱效能的高低。因此，必须引入一个既能反映柱效能，又能反映柱选择性的指标，作为色谱柱的总分离效能指标，来判断难分离物质对在柱中的实际分离情况，这一指标就是分离度 R。

　　分离度又称分辨率，其定义为：相邻两组分色谱峰的保留时间之差与两峰底宽度之和一半的比值，即

$$R = \frac{t_{R2} - t_{R1}}{(W_{b1} + W_{b2})/2}$$

　　或

$$R = \frac{2(t_{R2} - t_{R1})}{1.699[W_{1/2(1)} + W_{1/2(2)}]}$$

　　式中 t_{R1}、t_{R2} 分别为组分 1、2 的保留时间；W_{b1}、W_{b2} 分别为组分 1、2 的色谱峰峰底宽度；$W_{1/2(1)}$、$W_{1/2(2)}$ 分别为组分 1、2 色谱峰的半峰宽。

　　显然，分子项中两保留时间差越大，即两峰相距越远，两峰越窄，R 值就越大。R 值越大，两组分分离得就越完全。一般来说，当 $R=1.50$ 时，分离程度可达 99.7%；当 $R=1.00$ 时，分离程度可达 98%；当 $R<1.00$ 时，两峰有明显的重叠。所以，通常用 $R \geqslant 1.50$ 作为相邻两峰得到完全分离的指标（图 3-10）。

　　分离度全面考虑了两峰完全分离的两个条件，反映了色谱分离的热力学和动力学（峰间距和峰宽）因素，体现了色谱柱对物质对的直接的分离效果，因而用它作色谱柱的总分离效能指标。

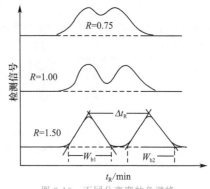

图 3-10　不同分离度的色谱峰

有效理论塔板数 n_{eff} 与分离度 R、相对保留值 r_{21} 之间的关系为：

$$n_{eff} = 16R^2 \left(\frac{r_{21}}{r_{21} - 1} \right)^2$$

【技能训练测试题】

一、解释名词

固定相　流动相　色谱图　色谱峰　保留时间　调整保留时间　死时间　分配系数

二、填空题

1.色谱图是指_____通过检测器系统时所产生的_____对_____或_____的曲线图。

2.一个组分的色谱峰,其峰位置(即保留值)可用于_____,峰高或峰面积可用于_____。

3.色谱分离的基本原理是_____通过色谱柱时与_____之间发生相互作用,这种相互作用大小的差异使_____互相分离而按先后次序从色谱柱后流出;这种在色谱柱内_____、起作用的填料称为固定相。

4.气固色谱的固定相是_____;气液色谱的固定相是_____。

5.在气固色谱中,各组分的分离是基于组分在吸附剂上的_____和_____能力的不同;而在气液色谱中,分离是基于各组分在固定液中_____和_____能力的不同。

6.在一定温度下,组分在两相之间的分配达到平衡时的浓度比称为_____。

7.色谱峰越窄,表明理论塔板数越_____,理论塔板高度越_____,柱效能越_____。

8.范第姆特方程式说明了_____和_____的关系。

9.涡流扩散与_____和_____有关。

10.分子扩散又称_____,与_____及_____有关。

三、选择题

1.俄国植物学家茨维特在研究植物色素的成分时所采用的色谱方法属于(　　　　)。

A.气液色谱　　　　　　　　　　B.气固色谱

C.液液色谱　　　　　　　　　　D.液固色谱

2.气相色谱谱图中,与组分含量成正比的是(　　　　)。

A.保留时间　　　　B.相对保留值　　　C.峰高　　　　　　D.峰面积

3.在气固色谱中,样品中各组分的分离是基于(　　　　)。

A.组分性质的不同

B.组分溶解度的不同

C.组分在吸附剂上吸附能力的不同

D.组分在吸附剂上脱附能力的不同

4.在气液色谱中,首先流出色谱柱的组分是(　　　　)。

A.吸附能力大的　　　　　　　　B.吸附能力小的

C.挥发性大的　　　　　　　　　D.溶解能力小的

5.范第姆特方程式主要说明(　　)。

A.板高的概念　　　　　　　　　B.色谱峰的扩张情况

C.柱效能降低的影响因素　　　　D.组分在两相间的分配情况

E.色谱分离操作条件的选择

四、简答题

1.简要说明气相色谱法的分析流程。

2.试写出范第姆特方程式,并说明其中各个参数的物理意义。

任务 2　认识气相色谱仪

气相色谱仪型号多样,图 3-11 为 GC-2010 型气相色谱仪。气相色谱仪是目前最为普遍的一种分析仪器,它通过对所分析样品含量的检测,再对比国家标准和对应的行业标准,就知道所测物质某组成是否达标或超标,从而判定此物质是否合格。气相色谱仪广泛应用于诸多行业单位。

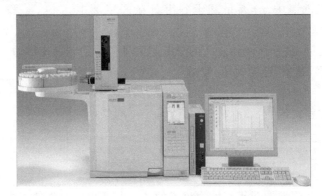

图 3-11　GC-2010 型气相色谱仪

为了完成本任务,应学习气相色谱仪的结构和工作原理,明确质检中心提供的仪器型号,认真阅读仪器的使用说明书(不同生产厂家、不同型号的仪器,其使用操作规程是不同的),以达到熟练操作仪器的目的。

【学习目标】

1.知识目标

熟悉气相色谱仪的分析流程,掌握其结构和工作原理。

2.能力目标

(1)认识气相色谱仪的主要组成部件,熟悉其位置和作用。

(2)能熟练进行气路的连接、安装和检漏。

(3)能进行气相色谱分析基本操作。

3.素质目标

(1)具有独立工作能力。

(2)具有团结协作能力。

(3)具有按规范、规程操作的习惯。

(4)具有安全操作意识。

子任务1　熟悉气相色谱仪的分类和工作流程

一、气相色谱仪的分类

常见的气相色谱仪有单柱单气路和双柱双气路两种类型。

单柱单气路(图 3-12)由高压气瓶供给的载气经减压阀、净化器、气流调节阀、转子流量计、汽化室、色谱柱、检测器后放空。这种气路结构简单,操作方便,一般适用于恒温分析。

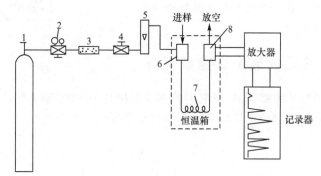

图 3-12　单柱单气路结构

1—载气钢瓶;2—减压阀;3—净化器;4—气流调节阀;5—转子流量计;6—汽化室;7—色谱柱;8—检测器

双柱双气路(图 3-13)是将经过稳压阀后的载气分成两路进入各自的色谱柱和检测器,其中一路作分析用,另一路作补偿用。这种结构可以补偿气流不稳或固定液流失等原因引起的检测器噪声,提高了仪器工作的稳定性,既可用于恒温分析也可用于程序升温分析。

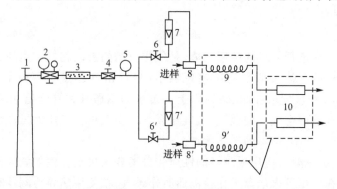

图 3-13　双柱双气路结构

1—载气钢瓶;2—减压阀;3—净化器;4—稳压阀;5—压力表;
6,6'—针形阀;7,7'—转子流量计;8,8'—汽化室;9,9'—色谱柱;10—检测器

二、工作流程

N₂ 或 H₂ 等载气(用来载送试样而不与待测组分作用的惰性气体)由高压载气钢瓶供给,经减压阀减压后进入净化器,以除去杂质和水分,再由稳压阀和针形阀控制,载气以稳定和精确的流速连续流经压力表和流量计,以指示流经色谱柱前的载气压力和流速,然后通过汽化室进入色谱柱。待载气流量,汽化室、色谱柱、检测器的温度以及记录仪的基线稳定后,试样由进样器快速注入汽化室,则液体试样被瞬间汽化,并由载气带入色谱柱。由于色谱柱中的固定相对试样中不同组分的吸附能力或溶解能力是不同的,试样中各种组分彼此分离而先后流出色谱柱,然后进入检测器,经检测后放空。检测器将混合气体中组分的浓度(mg/mL)或质量流量(g/s)转变成可测量的电信号,并经放大器放大后,通过记录仪即可得到其色谱图。样品流经色谱柱得到色谱图的过程如图 3-14 所示。

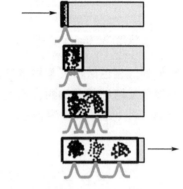

图 3-14　样品流经色谱柱得到色谱图的过程

子任务 2　熟悉仪器主要组成部件

气相色谱仪的型号种类繁多,但它们的基本结构是一致的,均由气路系统、进样系统、分离系统、检测系统、数据处理系统和温度控制系统等六大部分组成。

第一部分　气路系统

气相色谱仪中的气路是一个载气连续运行的密闭管路系统。载气的纯度、流速对色谱柱的分离效能、检测器的灵敏度均有很大影响。气路系统的作用是将载气及辅助气进行稳压、稳流和净化,以满足分析需要。

一、气源

(一)载气和辅助气

1.分类

载气是载送样品进行分离的惰性气体,是气相色谱的流动相。常用的载气为氮气、氢气、氦气、氩气。这些气体一般由高压钢瓶供给(也可由气体发生器产生),初始压力为 $100\sim150\ kgf/cm^2$,纯度要求在 99.99% 以上。市售的钢瓶气往往含有水分和其他杂质,需要纯化。辅助气常用空气作助燃气,氢气作燃气。空气由空气压缩机提供,常用无油空气压缩机,工作时噪声小,排出的气体无油。

选择何种载气,主要由所用检测器的性质和分离要求决定。例如氢气分子量小,热导系数大,黏度小,在使用氢火焰离子化检测器时作燃气,在使用热导检测器时常作载气;氮气扩散系数小,柱效能比较高,除在热导检测器以外的其他几种检测器中均用作载气;氦气、氩气由于价格高,应用较少。

2.载气不纯带来的问题

（1）载气中氧的存在可导致固定相氧化,损坏色谱柱,改变样品的保留值。

（2）载气中水的存在可导致部分固定相或硅烷化载体发生水解,甚至损坏柱子。

（3）气体中有机化合物或其他杂质的存在可产生基线噪声和拖尾现象。

（4）气体中夹带的粒状杂质可使气路控制系统失灵。

(二)高压钢瓶

除空气外,载气一般可由高压气体钢瓶提供。气瓶顶部装有开关阀,瓶阀上装有防护装置(钢瓶帽)。每个气体钢瓶筒休上都套有两个橡皮腰圈,以防震动后撞击。钢瓶要有10%的钢瓶气保有量。

二、气体净化器

气体钢瓶供给的气体经减压阀后,必须经装有气体净化剂的气体净化管(图 3-15)来除去水分和杂质。

常用的净化剂有活性炭、硅胶和分子筛,分别用来除去烃类物质、水分和氧气。净化管的出口和入口应加上标志,出口应当用少量纱布或脱脂棉轻轻塞上,严防净化剂粉尘流出净化管进入色谱仪。当硅胶变色时,应重新活化分子筛和硅胶后,再装入使用。

图 3-15 气体净化管

三、载气流速控制装置——减压阀与稳压阀、稳流阀与针形阀

新采购的高压钢瓶内的压力约为 13 MPa,由于气相色谱仪使用的各种气体压力在0.2～0.4 MPa,因此需要通过减压阀减压后才能使用。

减压阀装在高压钢瓶的出口,用来将高压气体调节到较小的压力。高压钢瓶顶部开关阀(又称总阀)与减压阀外观如图 3-16 所示,结构如图 3-17 所示。使用时将减压阀用螺旋套帽装在高压钢瓶总阀的支管 B 上,并且使该压力在工作时保持不变。因此减压阀的功用是进行高压气体的减压和稳压。打开钢瓶总阀 A (逆时针方向转动),此时高压气体进入减压阀的高压室,其压力表(0～25 MPa)指示出钢瓶内气体压力。沿顺时针方向缓慢转动减压阀,使气体进入减压阀低压室,其压力表(0～2.5 MPa)指示输出气体管线中的低工作压力。不用气时应先关闭总阀,待压力表指针指向零点后,再将减压阀沿逆时针方向转动旋松关闭(避免减压阀中的弹簧长时间压缩失灵)。打开总阀之前应检查减压阀是否已经关好(减压阀旋松),否则容易损坏减压阀。

载气流速的稳定性、准确性都对测定结果有影响。载气流速范围常选在 30～100 mL/min,流速稳定度要求小于 1%,用气流调节阀(稳压阀、稳流阀、针形阀等)来控制流速。

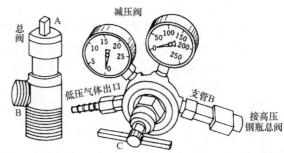

图 3-16　高压钢瓶总阀与减压阀　　　　图 3-17　高压钢瓶总阀与减压阀结构图

稳压阀的作用有两个:一是通过改变输出气压来调节气体流量的大小;二是稳定输出气压。在恒温色谱分析中,当操作条件不变时,整个系统阻力不变,单独使用稳压阀即可使色谱柱入口压力稳定,从而保持稳定的流速。但在升温色谱分析中,由于柱内阻力随温度升高而不断增加,载气的流量逐渐减少,因此需要在稳压阀后连接一个稳流阀,以保持恒定的流量。先进的气相色谱仪,从气源出来的气体经减压后直接进入 EPC(电子压力流量控制器)转化成数字控制,流量和压力控制用 EPC 代替了一般阀件,控制精度有了很大提高,从而提高了分析的精度和准确度。

针形阀可以调节载气流量,也可以控制燃气和空气的流量。针形阀不能精确地调节流量,常安装于空气的气路中,用以调节空气的流量。

四、气路安装与检漏

气路安装步骤如下:

第一步:钢瓶与减压阀连接;第二步:减压阀与气体管道连接;第三步:气体管道与净化器连接;第四步:净化器与气相色谱仪连接;第五步:检漏,用毛笔将皂液涂于各接头处,看是否有气泡溢出。

气相色谱仪的管路多数采用内径为 3 mm 的不锈钢管,靠螺母、压环和"O"形密封圈进行连接。最好使用不锈钢管或紫铜管。连接管道时,要求既保证气密性,又不损坏接头。气路不密封将会使实验出现异常现象,甚至可能会发生爆炸事故。气路检漏常用的方法有两种:一种是皂膜检漏法,即用毛笔蘸上皂液涂在各接头上,若接头处有气泡,则表明该处漏气,应重新拧紧,直到不漏气为止。检漏完毕应使用干布将皂液擦净。另一种是堵气观察法,即用橡皮塞堵住出口处,若转子流量计流量为 0,同时关闭稳压阀,压力表压力不下降,则表明不漏气;反之,若转子流量计流量指示不为 0,或压力表压力缓慢下降(在半小时内,仪器上压力表指示的压力下降大于 0.005 MPa),则表明该处漏气,应重新拧紧各接头至不漏气为止。

五、载气流量的测定

载气流量是气相色谱分析的一个重要的操作条件,正确选择载气流量,可以提高色谱柱的分离效能,缩短分析时间。气相色谱分析中,所用气体流量较小,一般采用转子流量计(图 3-18)或皂膜流量计(图 3-19)测量。

 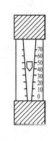  

图 3-18 转子流量计实物和结构　　　　　　图 3-19 皂膜流量计实物和结构

转子流量计是由一个上宽下窄的锥形玻璃管和一个能在管内自由旋转的转子组成的。当气体自下端进入转子流量计又从上端流出时，转子随气体流动方向而上升，转子上浮高度和气体流量有关，因此根据转子的位置就可以确定气体流速的大小。对于一定的气体，气体的流速和转子的高度并不呈直线关系，转子流量计上的刻度只是等距离的标记而不是流量数值。因此实际使用时必须先用皂膜流量计来标定，绘出气体的体积流速与转子高度的关系曲线图(不同压力、不同气体流速与转子位置关系不一样)。

皂膜流量计由一根带有气体进口的量气管和橡皮滴头组成，使用时先向橡皮滴头中注入肥皂水，挤动橡皮滴头就有皂膜进入量气管。当气体自流量计底部进入时，就顶着皂膜沿着管壁自下而上移动。用秒表测定皂膜移动一定体积所需时间就可以算出气体流速(mL/min)，测量精度达 1%。

第二部分　进样系统

进样系统包括进样器和汽化室。其作用是把待测样品(气体或液体)快速定量地引入色谱系统，并使样品有效地汽化，然后用载气将样品快速"扫入"色谱柱。进样量的准确度、重复性，试样汽化速度等都会影响定性和定量的结果。

一、进样器

(一)气体样品

气体样品可以用平面六通阀(又称旋转六通阀)(图 3-20)进样。取样时，气体进入定量管，而载气直接由图中 A 到达 B。进样时，将阀旋转 60°，此时载气由 A 进入，通过定量管，将管中气体样品带入色谱柱中。定量管有 0.5 mL、1 mL、3 mL、5 mL 等规格，实际工作时，可以根据需要选择合适体积的定量管。这类定量管阀重复性优于 0.5%，使用温度较高，寿命长，耐腐蚀，死体积小，气密性好，可以在低压下使用。气体进样一般不超过 10 mL。

(二)液体样品

液体样品可以采用微量注射器(图 3-21)直接进样。常用的微量注射器有 0.5 μL、1 μL、5 μL、10 μL、50 μL、100 μL 等规格，重复性为 2.0%。实际工作中可根据需要选择合适规格的微量注射器。填充柱进样一般不超过 10 μL。

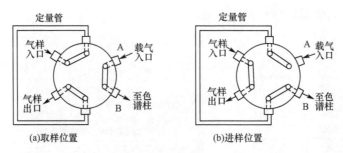

图 3-20　平面六通阀的结构以及取样和进样位置

(三)固体样品

固体样品通常用溶剂溶解后,按液体样品的进样方式进样。

工业流程色谱分析和批量样品常规分析常采用自动进样器,重复性好,它使得气相色谱分析实现了自动化和智能化。

图 3-21　微量注射器

二、汽化室

汽化室的作用是将液体样品瞬间汽化而不分解。汽化室位于进样口的下端,如图 3-22 中 5 所示。它实际上是一个加热器,通常采用金属块作加热体。当用注射器针头直接将样品注入加热区时,样品瞬间汽化,然后由预热过的载气,在汽化室前部将汽化了的样品迅速带入色谱柱内。对汽化室的要求是热容量要大,温度要足够高且无催化效应,死体积小。

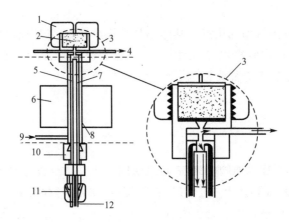

图 3-22　填充柱进样口结构

1—固定隔垫的螺母;2—隔垫;3—隔垫吹扫装置;4—隔垫吹扫气出口;5—汽化室;6—加热块;
7—石英玻璃衬管;8—石英毛玻璃;9—载气入口;10—柱连接件固定螺母;11—色谱柱固定螺母;12—色谱柱

在汽化室内不锈钢套管中常插入石英玻璃衬管以消除金属表面的催化作用。实际工作中应保持衬管干净,使用一段时间后应及时清洗或更换。

汽化室注射孔用厚度为 5 mm 的硅橡胶隔垫密封,其作用是防止漏气。进样时用注射器针头直接刺穿硅橡胶密封垫,然后将样品快速注入汽化室。硅橡胶在使用多次后会失去密封作用,应经常更换。一个隔垫的连续使用时间不能超过一周。进入进样口的载气会分成两路,一路进行隔垫吹扫,用少量的载气(1~3 mL/min)吹扫硅橡胶含有的一些残留溶剂或低分子齐聚物以及硅橡胶在汽化室高温的影响下降解产生的产物,以免产生干扰峰;一路进入衬管,由此携带样品进入色谱柱。进样口外观如图3-23所示。

图 3-23 进样口外观

使用毛细管柱时,由于柱内固定相量少,柱对样品的容量要比填充柱低,为防止柱超载,常使用分流进样方式,这是毛细管柱系统最经典的进样方式。进入进样口的载气分两路,一路吹扫进样隔垫,另一路以较快的速度进入汽化室,在此处与汽化后的样品混合,并在毛细管柱入口处进行分流。在分流进样中,汽化后的样品大部分经分流管放空,只有极少部分样品被载气携带进入色谱柱。在分流进样时,进入毛细管柱内的载气流量与放空的载气流量的比称为分流比。分析时使用的分流比范围一般为1:10~1:100。

除分流进样外,还有冷柱上进样、程序升温汽化进样、大体积进样、顶空进样等方式。

正确选择液体样品的汽化温度十分重要,尤其对高沸点和易分解的样品,要求在汽化温度下,样品能瞬间汽化而不分解,汽化室控温范围在室温至 450 ℃左右,一般比柱温高50~100 ℃。

第三部分 分离系统

分离系统主要由柱箱和色谱柱组成,其中色谱柱是气相色谱仪的心脏,由柱管和其中的固定相组成。色谱柱的作用是使试样经过它时各组分得以分离。

一、柱箱

柱箱是一个精密的恒温箱。柱箱的基本参数有两个:一个是柱箱的尺寸,另一个是柱箱的控温参数。柱箱的尺寸主要关系到是否能安装多根色谱柱,以及操作是否方便。柱箱的操作温度范围一般在室温以上至 450 ℃,且均带有多阶程序升温设计。部分气相色谱仪带有低温功能,用于在冷柱上进样。

二、色谱柱

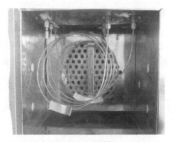

图 3-24 柱箱

色谱柱一般可分为填充柱和毛细管柱。在图3-24所示的柱箱中,位于前面的柱管是填充柱,后面的柱管是毛细管柱。

(一)填充柱

填充柱是指在柱内均匀、紧密填充固定相颗粒的色谱柱。柱长一般为 1~5 m,内径一般为 2~4 mm,用不锈钢、铜、玻璃或聚四氟乙烯等材料制成,其形状有 U 形和螺旋形。一般分析多用不锈钢柱。

不锈钢柱的优点是机械强度好而又有一定的惰性,如果用它来分离烃类和脂肪酸酯类是足够稳定的,但分析活性较高的物质时要避免使用不锈钢柱,在使用高分子小球时也不要用不锈钢柱,其他金属柱现在很少使用。在分析较为活泼的物质时,多用玻璃柱,它透明,便于观察柱内填充物的情况,光滑,易于填充成密实的高效柱,其缺点是易碎。

填充柱制备简单,可供选择的固定相种类多,柱容量大,分离效率也足够高,应用广泛。

(二)毛细管柱

毛细管柱又称空心柱,它的分离效率相对于填充柱有很大的提高,可解决复杂的、填充柱难以解决的分析问题。常用的毛细管柱为涂壁空心柱(WCOT),其内壁直接涂渍固定液,柱材料大多采用熔融石英(即弹性石英)。柱长一般为 25～100 m,内径一般为0.1～0.5 mm。

表 3-1 列出了一些常用色谱柱的特点及用途。

表 3-1　　　　　　　　　　　常用色谱柱的特点和用途

参数		柱长/m	内径/mm	进样量/ng	液膜厚度/μm	相对压力	主要用途
填充柱	经典	1～5	2.0～4.0	10～10^6	10.0	高	分析样品
	微型		≤1.0				分析样品
	制备		>4.0				制备纯化合物
涂壁空心柱	微径柱	1～10	≤0.10	10～1 000	0.1～1.0	低	快速 GC
	常规柱	10～60	0.20～0.32				常规分析
	大口径柱	10～50	0.53～0.75				定量分析

第四部分　检测系统

气相色谱仪检测器的作用是将经色谱柱分离后按顺序流出的组分的浓度变化信息转变为易于测量的电信号,然后对被分离物质的组成和含量进行鉴定和测量。检测器是色谱仪的"眼睛"。

一、分类

气相色谱仪检测器根据响应原理的不同可分为浓度型检测器和质量型检测器两类。

浓度型检测器测量的是载气中某组分瞬间浓度的变化,即检测器的响应值与组分的瞬间浓度成正比。如热导检测器(TCD)和电子俘获检测器(ECD)。

质量型检测器测量的是载气中某组分质量比率的变化,即检测器的响应值和单位时间进入检测器的组分质量成正比。如氢火焰离子化检测器(FID)和火焰光度检测器(FPD)。

表 3-2 总结了几种常用检测器的特点和技术指标。

表 3-2　　　　　　　　　常用气相色谱仪检测器的特点和技术指标

检测器	类型	最高操作温度/℃	最低检测限	线性范围	主要用途
氢火焰离子化检测器(FID)	质量型,准通用型	450	丙烷:5 pg/s 碳	$10^7(\pm10\%)$	各种有机化合物的分析,对碳氢化合物的灵敏度高
热导检测器(TCD)	浓度型,通用型	400	丙烷:400 pg/mL 士烷:20 000 mL/mg	$10^5(\pm5\%)$	适用于各种无机气体和有机物的分析,多用于永久气体的分析
电子俘获检测器(ECD)	浓度型,选择型	400	六氯苯:0.04 pg/s	$>10^4$	适合分析含电负性元素或基团的有机化合物,多用于分析含卤素化合物
微型 ECD	质量型,选择型	400	六氯苯:0.008 pg/s	$>5\times10^4$	同 ECD
氮磷检测器(NPD)	质量型,选择型	400	用偶氮苯和马拉硫磷的混合物测定:0.4 pg/s 氮;0.2 pg/s 磷	$>10^5$	适合于含氮和含磷化合物的分析
火焰光度检测器(FPD)	浓度型,选择型	250	用十二烷硫醇和三丁基膦酸酯混合物测定:20 pg/s 硫;0.9 pg/s 磷;	硫:$>10^5$ 磷:$>10^6$	适合于含硫、含磷和含氮化合物的分析

二、检测器性能指标

色谱分析对检测器的要求是测量准确、响应快、稳定性好、灵敏度高、适应范围宽等。检测器性能的主要指标有灵敏度、检测限、线性范围、基线噪声与漂移等。

(一)灵敏度 S

当一定浓度或一定质量的试样进入检测器时,产生一定的响应信号 R。以进样量 Q（单位 mg/mL 或 g/s）对响应信号 R 作图,就可得到一条直线,直线的斜率就是检测器的灵敏度,以 S 表示。即

$$S = \frac{\Delta R}{\Delta Q}$$

对于浓度型检测器,如果进样为液体,则灵敏度的单位是 mV·mL/mg,即每毫升载气中含有 1 mg 试样时在检测器上能产生的响应信号（单位 mV）;若进样为气体,灵敏度的单位是 mV·mL/mL。对于质量型检测器,其响应值取决于单位时间内进入检测器的某组分的量,对载气没有响应,灵敏度的单位是 mV·s/g。

(二)检测限 D

检测限 D 也叫敏感度。灵敏度和检测限是衡量检测器敏感程度的指标。灵敏度越大、检测限越小,表示检测器性能越好。

检测器的输出信号可由放大器放大以提高灵敏度。那么是否将灵敏度放大到越高越好呢？答案是否定的,因为信号在放大过程中,噪声也被放大,有时噪声甚至会掩盖信号,这样噪声就限制了检测限度,单用灵敏度评价检测器是不够的,因而引入检测限这个概念。

检测限 D 定义为检测器产生两倍噪声信号时,单位体积的载气或单位时间内进入检测器的组分量。规定了组分产生的信号至少为噪声的 2 倍,组分才可以定量。

$$D = \frac{2N}{S}$$

式中　N——检测器的噪声,即基线波动,mV;

　　　S——检测器灵敏度,mV·mL/mg 或 mV·mL/mL 或 mV·s/g。

(三)线性范围

准确的定量分析取决于检测器的线性范围。线性范围指进入检测器的组分量与其响应值保持线性关系,或是灵敏度保持恒定所覆盖的区间,称为线性范围,以最大允许进样量与最小进样量的比值表示。检测器的线性范围越宽越好。样品分析时要求在线性范围内工作,这对组分的准确定量是很重要的。

(四)基线噪声 N 与基线漂移 M

在没有组分进入检测器的情况下,仅因为检测器本身及色谱条件波动(如固定相流失,隔垫流失,载气、温度、电压波动及漏气等因素)使基线在短时间内发生起伏的信号称为基线噪声(N),单位用毫伏或毫安表示。噪声是检测器的本底信号。基线在一定时间内产生的偏离,称为基线漂移(M),单位为 mV/h 或 mA/h。良好的检测器其噪声与漂移都应该很小,它们表明检测器的稳定状况。基线噪声与基线漂移如图 3-25 所示。

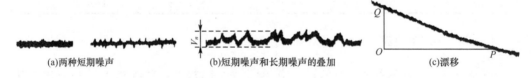

(a)两种短期噪声　　　　(b)短期噪声和长期噪声的叠加　　　　(c)漂移

图 3-25　基线噪声与基线漂移

三、热导检测器和氢火焰离子化检测器

(一)热导检测器(TCD)

热导检测器是利用被测组分和载气的导热系数不同而响应的浓度型检测器,亦称为热导池。

1.结构

图 3-26 所示为热导检测器的实物及双臂热导池的结构。

热导池由池体和热敏元件构成,热敏元件为金属丝(钨丝或铂金丝)。热导池体中,只通纯载气的孔道称为参比池,通载气与样品气的孔道为测量池。双臂热导池包括一个参比池和一个测量池;四臂热导池中,有两臂为参比池,另两臂为测量池。

2.工作原理

热导检测器的工作原理是基于不同气体具有不同的导热系数。以双臂热导池桥电路为例,在热导池的两池孔中装入完全相同的热丝,组成参比池和测量池。另取两只完全相

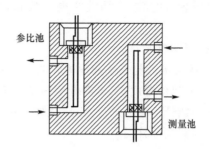

图 3-26　TCD(左图为实物,右图为双臂热导池结构)

同的电阻,将它们与热丝连接成惠斯登电桥。仪器工作时,热丝被恒定直流电加热,载气以稳定的速度流经池体。未进样时,由于参比池和测量池通入的都是纯载气,同一种载气有相同的导热系数,载气从热丝带走相同的热量,热丝温度变化相同,因此两臂的电阻值变化相同,电桥处于平衡状态,无信号输出,记录系统记录的是一条直线。当有试样进入检测器时,纯载气流经参比池,载气携带着样品气流经测量池,由于载气和样品气的混合气的导热系数和纯载气的导热系数不同,测量池中散热情况发生变化,使参比池和测量池两池孔中热丝电阻值之间产生了差异,电桥失去平衡,检测器有电压信号输出,记录仪画出相应组分的色谱峰。在检测器的线性范围内,输出电压的大小随组分及其浓度不同而不同。组分与载气的导热系数相差越大,组分在载气中的浓度越大,输出的电压信号就越强,这正是热导检测器的定量基础。

3.影响灵敏度的因素

(1)载气种类、纯度和流量

载气与组分的导热系数相差越大,检测器灵敏度越高。由于一般物质的导热系数比较小,所以选择导热系数大的气体(例如 H_2 或 He)作载气,灵敏度就比较高,峰形正常,易于定量,线性范围宽。通常不使用 N_2 或 Ar 作载气,因其灵敏度低,线性范围窄。

载气的纯度影响 TCD 的灵敏度。实验表明:在桥电流 $160 \sim 200$ mA,用 99.999% 的超纯 H_2 比用 99% 的普通 H_2 灵敏度高 $6\% \sim 13\%$。载气纯度对峰形也有影响,用 TCD 作高纯气中杂质检测时,载气纯度应比被测气体高十倍以上,否则将出现倒峰。

TCD 为浓度敏感型检测器,色谱峰的峰面积响应值与载气流速成反比。因此,检测过程中,载气流速必须保持恒定。在柱分离许可的情况下,载气应尽量选用低流速。流速波动可能导致基线噪声和漂移增大。

(2)桥电流

增大桥电流,热丝温度将上升,它与环境之间的温差变大,气流更容易把热丝上的热传导出去,热丝的温度和电阻值的变化会更灵敏,从而使检测器的灵敏度提高。理论证明,灵敏度 S 值与桥电流的三次方成正比。所以,增大桥电流能显著提高灵敏度。但是,桥电流过大,热丝温度过高,产生很大的热噪声,结果是信噪比下降,检测限变大。过高的桥电流甚至可能烧断热丝。所以,在满足分析灵敏度要求的前提下,应尽量选取低的桥电流,这时噪声小,热丝寿命长。但是若 TCD 长期在低桥电流下工作,可能造成池污染,此时可用溶剂清洗热导池。实际工作时可参考仪器说明书推荐的桥电流值。另外,如果使用导热系数较大的载气,即使桥电流较高,也不会影响检测器的稳定性,比如用 H_2 作载气。

(3)检测器温度

TCD 的灵敏度与热丝和池体间的温差成正比。增大其温差有两种方法:一是提高桥电流,以提高热丝温度;二是降低检测器池体温度,这取决于被分析样品的沸点。检测器池体温度不能低于样品的沸点,以免样品在检测器内冷凝而造成污染或堵塞,所以检测器温度通常需要高于柱温。

4.优缺点及应用

TCD 是一种通用型、浓度型检测器。其不破坏组分,结构简单,性能稳定,无论对单质、无机物或有机物均有响应,操作维护简单,价格便宜。不足之处是灵敏度相对较低。

TCD 是应用最多的气相色谱检测器之一。TCD 在检测过程中不破坏被检测的组分,有利于样品的收集,或与其他仪器联用。

(二)氢火焰离子化检测器(FID)

FID 也是气相色谱检测器中使用最广泛的检测器之一,是典型的破坏型、质量型检测器。

1.结构

图 3-27 所示为 FID 的实物与结构。

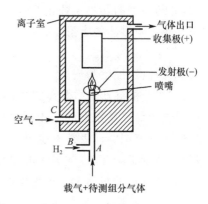

图 3-27 FID(左图为实物,右图为结构)

FID 由离子头、离子室组成,此外还必须有供气管线。离子室是一个不锈钢圆筒,它包括空气入口、载气和待测组分气体入口、气体出口等,顶部有不锈钢罩。它可以防止外界气流扰动火焰,避免灰尘进入离子头内,并可屏蔽外部电磁场的干扰。离子头位于离子室内,是 FID 的核心部件。它由石英(或不锈钢)喷嘴、圆环状的铂丝发射极(极化极)、圆筒状的不锈钢收集极以及点火器组成。收集极在发射极的上方,点火器在喷嘴附近,有时也用发射极兼作点火器。在收集极和发射极之间加一定的直流电压,以收集极作负极、发射极作正极,构成一外加电场。在离子室下部,被测组分被载气(一般用 N_2)携带,从色谱柱流出,与燃气(H_2)混合后通过喷嘴,再与空气混合后点火燃烧,形成氢火焰。

2.工作原理

当仅有载气从柱后流出,进入检测器时,虽然载气 N_2 本身不会被电离,但载气中的有机杂质和流失的固定液在氢火焰（2 100 ℃）中电离，生成正、负离子和电子。在电场作用下，正离子移向收集极（负极），负离子和电子移向发射极（正极），它们会在电路中形成微电流，经微电流放大器放大后，在记录仪上记录为一信号，称为基流。只要载气流速和柱温等条件不变，基流的大小也不会改变。实际过程中，总是希望基流越小越好。在电位器上加一个反向补偿电压，使流经输入电阻的基流降至"零"，这叫"基流补偿"。一般在进样前均要进行基流补偿，将记录器上的基线调至零。进样后，载气和分离后的组分一起从柱后流出，氢火焰中增加了组分被电离后产生的正、负离子和电子，从而使电路中收集极的微电流显著增大，此即该组分的信号。该信号的大小与进入火焰中组分的质量是成正比的，这便是 FID 的定量依据。

3.影响灵敏度的因素

（1）气体种类、流速和纯度

载气种类及其流速对正离子的形成和移动都有影响，进而影响 FID 的灵敏度。N_2、Ar、H_2、He 等均可作 FID 的载气。N_2、Ar 作载气时 FID 灵敏度高、线性范围宽。因 N_2 价格较 Ar 低，所以通常用 N_2 作载气。一般根据"既要分离效果好，又要分析时间短"两个要求来选择载气流速。

燃气的流速直接影响火焰的温度和稳定程度。适当加大氢气流速能大大提高分析灵敏度，但若流速太高，热噪声增大，易引起基线剧烈波动而无法正常分析；若流速太低，则火焰温度下降，灵敏度降低，甚至熄火。当用 N_2 作载气时，一般适宜的氮氢流量比是 1∶1～1∶1.5。在最佳氮氢比时，不但灵敏度高，而且稳定性好。

空气是氢火焰的助燃气。其中的氧还直接参与化学电离反应。同时，空气还有清扫燃烧产生的 CO_2、H_2O 等废气的作用。通常空气流速约为氢气流速的 10 倍。若空气流速过小，则供氧量不足，灵敏度很低；若流速过大，则易使火焰不稳，噪声增大。一般情况下空气流速在 300～500 mL/min。

必须保证载气、氢气和空气纯度足够。常量分析要求各种气体的纯度在 99.9％以上。但若做痕量分析，则要求三种气体的纯度都必须大于 99.999％，而且空气中总烃含量应小于 0.1 μL/L。若气体中含有微量有机杂质或机械杂质，则可能造成 FID 噪声、基线漂移、假峰，以及加快色谱柱流失，缩短柱寿命等。

（2）温度

在 FID 中，氢气燃烧产生大量水蒸气。若检测器温度低于 80 ℃，则水蒸气不能以蒸气状态从检测器排出冷凝成水，可使 FID 灵敏度下降，噪声增加。所以，为了确保检测器正常工作，要求 FID 检测器温度必须在 120 ℃以上。在 FID 中，汽化室温度变化时对其性能既无直接影响亦无间接影响，只要能保证试样汽化而不分解就行。

（3）极化电压

施加于发射极和收集极之间的电压标为极化电压。极化电压的大小会直接影响检测器的灵敏度。当极化电压很小时，灵敏度随之升高而迅速增大，但当电压超过 50 V 后，再继续升高极化电压，对离子化电流的增大没有明显的影响。正常操作时，所用极化电压一般为 150～300 V。

(4)电极形状和距离

有机物在氢火焰中的离子化效率很低,因此要求收集极必须具有足够大的表面积,这样可以收集更多的正离子,提高收集效率。收集极的形状多样,有网状、片状、圆筒状等。圆筒状收集极的采集效率最高。两极之间距离为 5~7 mm 时,往往可以获得较高的灵敏度。另外,喷嘴内径小、气体流速大有利于组分的电离,检测器灵敏度高。圆筒状收集极的内径一般为 0.2~0.6 mm。

4.优缺点及应用

FID 的优点是灵敏度高、检出限低、线性范围宽、噪声小、死体积小、结构简单、性能稳定。它既可以与填充柱联用,也可以直接与毛细管柱联用;对能在火焰中燃烧电离的有机化合物都有响应。其缺点是对那些在火焰中不能进行化学电离的无机化合物、稀有气体、永久性气体、水分等物质都不能产生响应。FID 被广泛应用于化工、轻工、食品、医药等领域,能进行各种样品中有机成分的常量、微量和痕量分析。

第五部分　数据处理系统

数据处理系统最基本的功能是将检测器输出的模拟信号随时间的变化曲线绘制出来,即将色谱图绘制出来。目前使用较多的是色谱数据处理机与色谱工作站。

第六部分　温度控制系统

温度控制是气相色谱分析中重要的操作条件之一,温度直接影响色谱柱的选择性、分离效能和检测器的灵敏度、稳定性。因此,要对色谱柱、汽化室与检测器进行严格的温度控制。因各部分要求的温度不同,所以需要三套不同的温控装置。温度控制系统的主要元件有铂电阻或热电偶等热敏元件、电子放大器、可控硅电热器等,柱箱中还有排风扇等。通常用温度计和测温毫伏计来显示温度的高低。

温度控制可分为恒温控制和程序升温控制。

恒温控制要求精度高,一般只允许有(±0.1~±0.3)℃的波动;温度梯度要小,控温室内各点的温度梯度不超过±0.5 ℃/cm;温度升、降速度要快,以利于快速分析;保温性能要好。

程序升温控制主要用于组分沸点范围很宽的混合物。所谓程序升温是指在一个分析周期内,柱温随时间由低温向高温线性或非线性地变化,使沸点不同的组分在最佳柱温下流出,改善了分离效果,缩短了分析时间。

子任务3　练习气相色谱仪的基本操作

一、仪器与试剂

(一)仪器

气相色谱仪,气体高压钢瓶（N_2、H_2）,空气压缩机,填充色谱柱（PEG-20M,2 m × φ3 mm,100~120 目）,色谱工作站,样品瓶,电子天平,微量注射器（1 μL）。

(二)试剂

异丁醇、仲丁醇、叔丁醇、正丁醇（均为 GC 级）。

二、操作步骤

(一)醇标样的配制

各取少量异丁醇、仲丁醇、叔丁醇、正丁醇(均为 GC 级)，用蒸馏水稀释至适当浓度，备用。

(二)混合醇样的配制

取一个干燥洁净的样品瓶，吸取 3 mL 蒸馏水，分别加入 100 μL 叔丁醇、仲丁醇、异丁醇与正丁醇(GC 级)，称其准确质量为 m_{S1}、m_{S2}、m_{S3}、m_{S4}。摇匀备用。

(三)气相色谱仪的开机及参数设置

1.逆时针打开载气(N$_2$)钢瓶总阀，顺时针调节减压阀至压力表显示输出压力为 0.4 MPa。

2.调节载气柱前压为 0.1 MPa，控制载气流量约为 30 mL/min。

3.打开气相色谱仪的电源开关。

注意: 打开仪器电源开关之前要求必须先打开载气并确保其通入色谱柱中，同理，必须关闭仪器电源开关与加热开关之后才能关闭载气钢瓶与减压阀。

4.设置柱箱温度 90 ℃、汽化室温度 160 ℃、氢火焰离子化检测器温度 140 ℃。

(四)氢火焰离子化检测器的基本操作

1.待柱温、汽化温度和检测温度达到设定值并稳定后，打开空气压缩机，调节输出压力为 0.4 MPa；打开氢气钢瓶，调节输出压力为 0.2 MPa。

2.调节空气合适柱前压，如 0.02 MPa，控制其流量约为 200 mL/min。

3.调节氢气合适柱前压，如 0.2 MPa，控制其流量约为 60 mL/min。

4.点燃氢火焰。

5.点着氢火焰后，缓缓将氢气压力降至 0.1 MPa，控制其流量约为 30 mL/min。

6.让气相色谱仪走基线，待基线稳定。

注意: 如果仪器安装的是热导检测器，则应当待柱温等到达设定值后，调节合适的桥电流(载气为 H$_2$，桥电流 150～270 mA；载气为 N$_2$，桥电流 100～150 mA)，然后等待基线稳定。

(五)试样分析

1.取两支 1 μL 微量注射器，以溶剂(如无水乙醇)将其清洗完毕后，备用。

2.打开色谱工作站，观察基线是否稳定。

3.基线稳定后，将其中一支微量注射器用任意一种醇标样润洗后，准确吸取 1 μL 该标样按规范进样，启动色谱工作站，绘制色谱图，完毕后停止数据采集。

4.按相同方法再分别测定其他三种醇标样，记录各主要色谱峰的出峰时间和峰面积。

5.将另一支微量注射器用混合醇样润洗后，准确吸取 1 μL 按规范进样，绘制色谱图，记录主要色谱峰的出峰时间和峰面积。

三、结束工作

1.实验完毕后先关闭氢气钢瓶总阀，待压力表回零后，关闭仪器上的氢气稳压阀。

2.关闭空气压缩机。

3.设置汽化室温度、柱温、检测室温度在室温左右。

4.待柱温达到设定值时关闭气相色谱仪主机电源开关。

5.关闭载气钢瓶总阀和减压阀（如果对应的是热导检测器，应当先关闭桥电流，再降低柱温等，然后关闭载气）。

6.关闭色谱工作站，关闭计算机。

7.清洗仪器，清理实验台。

  任务考核

考核评分参见表 3-3。

表 3-3　　　　　　　　　　　考核评分表

序号	作业项目	考核内容	配分	操作要求	考核记录	扣分	得分
一	标样和测试样的配制	分析天平、移液管等的使用	2	正确、规范			
二	开机和参数设置	气路系统的检漏	2	正确			
		开载气	1	正确			
		开主机	1	正确			
		调节载气柱前压和流量	2	正确、合适			
		使用皂膜流量计	2	正确			
		设置柱箱温度	2	正确、合适			
		设置汽化室温度	2	正确、合适			
		设置检测器温度	2	正确、合适			
		调节桥电流	2	正确、合适			
		开空压机	1	正确			
		调节空气柱前压和流量	2	正确、合适			
		开氢气阀	1	正确			
		调节氢气柱前压和流量	2	正确、合适			
		点火	1	正确			
三	测样	清洗微量注射器	2	正确、规范			
		开计算机，开色谱工作站	1	正确			
		设置测量参数	2	正确			
		设置分析方法	2	正确			
		润洗微量注射器	2	正确、规范			
		吸取样品	2	正确、规范			
		进样	2	正确、规范			
		采集谱图	2	正确			
		处理谱图	2	正确			

续表

序号	作业项目	考核内容	配分	操作要求	考核记录	扣分	得分
四	关机	关氢气阀	1	正确			
		关空压机	1	正确			
		关桥电流	1	正确			
		设置各温度在室温左右	1	正确			
		关主机	2	正确			
		关载气阀	1	正确			
		关色谱工作站,关计算机	1	正确			
五	数据处理和实训报告	气相色谱图	5	正确			
		结果精密度	15	合格			
		结果准确度	15	合格			
		报告	10	正确、完整、规范、及时			
六	文明操作,结束工作	物品摆放,仪器归位,结束工作	5	仪器拔电源,盖防尘罩;台面无水迹或少水迹;废纸不乱扔,废液不乱倒;结束工作完成良好			
七	总分						

【技能训练测试题】

一、简答题

1.试说明气相色谱仪的基本构造及工作流程。

2.简述气路检漏的两种常用的方法。

3.试说明热导检测器的工作原理。

二、选择题

1.装在高压钢瓶的出口,用来将高压气体调节到较小压力的是（   ）。

A.减压阀　　　　　　B.稳压阀　　　　　　C.针形阀　　　　　　D.稳流阀

2.既可用来调节载气流量,也可用来控制燃气和空气流量的是（   ）。

A.减压阀　　　　　　B.稳压阀　　　　　　C.针形阀　　　　　　D.稳流阀

3.在毛细管色谱中,应用范围最广的柱是（   ）。

A.玻璃柱　　　　　　B.石英玻璃柱　　　　　　C.不锈钢柱　　　　　　D.聚四氟乙烯管柱

4.评价气相色谱检测仪性能好坏的指标有（   ）。

A.基线噪声与漂移　　　　　　　　　　B.灵敏度与检测限

C.检测器的线性范围　　　　　　　　　D.检测器体积的大小

5.下列气相色谱检测器中,属于浓度敏感型检测器的有（   ）。

A.热导检测器　　　　　　　　　　　　B.氢火焰离子化检测器

C.电子俘获检测器　　　　　　　　　　D.火焰光度检测器

6.影响热导检测器灵敏度的最主要因素是（   ）。

A.载气的性质　　　　　　B.热敏元件的电阻值　　　　　　C.热导池的结构

D.热导池池体的温度　　E.桥电流

7.使用热导检测器时,为使检测器有较高的灵敏度,应选用的载气是(　　)。

A.N_2　　　　　　　　B.H_2　　　　　　　　C.Ar　　　　　　　　D.N_2 与 H_2 混合气

8.所谓检测器的线性范围是指(　　)。

A.检测曲线呈直线部分的范围

B.检测器响应呈线性时,最大和最小进样量之比

C.检测器响应呈线性时,最大和最小进样量之差

D.最大允许进样量与最小检测量之比

任务3　PVC产品残留氯乙烯单体含量的测定

见项目三(PVC 产品残留氯乙烯单体含量的测定)的项目分析。

本标准方法是用液上气相色谱法测定聚氯乙烯(PVC)树脂中残留氯乙烯单体 (RVCM)含量的方法。适用于氯乙烯(VC)均聚物、共聚物树脂及其制品中残留氯乙烯单 体的测定。本方法检出范围为 0.1 mg/kg～0.3 mg/kg。

【学习目标】

1.知识目标

(1)熟练掌握定性依据和定性方法(纯物质对照、文献值对照和联机定性等)。

(2)熟练掌握定量分析方法(归一化法、内标法、标准加入法)。

2.能力目标

(1)能根据国家标准分析 PVC 产品残留氯乙烯单体的含量并判断是否合格。

(2)能根据相关标准方法,利用气相色谱仪,利用不同的定性、定量方法分析化工产品。

3.素质目标

(1)具有独立工作能力。

(2)具有团结协作能力。

(3)具有灵活运用所学知识解决实际问题的能力。

(4)具有安全操作意识和意外事故处理能力。

子任务1　认识常用的气相色谱定性定量方法

一、定性方法

用气相色谱法进行定性分析,就是确定每个色谱峰各代表何种物质。在色谱条件一 定时,每种物质都有确定的保留值或确定的色谱数据,并且不受其他组分的影响。因此, 在相同色谱条件下,通过比较已知物和未知物的保留值,就可确定未知物是何种物质。但

在同一色谱条件下,不同物质也可能具有相似或相同的保留值,即保留值并非是专属的。因此对于一个完全未知的混合样品单靠色谱法定性比较困难,还需与质谱或其他光谱法联用,才能准确地判断某些组分是否存在。

(一)用已知物对照进行定性

当有待测组分的纯样品时,用对照法进行定性极为简单。

1.单柱比较法

将未知物和已知纯样用同一根色谱柱,在相同的色谱操作条件下进行分析,绘制出色谱图,然后比较其保留时间或保留体积,或比较换算为以某一物质为基准的相对保留值。当两者的保留值相同时,即可认为试样中有纯样组分存在。

两个相同的物质在相同的色谱条件下应该具有相同的保留值,但相反的结论却不成立,即在相同的色谱条件下,具有相同保留值的两个物质却不一定是同一物质。

图 3-28 中,将未知试样与已知标准物质在同样的色谱条件下得到的色谱图进行比较。可以推测未知样品中峰 2 可能是甲醇,峰 3 可能是乙醇,峰 4 可能是正丙醇,峰 7 可能是正丁醇,峰 9 可能是正戊醇。但这个结论并不准确可靠。

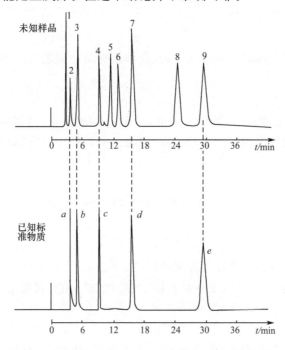

图 3-28 用已知标准物质与未知样品对照比较进行定性分析

1~9—未知样品的色谱峰;a—甲醇峰;b—乙醇峰;

c—正丙醇峰;d—正丁醇峰;e—正戊醇峰

2.双柱比较法

若要得到更为准确、可靠的结论,可采用双柱比较法。双柱比较法是在两个极性完全不同的色谱柱上,按照单柱定性的方法,测定纯样和待测组分在每一根柱上的保留值。如果都相同,则可比较准确地判断试样中有与此纯样相同的物质存在。双柱比较法比单柱比较法更可靠,因为有些不同的化合物会在某一固定液上表现出相同的色谱性质。

3.峰高加入法

峰高加入法是将已知纯样加入待测组分后再进行一次分析,然后与原来待测组分的色谱图进行比较,若前者的色谱峰增高,则可认为加入的已知纯物与试样中的某一组分为同一化合物。应该指出,当进样量很低时,如果峰不重合,峰中出现转折,或者半峰宽变宽,则一般可以认为试样中不含有与所加已知纯物相同的化合物。

(二)用经验规律和文献值进行定性

当没有待测组分的纯样时,一般可以用文献值进行定性或者用气相色谱中的经验规律定性。

1.经验规律

(1)碳数规律

在一定温度下,同系物的调整保留时间的对数与分子中的碳数呈线性关系。

$$\lg t'_R = A_1 n + C_1$$

式中,A_1 和 C_1 是常数,$n(n \geqslant 3)$ 为分子中的碳原子数。该式说明,如果知道两种或更多同系物的调整保留时间,则可求出常数 A_1 和 C_1。从色谱图查出未知物的 t'_R 后,根据该式即可求出未知物的碳数。

(2)沸点规律

同族具有相同碳数链的异构体化合物,其调整保留时间的对数和它们的沸点呈线性关系。

$$\lg t'_R = A_2 T_b + C_2$$

式中,A_2 和 C_2 是常数,T_b 为组分的沸点(K)。由此可见,根据同族同碳数链异构体中几个已知组分的调整保留时间的对数值,就能求得同族中具有相同碳数的其他异构体的调整保留时间。

2.相对保留值

在相同色谱条件下,组分与参比组分的调整保留值之比即相对保留值。

$$r_{21} = \frac{t'_{R2}}{t'_{R1}} = \frac{V'_{R2}}{V'_{R1}}$$

相对保留值只受柱温和固定相性质的影响,而柱长、固定相的填充情况和载气流速均不影响相对保留值的大小,所以在柱温和固定相一定时,相对保留值为一定值,可以用它来定性。

3.保留指数

保留指数又称科瓦茨指数,用 I 表示。它规定:正构烷烃的保留指数为其碳数乘以 100。如正己烷和正辛烷的保留指数分别是 600 和 800。至于其他物质的保留指数,则可以正构烷烃为参比物进行测定。测定时,将碳数为 n 和 $n+1$ 的正构烷烃加于试样 X 中进行分析。若测得它们的调整保留时间分别为 $t'_{R(n)}$、$t'_{R(n+1)}$、$t'_{R(x)}$,且 $t'_{R(n)} < t'_{R(x)} < t'_{R(n+1)}$ 时,则组分 X 的保留指数为

$$I_x = 100 \times \left[n + \frac{\lg t'_{R(x)} - \lg t'_{R(n)}}{\lg t'_{R(n+1)} - \lg t'_{R(n)}} \right]$$

同系物组分的保留指数之差一般应为 100 的整数倍。一般来说,除正构烷烃外,其他

物质保留指数的 1/100 并不等于该化合物的含碳数。

（三）联机定性

色谱法具有很高的分离效能，但它不能对已分离的每一组分进行直接定性。利用上述方法定性，若无对应标准物质就无法进行，而且很多物质保留值十分接近，甚至相同，因此定性结果的准确性是很难保证的。

通常称为"四大谱"的质谱法、红外吸收光谱法、紫外吸收光谱法和核磁共振波谱法对于单一组分（纯物质）有机化合物具有很强的定性能力。将色谱分析与这些方法相应的仪器联用，能很好地解决组成复杂的混合物的定性分析问题。

二、定量方法

气相色谱法定量分析的依据是当操作条件一定时，所测组分的质量（或浓度）与它在检测器中产生的响应信号（峰高或峰面积）成正比，即

$$m_i = f_i A_i \qquad \text{或} \qquad c_i = f_{i(h)} h_i$$

其中 m_i 为组分的质量，c_i 为组分的浓度，f_i 或 $f_{i(h)}$ 为组分的校正因子，A_i 为组分 i 的峰面积，h_i 为组分 i 的峰高。

由上述两公式可知，要对组分定量，首先要准确测定峰面积 A_i 或峰高 h_i，并准确求出校正因子 f_i、$f_{i(h)}$。

一般来说，对浓度型检测器（如 TCD），常用峰高定量；对质量型检测器（如 FID），常用峰面积定量。

（一）响应信号的测量

色谱峰的峰高是指其峰顶与基线之间的距离，测量比较简单，特别是较窄的色谱峰测量更简单。

测量峰面积的方法分为手工测量和自动测量两大类。目前气相色谱仪一般都装有数据处理机或配备化学工作站系统，其峰面积由数据处理机或化学工作站自动计算。峰面积的大小不易受操作条件如柱温、流动相的流速、进样速度等的影响，比峰高更适于作为定量分析的参数。

（二）校正因子

相同量的不同物质在同一检测器上产生的响应信号（峰高、峰面积）是不同的，而相同量的同一物质在不同检测器上产生的响应信号也不同，这是由物质的物理化学性质的差异或检测器性能差异的影响造成的。因此，混合物中某物质的含量并不等于该物质的峰面积占总峰面积的百分率。为了解决这一问题，一般选用某一物质作为标准，用校正因子把其他物质的峰面积校正成相当于这个标准物质的峰面积，然后用这种经过校正后的峰面积来计算物质的含量。

校正因子分为绝对校正因子和相对校正因子。

1.绝对校正因子

绝对校正因子表示单位峰面积或单位峰高所代表的组分的量。

$$f_i = \frac{m_i}{A_i} \qquad \text{或} \qquad f_{i(h)} = \frac{m_i}{h_i}$$

m_i 的单位用质量、物质的量或体积表示时,相应的校正因子分别称为质量校正因子(f_m)、摩尔校正因子(f_M)和体积校正因子(f_V)。

要准确测量出进入检测器的组分的量 m_i 和峰面积 A_i(或峰高 h_i),并严格控制色谱操作条件来精确求出绝对校正因子是比较困难的,故其应用受到限制。在实际定量分析中,常采用相对校正因子。

2.相对校正因子

相对校正因子是指组分 i 与另一标准物 S 的绝对校正因子之比,用 f'_i 或 $f'_{i(h)}$ 表示。

$$f'_i = \frac{f_i}{f_S} = \frac{m_i \cdot A_S}{m_S \cdot A_i} \qquad 或 \qquad f'_{i(h)} = \frac{f_i}{f_S} = \frac{m_i \cdot h_S}{m_S \cdot h_i}$$

上述校正因子组分的量均是以质量表示的,因此其相对校正因子称为相对质量校正因子,一般用 f'_m 或 $f'_{m(h)}$ 表示。也可用同样的方法求出相对摩尔校正因子或相对体积校正因子,但应用最广泛的还是相对质量校正因子。

常用的基准物质对不同检测器是不同的,热导检测器常用苯作基准物质,氢火焰离子化检测器常用正庚烷作基准物质。

由于绝对校正因子很少采用,因此,一般文献上提到的校正因子,就是相对校正因子,相对校正因子只与检测器类型有关,而与色谱操作条件、柱温、载气流速和固定液的性质等无关。表 3-4 列出了一些化合物的相对校正因子。

表 3-4　　　　　　　　　　　　　　一些化合物的相对校正因子

化合物	沸点/℃	相对分子质量	热导池检测器		氢火焰离子化检测器
			f_M	f_m	f_m
甲烷	−162	16	2.80	0.45	1.03
乙烷	−89	30	1.96	0.59	1.03
丙烷	−42	44	1.55	0.68	1.02
丁烷	−0.5	58	1.18	0.68	0.91
乙烯	−104	28	2.08	0.59	0.98
丙烯	−48	42	1.55	0.63	—
乙炔	−84	26	—	—	0.94
苯	80	78	1.00	0.78	0.89
甲苯	111	92	0.86	0.79	0.94
环己烷	81	84	0.88	0.74	0.99
甲醇	65	32	1.82	0.58	4.35
乙醇	78	46	1.39	0.64	2.18
丙酮	57	58	1.16	0.68	2.04
乙醛	21	44	1.54	0.68	—
乙醚	35	74	0.91	0.67	—
甲酸	101	46	—	—	1.00
乙酸	118	60	—	—	4.17

（续表）

化合物	沸点/℃	相对分子质量	热导池检测器		氢火焰离子化检测器
			f_M	f_m	f_m
乙酸乙酯	77	88	0.9	0.79	2.64
氯仿	61	119	0.93	1.10	—
吡啶	115	79	1.0	0.79	—
氨	−33	17	2.38	0.42	—
氮	−196	28	2.38	0.67	—
氧	−183	32	2.5	0.80	—
CO_2	−79	44	2.08	0.92	—
CCl_4	77	154	0.93	1.43	—
水	100	18	3.03	0.55	—

如果某些物质的校正因子查不到，需要自己测定，其方法是：准确称取色谱纯（或已知准确含量）的被测组分和基准物质，配制成已知准确浓度的样品，在一定的色谱实验条件下，取一定体积的样品进样，准确测量所测组分和基准物质的色谱峰的峰面积，根据计算公式就可以计算出该组分的相对校正因子。

3.相对响应值 S_i'

相对响应值是物质 i 与标准物质 S 的响应值（灵敏度）之比，单位相同时，与相对校正因子互为倒数，即

$$S_i' = 1/f_i' 。$$

f_i' 和 S_i' 只与试样、标准物质以及检测器类型有关，而与操作条件和柱温、载气流速、固定液性质等无关，是一个能通用的参数。

（三）定量具体方法

用于气相色谱分析法中的定量方法主要有归一化法、标准加入法与内标法。

1.归一化法

（1）定义

归一化法就是以样品中被测组分经校正过的峰面积（或峰高）占样品中各组分经校正过的峰面积（或峰高）的总和的比例来表示样品中各组分含量的定量方法。

（2）条件

只有当试样中所有组分经过色谱分离后均能产生可以测量的色谱峰时才能用归一化法定量。

（3）计算公式

设试样中有 n 个组分，各组分的质量分别为 $m_1, m_2, \cdots, m_n$，在一定条件下测得各组分峰面积分别为 $A_1, A_2, \cdots, A_n$，各组分峰高分别为 $h_1, h_2, \cdots, h_n$，则组分 i 的质量分数 ω_i 为

$$\omega_i = \frac{m_i}{m} = \frac{m_i}{m_1 + m_2 + \cdots + m_n} \times 100\%$$

$$= \frac{f'_i A_i}{f'_1 A_1 + f'_2 A_2 + \cdots + f'_n A_n} \times 100\% = \frac{f'_i A_i}{\sum f'_i A_i} \times 100\%$$

或 $\omega_i = \dfrac{m_i}{m} = \dfrac{m_i}{m_1 + m_2 + \cdots + m_n} \times 100\%$

$$= \frac{f'_{i(h)} h_i}{f'_{1(h)} h_1 + f'_{2(h)} h_2 + \cdots + f'_{n(h)} h_n} \times 100\% = \frac{f'_{i(h)} h_i}{\sum f'_{i(h)} h_i} \times 100\%$$

式中 $f'_{i(h)}$ 为组分 i 的相对峰高校正因子。

（4）特点

归一化法的优点是简便、精确，进样量的多少与测定结果无关，操作条件（如流速、柱温）的变化对定量结果的影响较小。缺点是校正因子的测定较为麻烦。

若试样中各组分的相对校正因子很接近（如同分异构体或同系物），则可直接用峰面积归一化法进行定量，即上述公式可简化为 $\omega_i = A_i / \sum A_i$。此外，采用色谱数据处理机或色谱工作站处理数据时，往往采用峰面积直接归一化法进行定量；对工厂出厂的产品，其主成分含量大于 99% 的，也直接使用简化的归一化法计算公式进行计算。该法不适于痕量分析。

2.标准加入法

（1）定义

标准加入法是将待测组分的纯物质加入待测样品中，然后在相同的色谱条件下，分别测定加入待测组分纯物质前后待测组分的峰面积（或峰高），从而计算待测组分在样品中的含量的方法。

（2）计算公式

$$\omega_i = \frac{m_s}{m\left(\dfrac{A_{i+s}}{A_i} - 1\right)} \times 100\% \qquad 或 \qquad \omega_i = \frac{m_s}{m\left(\dfrac{h_{i+s}}{h_i} - 1\right)} \times 100\%$$

式中　m——试样的质量，g；

　　　m_s——标准物质的质量，g；

　　　A_{i+s}——加入标准物质后待测组分的峰面积；

　　　h_{i+s}——加入标准物质后待测组分的峰高；

　　　A_i——试样中待测组分的峰面积；

　　　h_i——试样中待测组分的峰高。

（3）特点

优点是用待测组分的纯物质作标准物质，操作简单。若在样品的预处理之前就加入已知准确量的待测组分，则可以完全补偿待测组分在预处理过程中的损失。

缺点是进样量要求十分准确，加入待测组分前后色谱操作条件要求完全相同。

3.内标法

（1）定义

内标法就是将一定量选定的标准物（称内标物 S）加入一定量试样中，混合均匀后，在一定操作条件下注入色谱仪进行分析,出峰后分别测量组分 i 和内标物 S 的峰面积(或峰高),按一定的计算公式计算组分 i 的含量。

（2）条件

若试样中所有组分不能全部出峰,或只要求测定试样中某个或某几个组分的含量时,可以采用内标法进行定量。

（3）计算公式

①通用公式

$$\omega_i = \frac{m_i}{m_{\text{试样}}} \times 100\% = \frac{m_S \dfrac{f'_i A_i}{f'_S A_S}}{m_{\text{试样}}} \times 100\% = \frac{m_S}{m_{\text{试样}}} \frac{A_i}{A_S} \frac{f'_i}{f'_S} \times 100\%$$

式中 f'_i、f'_S 分别为组分 i 和内标物 S 的相对质量校正因子；A_i、A_S 分别为组分 i 和内标物 S 的峰面积。也可以用峰高代替峰面积,即

$$\omega_i = \frac{m_S f'_{i(h)} h_i}{m_{\text{试样}} f'_{S(h)} h_S} \times 100\%$$

式中 $f'_{i(h)}$、$f'_{S(h)}$ 分别为组分 i 和内标物 S 的相对峰高校正因子。

②简化公式

内标法中,常以内标物为基准,即 $f'_S = 1.0$,则上式可改写为

$$\omega_i = f'_i \frac{m_S A_i}{m_{\text{试样}} A_S} \times 100\% \qquad 或 \qquad \omega_i = f'_{i(h)} \frac{m_S h_i}{m_{\text{试样}} h_S} \times 100\%$$

（4）内标物的选择

内标物的选择是非常重要的,它直接影响结果的准确性。一般来说,内标物必须符合以下原则：

①内标物是样品中不存在的纯物质。

②内标物很容易获取。

③内标物的化学性质与样品中被测组分相似并能与样品互溶,但不与样品发生化学反应。

④内标物峰位于被测组分峰附近并与组分峰完全分离。

⑤内标物浓度应恰当,其峰面积与待测组分相差不大。

（5）特点

内标法的优点是：定量准确度高,不需准确进样,可避免定量进样带来的某些不确定因素。

内标法的缺点是：必须在所有样品中加入内标物,选择合适的内标物比较困难,每次分析都要准确称取样品和内标物,还必须求出待测组分的相对校正因子,故不利于快速分析。

子任务 2　定量分析练习——丁醇异构体混合物归一化法定量

一、仪器与试剂

(一)仪器

气相色谱仪、色谱工作站、色谱柱(邻苯二甲酸二壬酯固定液制备的 DNP 柱)、氢气

钢瓶、试剂瓶、1 μL 微量注射器。

（二）试剂

异丁醇（A.R.）、仲丁醇（A.R.）、叔丁醇（A.R.）、正丁醇（A.R.）。

标准醇样：各取少量异丁醇、仲丁醇、叔丁醇、正丁醇，用蒸馏水稀释至适当浓度。

混合醇样：称取 0.5 g 正丁醇、0.6 g 仲丁醇、0.5 g 异丁醇、0.5 g 叔丁醇（精确至 0.001 g）于小样品瓶中，混合均匀，备用。

二、操作步骤

（一）气相色谱仪的开机及参数设置

1.逆时针打开载气（H_2）钢瓶总阀，顺时针调节减压阀。调节载气流量为 20～30 mL/min。

2.打开气相色谱仪的电源开关。

3.设置柱箱温度 75 ℃、汽化室温度 160 ℃、热导检测器温度 80 ℃、桥电流 150 mA、衰减比 1∶1。

4.打开计算机，打开色谱工作站。

（二）混合醇样的分析

1.待仪器电路和气路系统达到平衡，基线稳定后，用清洗并润洗过的微量注射器，各吸取四种标准醇样 1 μL 进样，绘制色谱图，完毕后停止数据采集，记录其保留时间。

2.用清洗并润洗过的微量注射器，吸取混合试样 0.6 μL 进样，绘制色谱图，完毕后停止数据采集，记录保留时间和峰面积等数据。确定混合醇样中各个峰所代表的物质。

三、结束工作

1.实验结束后，关闭桥电流。

2.设置汽化室温度、柱温、检测室温度在室温左右。

3.待柱温降至室温后关闭主机电源，关闭色谱工作站，关闭计算机。

4.关闭载气（H_2）钢瓶总阀。

5.清洗仪器，清理实验台。

四、数据处理

按归一化法定量的计算公式计算各组分的质量分数，其中：

f'_m（叔丁醇）=0.98；f'_m（仲丁醇）=0.97；f'_m（异丁醇）=0.98；f'_m（正丁醇）=1.00。

子任务 3　气相色谱法测 PVC 产品中残留氯乙烯单体的含量
（GB/T 4615—2013）

一、原理

将聚氯乙烯试样溶解、溶胀于 N,N′-二甲基乙酰胺溶液中，采用顶空气相色谱法测定试样中氯乙烯含量。

二、仪器

一般实验室仪器及下述仪器：

1.气相色谱仪（GC）。

2.氢火焰离子化检测器（FID）。

3.气相色谱柱。所用的色谱柱应能使试剂中的杂质与氯乙烯完全分开，0.01 mg/L 的氯乙烯溶液所获得的信号至少应是基线噪声的 3 倍。适宜的色谱柱样例参照表 3-5，也可选择其他同等效果的色谱柱。

表 3-5   适宜的色谱柱

柱	长度/m	直径/mm	柱的类型	柱温/℃
1	2.00~3.00	3.00~4.00	填充柱（β,β'-氧二丙腈—硅油Ⅲ）	50
2	30.00	0.53	多孔层空心柱（二乙烯基苯多孔均聚物）	150

使用柱 1 时色谱仪操作条件：色谱柱，(50±0.5)℃；检测室，(120±1)℃；汽化室，(110±1)℃；氮气，30 mL/min；氢气，50 mL/min；空气，350~400 mL/min。

4.数据处理系统，用于采集数据及处理气相色谱信号。

5.恒温器，可控制在(70±1)℃。

6.玻璃瓶，容积 30 mL，具硅橡胶隔垫及金属螺旋密封帽。

7.玻璃管形瓶，常用的容积为(22.5±0.5)mL，具硅橡胶隔垫及金属螺旋密封帽。

8.玻璃吸管，容积 25 mL 和 10 mL。

9.微量注射器，容积 100 μL 和 500 μL 或其他适宜的体积。

10.玻璃气密注射器，容积 10 mL 或其他适宜的体积。

11.天平，精确至 0.1 mg。

12.天平，精确至 0.01 g。

三、试剂和材料

所用试剂均为分析纯试剂。

1.氯乙烯，纯度＞99.5%。氯乙烯气体钢瓶应具有注射器接头。

注意：氯乙烯是一种有害物质，常温下是气体。制备其溶液时宜在通风厨中进行。

2.N,N'-二甲基乙酰胺，密度为 0.937 g/mL，测试条件下不应含有与氯乙烯的色谱保留时间相同的任何杂质。

注意：N,N'-二甲基乙酰胺是有害物质。

3.检测器气体和载气，应使用高纯气体以满足色谱分析的需要。

四、试样制取及储存

所取试样应具有代表性。氯乙烯具有挥发性，储存的树脂样品中可能存在浓度梯度。可在取样前将样品冷却，但应避免湿气冷凝。制备试样时应尽可能地快速进行，以使残留单体的损失最小。样品于实验室间交换或储存时，应完全充满于玻璃瓶或管型瓶中并密封。

五、步骤

(一)氯乙烯标准溶液的配制

1.氯乙烯标准溶液,氯乙烯浓度约 1 600 mg/L

用玻璃吸管向 30 mL 玻璃瓶中加入 25 mL N,N′-二甲基乙酰胺,以硅橡胶隔垫密封并压帽,称重,精确至 0.1 mg。用经预冲洗的气密注射器经隔垫向 N,N′-二甲基乙酰胺中注射适量的氯乙烯气体。注射时应保持注射器针头末端在液面以下,定义此溶液为溶液 A。

以另一只 30 mL 玻璃瓶重复上述过程,所得溶液定义为溶液 B。

将溶液 A 和溶液 B 置于室温下 2 h,使氯乙烯被完全吸收。再次称重玻璃瓶,精确至 0.1 mg,计算加入的氯乙烯单体的质量。依据钢瓶压力,每个标准溶液中氯乙烯的质量约为 40 mg。通过计算得到溶液 A 和溶液 B 中氯乙烯的浓度,以 mg/L 表示。可将上述溶液保存于冰箱中。

2.氯乙烯标准溶液,氯乙烯的浓度约 32 mg/L

用玻璃吸管向 30 mL 玻璃瓶中加入 25 mL N,N′-二甲基乙酰胺,以硅橡胶隔垫密封并压帽。以适宜的注射器移取 500 μL 的溶液 A 经隔垫注入瓶中,所得的标准溶液定义为溶液 C。

以溶液 B 重复上述过程,所得的标准溶液定义为溶液 D。

计算溶液 C 和溶液 D 中氯乙烯的浓度,以 mg/L 表示。

3.氯乙烯标准溶液,氯乙烯浓度为 0~0.3 mg/L

取 7 只玻璃管形瓶,用玻璃吸管向其中各加入 10 mL N,N′-二甲基乙酰胺,以 100 μL 的注射器分别移取 0 μL,20 μL,40 μL,50 μL,60 μL,80 μL 和 100 μL 的溶液 C 至各管形瓶中,以硅橡胶隔垫密封并压帽。

另取两只玻璃管形瓶加入 10 mL N,N′-二甲基乙酰胺,向其中各加入 20 μL 的溶液 D,所得氯乙烯标准溶液的浓度约为 0.06 mg/L,以硅橡胶隔垫密封并压帽。此两标准溶液定义为比对溶液。

4.校准工作曲线的制备

绘制上述七个氯乙烯标准溶液中氯乙烯含量与对应的峰面积间的曲线图,氯乙烯含量以 mg/L 表示。以两比对溶液验证标准曲线的准确性。

注:标准曲线应定期进行核验。

(二)试样溶液的制备

称取 1 g 样品(复合材料切割成细小碎片),精确至 0.01 g,置于玻璃管形瓶中,加入 10 mL N,N′-二甲基乙酰胺,使试样溶解/溶胀,以硅橡胶隔垫密封并压帽。

(三)测定

将装有氯乙烯标准溶液和试样溶液的管形瓶置于恒温器中,于 70 ℃下恒温 30 min 以上。采用自动进样装置或手动采用气密注射器迅速取出 1 mL 液上气体,进样分析。

六、结果表示

试样中残留氯乙烯的含量按下式计算

$$c_{\mathrm{RVCM}} = \frac{c \cdot 10}{m}$$

式中　c_{RVCM}——试样中残留氯乙烯含量的数值，单位为毫克每千克(mg/kg)；

　　　c——由校准曲线计算的测试溶液中氯乙烯含量的数值，单位为毫克每升(mg/L)；

　　　m——试样质量的数值，单位为克(g)。

　　每一试样进行两次测定，以两次测定值的算术平均值为测试结果。

任务考核

考核评分参见表 3-6。

表 3-6 　　　　　　　　　　　　　　　　考核评分表

序号	作业项目	考核内容	配分	操作要求	考核记录	扣分	得分
一	标样和测试样的配制	分析天平、移液管等的使用	2	正确、规范			
二	开机和参数设置	气路系统的检漏	2	正确			
		开载气	1	正确			
		开主机	1	正确			
		调节载气柱前压和流量	2	正确、合适			
		使用皂膜流量计	2	正确			
		设置柱箱温度	2	正确、合适			
		设置汽化室温度	2	正确、合适			
		设置检测器温度	2	正确、合适			
		调节桥电流	2	正确、合适			
		开空压机	1	正确			
		调节空气柱前压和流量	2	正确、合适			
		开氢气	1	正确			
		调节氢气柱前压和流量	2	正确、合适			
		点火	1	正确			
三	测样	清洗微量注射器	2	正确规范			
		打开计算机，打开色谱工作站	1	正确			
		设置测量参数	2	正确			
		设置分析方法	2	正确			
		润洗微量注射器	2	正确规范			
		吸取样品	2	正确规范			
		进样	2	正确规范			
		采集谱图	2	正确			
		处理谱图	2	正确			

（续表）

序号	作业项目	考核内容	配分	操作要求	考核记录	扣分	得分
四	关机	关氢气	1	正确			
		关空压机	1	正确			
		关桥电流	1	正确			
		设置各温度在室温附近	1	正确			
		关主机	2	正确			
		关载气	1	正确			
		关色谱工作站,关计算机	1	正确			
五	数据处理和实训报告	气相色谱图	5	正确			
		结果精密度	15	合格			
		结果准确度	15	合格			
		报告	10	正确、完整、规范、及时			
六	文明操作,结束工作	物品摆放,仪器归位,结束工作	5	仪器拔电源,盖防尘罩;台面无水迹或少水迹;废纸不乱扔,废液不乱倒;结束工作完成良好			
七	总分						

【技能训练测试题】

一、选择题

1.气相色谱的定性参数有（　　）。

A.保留值　　　　　B.相对保留值　　　　　C.保留指数　　　　　D.峰高或峰面积

2.气相色谱的定量参数有（　　）。

A.保留值　　　　　B.相对保留值　　　　　C.保留指数　　　　　D.峰高或峰面积

3.如果样品比较复杂,相邻两峰间距离太近或操作条件不易控制稳定,要准确测量保留值有一定困难,可（　　）。

A.采用相对保留值进行定性　　　　　　　　B.加入已知物以增加峰高的办法进行定性

C.采用文献保留值数据进行定性　　　　　　D.利用选择性检测器进行定性

4.在法庭上,涉及审定一个非法的药品,实验表明,该非法药品经气相色谱分析测得的保留时间在相同条件下刚好与已知非法药品的保留时间相一致。辩护证明:有几个无毒的化合物与该非法药品具有相同的保留值。你认为用下列哪个检定方法为好?（　　）

A.利用相对保留值进行定性

B.用加入已知物以增加峰高的办法进行定性

C.利用文献保留值数据进行定性

D.用保留值的双柱法进行定性

5.用色谱法定量分析时要求混合物中每个组分都需要出峰的方法是（　　）。

A.外标法　　　　　B.内标法　　　　　C.归一化法　　　　　D.标准加入法

二、简答题

1.选择内标物的条件是什么？

2.总结 PVC 中残留氯乙烯单体含量的测定中气相色谱分析的条件。

三、计算题

1.试样混合液中仅含有甲醇、乙醇和正丁醇,测得峰高分别为 8.90 cm、6.20 cm 和 7.40 cm,已知 $f_{i(h)}$ 分别为 0.60、1.00 和 1.37,求各组分的质量分数。

2.苯甲酸工业粗产品纯度的测定:称取工业品苯甲酸 150 mg,溶于甲醇,加入内标物正庚烷 50 mg,进样后测得苯甲酸的峰面积为 176 mm², 正庚烷峰面积 53 mm²,用正庚烷做标准测定苯甲酸的相对校正因子 $f_{S(A)}$ 为 0.85,试计算苯甲酸的含量为多少。

任务 4　色谱分离条件的选择

从事气相色谱分析的质检人员会发现,尽管可以依据各种标准方法进行样品分析,但由于样品的情况复杂多样,仪器情况也不尽相同,按照标准方法提供的色谱分析条件分离样品,并不总能得到满意的分析结果。因此质检人员应熟悉气相色谱操作条件的选择,能针对具体样品选择最佳操作条件,以获得最佳的分离效果。

【学习目标】

1.知识目标

熟悉气相色谱操作条件的选择(固体吸附剂、固定液的要求、分类及选择;柱温的选择;汽化室、检测器温度的选择;进样量的选择;进样技术的掌握等)。

2.能力目标

(1)能熟练操作气相色谱仪。

(2)会针对具体样品进行气相色谱操作条件的选择。

3.素质目标

(1)具有运用所学知识解决实际问题的能力。

(2)具有创新精神。

子任务 1　熟悉色谱分离条件的选择原则

在固定相确定后,对于一项分析任务,主要以在较短时间内实现试样中难分离的相邻两组分的定量分离为目标来选择分离操作条件。两个组分怎样才算达到完全分离？前面已提到,首先是两组分的色谱峰之间的距离必须相差足够大,若两峰间仅有一定距离,而每一个峰又很宽,致使彼此重叠,则两组分仍无法完全分离;第二是峰必须窄。只有同时满足这两个条件,两组分才能完全分离。影响相邻两峰完全分离的因素很多,比如载气种类、流速、色谱柱选择、柱温、汽化温度、柱长、柱内径、进样时间和进样量等分离条件的选择。

一、载气及其流速选择

(一)载气种类的选择

(1)考虑检测器:若使用热导检测器,选用 H_2 或 He 作载气能提高灵敏度;若使用氢火焰离子化检测器,最好选用 N_2 作载气。

(2)考虑有利于提高柱效能和分析速度:根据范第姆特方程式,当 u 较小时,纵向扩散为影响色谱柱塔板高度的主要因素,为了降低纵向扩散,可选择分子量较大的载气(N_2,Ar);当 u 较大时,选择分子量较小的载气(H_2,He),有利于降低气相传质阻力,尤其在低固定液配比时,气相传质阻力对塔板高度的影响较大。

(二)载气流速的选择

由速率理论方程可知:涡流扩散项与载气流速无关,分子扩散项与载气流速成反比,传质阻力项与载气流速成正比。必然有一最佳流速使塔板高度 H 最小,柱效能最高。最佳流速一般通过实验选择,其方法是:选择好色谱柱和柱温后,固定其他实验条件,依次改变载气流速,将一定量待测组分纯物质注入色谱仪。出峰后,分别测出在不同载气流速下,该组分的保留时间和峰底宽。

利用公式计算出不同流速下的有效理论塔板数 n_{eff} 值

$$n_{eff} = \frac{L}{H_{eff}} = 5.54 \left(\frac{t'_R}{W_{1/2}}\right)^2 = 16 \left(\frac{t'_R}{W_b}\right)^2$$

然后,由 $H = L/n$ 求出相应的有效塔板高度。

气相色谱仪速率理论方程为:

$$H = A + B/u + Cu + Du$$

式中:H——理论塔板高度;

A——涡流扩散项;

B/u——分子扩散项;

Cu——为传质阻力项;

Du——色谱柱几何尺寸项。

以载气流速 u 为横坐标,塔板高度 H 为纵坐标,绘制出 H-u 曲线。

图 3-29 中曲线最低点处对应的塔板高度最小,因此对应载气的最佳流速 $u_{最佳}$,在最佳流速下操作可获得最高柱效能。使用最佳流速虽然柱效能高,但分析速度慢,因此实际工作中,在加快分析速度,同时又不明显增加塔板高度的情况下,一般采用比 $u_{最佳}$ 稍大的流速(比最佳流速高 10% 左右)进行测定。对于填充柱,用 N_2 作载气时,流速可选 20~60 mL/min;用 H_2 作载气时,流速可选 40~90 mL/min;对于毛细管柱,通常选用的流速为 1~2 mL/min。

二、固定相的选择

气相色谱根据使用的固定相状态不同可分为气固色谱和气液色谱。气固色谱固定相为吸附剂;气液色谱是用高沸点的有机化合物(固定液)涂渍在惰性的固体支持物(载体)

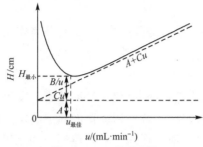

图 3-29 *H-u* 关系曲线

上作为固定相。某一混合物中各组分能否完全分开,主要取决于色谱柱的效能和选择性,后者在很大程度上取决于固定相的选择是否合适,因此,固定相的性质对分离起着关键的作用。气液色谱与气固色谱的区别见表 3-7。

表 3-7　　　　　　　　　　　　气液色谱与气固色谱的区别

气液色谱	气固色谱
分配系数小,保留时间短	吸附系数大,保留时间长
分配等温线的直线部分范围大,色谱峰对称	吸附等温线的直线部分范围很小,色谱峰常常不对称
重现性好,固定液批与批之间差异小,保留值重现性好	吸附剂批与批之间差异大,保留值及分离性能不稳定
固定液一般无催化性	高温下一般吸附剂有催化性
可用于高沸点化合物的分离	一般情况下不适合于高沸点化合物的分离,适应于永久气体和低沸点化合物的分离
品种多,选择余地大	品种少,选择余地不大
高温下易流失	在较高的柱温下不易流失

(一)固体固定相(吸附剂)

1.**种类**:主要有强极性硅胶、中等极性氧化铝、非极性活性炭及特殊作用的分子筛。

2.**使用范围**:主要用于惰性气体和 H_2、O_2、N_2、CO、CO_2、CH_4 等一般气体及低沸点有机化合物的分析。

3.**优点**:比表面积大,吸附容量大,热稳定性好,无流失现象,且制柱方便,价格便宜。

4.**缺点**:吸附线性范围小,进样量稍大就得不到对称峰;柱效能低,制备重现性差;在高温条件下的催化活性会干扰分析;对某些组分会产生永久性吸附而影响柱的分离效能;由于吸附剂的种类少,应用范围有限;吸附剂在使用前需要先进行活化处理,然后再装入柱中制成填充柱再使用。

气相色谱法常用吸附剂的性能比较见表 3-8。

表 3-8　　　　　　　　　　气相色谱法常用吸附剂的性能比较

吸附剂	主要化学成分	使用温度/℃	性质	分离特征
活性炭	C	<300	非极性	适宜分离永久性气体、低沸点烃类
石墨化碳黑	C	>500	非极性	主要分离气体及烃类
硅胶	$SiO_2 \cdot x H_2O$	<400	极性	适宜分离永久性气体及低级烃
氧化铝	Al_2O_3	<400	弱极性	适宜分离烃类及有机异构物
分子筛	$x(MO) \cdot y(Al_2O_3) \cdot z(SiO_2) \cdot n(H_2O)$	<400	极性	特别适宜分离永久气体

(二)液体固定相

液体固定相由固定液和载体两部分组成,主要起分离作用的是固定液。

1.固定液

(1)对固定液的要求

①沸点高,挥发性小,热稳定性好,以免在较高柱温下发生固定液流失,造成色谱基线不稳、重现性差、柱寿命短等现象(一般根据固定液沸点确定其最高使用温度)。

②在操作柱温下呈液态(一般根据固定液的凝固点决定其最低使用温度),其黏度较低,以保证固定液能均匀地分布在载体上,并减小液相传质阻力。

③溶解度大并且具有良好的选择性,这样才能根据各组分溶解度的差异,达到相互分离的效果。

④化学稳定性好,在操作柱温度下,不能与载体以及待测组分发生不可逆的化学反应。

(2)常用固定液的分类

固定液种类众多,其组成、性质和用途各不相同。固定液主要根据其极性和化学类型来进行分类。表 3-9 为常用固定液。

固定液极性是表示含有不同官能团的固定液与分析组分中官能团及亚甲基间相互作用的能力。通常用相对极性(P)的大小来表示。这种表示方法规定:β,β'-氧二丙腈的相对极性 $P=100$,角鲨烷的相对极性 $P=0$,其他固定液以此为标准通过实验测出它们的相对极性均在 $0\sim100$。通常将相对极性值分为五级,每 20 个相对单位为一级,相对级性值等级在 $0\sim+1$ 间的为非极性固定液(亦可用"-1"表示非极性);$+2$、$+3$ 为中等极性固定液;$+4$、$+5$ 为强极性固定液。

表 3-9 常用固定液

	固定液	最高使用温度	常用溶剂	相对极性值等级	分析对象
非极性	十八烷	室温	乙醚	0	低沸点碳氢化合物
	角鲨烷	140 ℃	乙醚	0	C_8 以下碳氢化合物
	阿匹松(L,M,N)	300 ℃	苯、氯仿	+1	各类高沸点有机化合物
	硅橡胶(SE30,E301)	300 ℃	丁醇+氯仿(1+1)	+1	各类高沸点有机化合物
中等极性	癸二酸二辛酯	120 ℃	甲醇、乙醚	+2	烃、醇、醛酮、酸酯各类有机物
	邻苯二甲酸二壬酯	130 ℃	甲醇、乙醚	+2	烃、醇、醛酮、酸酯各类有机物
	磷酸三苯酯	130 ℃	苯、氯仿、乙醚	+3	芳烃、酚类异构物、卤化物
极性	苯乙腈	常温	甲醇	+4	烷烯烃(与卤代烃、芳烃和 $AgNO_3$ 一起)
	二甲基甲酰胺	20 ℃	氯仿	+4	低沸点卤化合物
	有机皂土-34	200 ℃	甲苯	+4	芳烃,特别对二甲苯异构体有高选择性
	β,β'-氧二丙腈	<100 ℃	甲醇、丙酮	+5	低级烃、芳烃、含氧有机物
氢键型	甘油	70 ℃	甲醇、乙醇	+4	醇和芳烃,对水有强滞留作用
	季戊四醇	150 ℃	氯仿+丁醇(1+1)	+4	醇、酯、芳烃
	聚乙二醇 400	100 ℃	乙醇、氯仿	+4	极性化合物:醇、酯、醛、腈、芳烃
	聚乙二醇 20M	250 ℃	乙醇、氯仿	+4	极性化合物:醇、酯、醛、腈、芳烃

表 3-10 列出了 12 种最佳固定液。这 12 种固定液分离效果好、热稳定性高、使用温度范围宽、极性均匀递增,可作为色谱分离的优选固定液。

表 3-10　　　　　　　　　　　　　十二种最佳固定液

固定液名称	型号	相对极性值等级	最高使用温度/℃	溶剂	分析对象
角鲨烷	SQ	0	140	乙醚、甲苯	气态烃、轻馏分液态烃
甲基聚硅氧烷	SE-30 OV-101	+1	300	氯仿、甲苯	各种高沸点化合物
苯基(10%)甲基聚硅氧烷	OV-3	+1	350	丙酮、苯	各种高沸点化合物。对芳香族和极性化合物保留值增大。(OV-17)＋(QF-1)可分析含氯农药
苯基(25%)甲基聚硅氧烷	OV-7	+2	300	丙酮、苯	
苯基(50%)甲基聚硅氧烷	OV-17	+2	300	丙酮、苯	
苯基(60%)甲基聚硅氧烷	OV-22	+2	300	丙酮、苯	
三氟丙基(50%)甲基硅氧烷	QF-1 OV-210	+3	250	氯仿 二氯甲烷	含卤化合物、金属螯合物、甾类
β-氰乙基(25%)甲基聚硅氧烷	XE-60	+3	275	氯仿 二氯甲烷	苯酚、酚醚、芳胺、生物碱、甾类
聚乙二醇	PEG-20M	+4	250	丙酮、氯仿	选择性保留分离含 O、N 官能团及 O、N 杂环化合物
聚己二酸二乙二醇酯	DEGA	+4	250	丙酮、氯仿	分离 $C_1 \sim C_{24}$ 脂肪酸甲酯,甲酚异构体
聚丁二酸二乙二醇酯	DEGS	+4	220	丙酮、氯仿	分离饱和及不饱和脂肪酸酯,苯二甲酸酯异构体
1,2,3-三-(2-氯乙氧基)丙烷	TCEP	+5	175	氯仿、甲醇	选择性保留低级含 O 化合物,伯、仲胺,不饱和烃、环烷烃等

（3）固定液的选择

选择固定液应根据不同的分析对象和分析要求进行。一般可以按照"相似相溶"原理进行选择,即按待分离组分的极性或化学结构与固定液相似的原则来选择,其一般规律如下:

①分离非极性物质,一般选用非极性固定液。由于有机化合物的色散力相差不大,故试样中各组分按沸点从低到高的顺序流出色谱柱。

②分离极性物质,可选用极性固定液。主要由定向力的大小决定出峰顺序。极性小的组分与固定液分子间的定向力小,保留时间短;反之,极性大的组分保留时间长。所以各组分一般按极性从小到大的顺序流出色谱柱。

③分离非极性和极性混合物时,一般选用极性固定液。一般不易极化的非极性组分按沸点顺序先出峰,而极性组分或易被极化的非极性组分则因有额外的定向力或诱导力作用而后出峰。

④能形成氢键的试样,如醇、酚、胺和水的分离,一般选用氢键型固定液。此时试样中各组分按与固定液分子间形成氢键能力大小的顺序流出色谱柱,易形成氢键的组分后出峰,不易形成氢键的组分先流出。

⑤对于复杂组分,一般可选用两种或两种以上的固定液配合使用,以增加分离效果。

⑥对于性质不明的未知样品,可试用五种优选固定液。即让样品分别通过 SE-30、OV-17、QF-1、PEG-20M 和 DEGS 等五根柱子,观察其分离情况,然后再选用极性适当的固定液。

上面几点是选择固定液的大致原则。由于色谱柱的作用比较复杂,因此合适的固定液还必须通过实验进行选择。

2.载体(担体)

载体的作用是提供一个具有较大表面积的惰性表面,使固定液能在它的表面上形成一层薄而均匀的液膜。

(1)对载体的要求

①载体比表面积要大,孔径分布均匀。

②载体表面应是化学惰性的,即无吸附性、无催化性。

③载体热稳定性要好。

④载体机械强度好,不易破碎。

(2)载体的种类

①硅藻土型

一般分为红色硅藻土载体和白色硅藻土载体两种。这两种载体的化学组成基本相同,内部结构相似,但是它们的表面结构差别很大。

红色硅藻土载体是由硅藻土与黏合剂混合后在 900 ℃ 左右煅烧而成的,因其中含有少量的氧化铁而略带红色。其特点是表面孔隙密集,孔径较小,表面积大,能负荷较多的固定液,机械强度较好。分析极性组分时易产生拖尾峰;适合涂渍非极性固定液,分析非极性和弱极性组分;不宜用于高温分析。

白色硅藻土载体是由硅藻土和少量碳酸钠助熔剂混匀后在高于 900 ℃ 的温度下煅烧而成的,其中的氧化铁在助熔剂的作用下与硅质反应而转化成白色的硅酸钠铁盐,因此变成了白色的多孔性颗粒。其特点是孔径比较粗,表面积小,能负荷的固定液少,机械强度不如红色硅藻土载体。但是和红色硅藻土载体相比,它的表面吸附作用和催化作用比较小,能用于高温分析,应用于极性组分分析时,易于获得对称峰。

②非硅藻土型

非硅藻土型载体包括聚合氟塑料载体、玻璃微球载体、高分子微球载体等。

（3）载体的预处理

载体主要是起负荷固定液的作用，它表面应是化学惰性的，但实际应用中的载体总是呈现出不同程度的催化活性，特别是当固定液的液膜厚度较小，分离极性物质时，载体对组分有明显的吸附作用，其结果是造成色谱峰严重不对称，所以载体在使用前必须预处理，具体方法如下：

①酸洗法

用 6 mol/L 盐酸溶液浸泡载体 2 h，然后用水洗至呈中性，于 110 ℃烘箱中烘干备用。酸洗可除去载体表面的铁等金属氧化物杂质。酸洗后的载体可用于分析酸性物和酯类样品。

②碱洗法

将酸洗后的载体放在 100 g/L 的氢氧化钠-甲醇溶液浸泡后过滤，再用甲醇和水洗至中性，在 110 ℃烘箱中烘干备用。碱洗可以除去载体表面的 Al_2O_3 等酸性作用点。碱洗后载体可用于分析胺类碱性物质。

③硅烷化处理

硅烷化处理是指利用硅烷化试剂处理载体，使载体表面的硅醇和硅醚基团失去氢键力，因而纯化了表面，消除了色谱峰拖尾现象。常用的硅烷化试剂有三甲基氯硅烷，二甲基二氯硅烷和六甲基二硅胺烷等。硅烷化处理后的载体只适于涂渍非极性及弱极性固定液，而且只能在低于 270 ℃的柱温下使用。

④釉化处理

将待处理的载体在 20 g/L 的硼砂水溶液中浸泡 48 h，其间搅拌数次后，抽滤，并于 120 ℃烘干，再在 860 ℃高温下灼烧 70 min，在 950 ℃下保持 30 min，最后再用开水煮沸 20～30 min，过滤烘干，过筛备用。处理过的载体吸附性能低，强度大，可用于分析强极性物质（对于一般极性和非极性样品，可不必用此法处理）。

目前，市售载体有的已经处理过，使用前过筛，然后用蒸馏水漂洗除去粉末（已硅烷化的载体应用无水乙醇漂洗）后即可使用（常选用 60～80 目或 80～100 目），涂渍前将载体放在 105 ℃烘箱中烘 4～6 h，除去吸附在载体表面的水蒸气等。

（4）载体的选择

选择适当载体能提高柱效能，有利于混合物的分离。选择载体的大致原则是：

①如果液载比（液载比是指在固定相中固定液与载体的质量比，液载比的范围可以在 0.05%～30%）较小，可选用比表面较小的载体，例如：若液载比大于 5%，可选用硅藻土型载体；若液载比小于 5%，应选用处理过的硅藻土型载体；当液载比低至 0.05%～3%时，可选用比表面很小的玻璃微球载体等。

②腐蚀性样品可选耐腐蚀的载体，如氟载体、石英微球载体等；对强极性和高沸点组分，应选用比表面较小的载体，如玻璃微球载体、石英微球载体等。

③载体程度一般选用 60～80 目或 80～100 目；高效柱可选用 100～120 目。

载体选择可参见表 3-11。

表 3-11　　　　　　　　　　载体选择参考表

固定液	样品	选用硅藻土载体类型	备注
非极性	非极性	未经处理过的载体	—
非极性	极性	酸洗、碱洗或经硅烷化处理过的载体	当样品为酸性时,最好用酸洗载体;当样品为碱性时用碱洗载体
极性或非极性,固定液含量(质量分数)<5%时	极性及非极性	硅烷化载体	—
弱极性	极性及非极性	酸洗载体	—
弱极性,固定液含量(质量分数)<5%时	极性及非极性	硅烷化载体	—
极性	极性及非极性	酸洗载体	—
极性	化学稳定性低	硅烷化载体	对化学活性和极性特强的样品,可选用聚四氟乙烯等特殊载体

(三)合成固定相

1.高分子多孔小球

高分子多孔小球(GDX)是以苯乙烯等为单体与交联剂二乙烯基苯交联共聚高分子多孔的小球,从化学性质上可以分为极性和非极性两种。这种聚合物在有些方面具有类似吸附剂的性能,而在另外一些方面又显示出固定液的性能。高分子多孔小球作为固定相主要具有吸附活性低、对含羟基的化合物具有相对低的亲和力、可选择的范围大等优点。高分子多孔小球本身既可以作为吸附剂在气固色谱中直接使用,也可以作为载体涂上固定液后使用。在烷烃、芳烃、卤代烷、醇、酮、醛、醚、酯、酸、胺、腈以及各种气体的气相色谱分析中已得到广泛应用。高分子多孔小球在交联共聚过程中,使用不同的单体或不同的共聚条件,可获得不同分离效能、不同极性的产品。

2.化学键合固定相

化学键合固定相,又称化学键合多孔微球固定相。这是一种以表面孔径度可人为控制的球形多孔硅胶为基质,利用化学反应方法把固定液键合于载体表面上而制成的键合固定相。这种键合固定相大致可以分为硅氧烷型、硅脂型以及硅碳型等三种类型。同用载体涂渍固定液制成的固定相比较,化学键合固定相主要有以下优点:具有良好的热稳定性;适合于快速分析;对极性组分和非极性组分都能获得对称峰;耐溶剂。化学键合固定相在气相色谱中常用于分析 $C_1 \sim C_3$ 的烷烃、烯烃、炔烃、CO_2、卤代烃及有机含氧化合物等。

(四)色谱柱的老化

新的柱子不能马上用于测定,需要先进行老化处理。色谱柱老化的目的有两个,一是彻底除去固定相中残存的溶剂和某些易挥发性杂质;二是促使固定液更均匀、更牢固地涂布在载体表面上。

色谱柱老化的方法是：将色谱柱接入色谱仪气路中，将色谱柱的出气口（接真空泵的一端）直接通大气，不要接检测器，以免柱中逸出的挥发物污染检测器。开启载气，在稍高于操作柱温下（老化温度可选择为实际操作温度以上30 ℃），以较低流速连续通入载气一段时间（老化时间因载体和固定液的种类及质量而异，2～72 h不等）。然后将色谱柱出口端接至检测器上，开启记录仪，继续老化。待基线平直、稳定、无干扰峰时，说明柱的老化工作已完成，可以进样分析。

三、柱温的选择

柱温直接影响色谱柱的使用寿命、柱的分离效能和分析速度。

降低柱温可使色谱柱的选择性增大，有利于组分分离，但柱温过低，被测组分可能在柱中冷凝，或者传质阻力增加，使分析时间增加，色谱峰扩张甚至拖尾。升高柱温可缩短分析时间，有利于降低塔板高度，改善柱效能，但同时分配系数减小，分离度下降，从而导致柱效能下降。柱温不能高于色谱柱的最高使用温度，否则会造成固定液大量流失。

一般通过实验选择最佳柱温，使物质既分离完全，又不使峰形扩张、拖尾。可参见表3-12。

表 3-12　　　　　　　　　　　　　柱温的选择

不同沸点的样品	固定液配比/%	柱　温	载体种类
气体、气态烃、低沸点化合物	15～25	室温，或低于50 ℃	红色
100～200 ℃的混合物	10～15	100～150 ℃	红色
200～300 ℃的混合物	5～10	150～200 ℃	白色
300～400 ℃的混合物	<3	200～250 ℃	白色、玻璃

柱温选择具体原则如下：

1.柱温应控制在固定液的最高使用温度和最低使用温度范围之内。

2.使最难分离的组分在尽可能好的分离前提下，采取适当低的柱温，但以保留时间适宜、峰形不拖尾为度。

3.柱温一般选择在组分平均沸点左右或稍低。

4.对于组分复杂、沸程宽的试样，采用程序升温。程序升温不仅可以改善分离，而且可以缩短分析时间。图3-30为正构烷烃在恒温和程序升温时分离结果色谱图的比较。

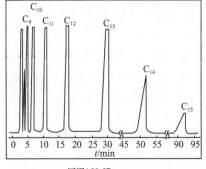

恒温150 ℃

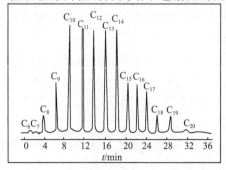

程序升温50～250 ℃，8 ℃/min

图 3-30　正构烷烃在恒温和程序升温时分离结果色谱图的比较

四、汽化室温度的选择

适宜的汽化室温度既能保证样品迅速且完全汽化,又不引起样品分解。一般汽化室温度比柱温高 30~70 ℃或比样品组分中最高沸点高 30~50 ℃,就可以满足分析要求。当进样量较大时,汽化温度宜高些;当进样量较小时,汽化温度可低些。如果汽化温度过低,会使色谱峰变成前沿平坦、后沿陡峭的展宽的伸舌峰,不利于分离;如果重复进样时出峰数目变化,重现性差,则说明汽化温度过高。一般在保证样品不分解的前提下,汽化温度略高一些更好。

五、检测室温度的选择

检测室的温度应高于或等于柱温。

六、进样量的选择

(一)进样量

进样量要适当,应控制在峰高或峰面积与进样量呈线性关系的范围内。若进样量过大,峰变宽,分离度变小,会出现重叠峰、平顶峰,峰高或峰面积与进样量不呈线性关系,无法定量;进样量太小,会因检测器灵敏度不够,导致有的组分不能检出。

色谱柱最大允许进样量可以通过实验确定。方法是:其他实验条件不变,仅逐渐加大进样量,直至所出的峰的半峰宽变宽或保留值改变,此进样量就是最大允许进样量。液体样品一般取 0.1~5.0 μL,气体样品一般取 0.1~10.0 mL。

(二)进样技术

进样时,要求速度快,最好在 0.5 s 内完成。这样可以使样品在汽化室汽化后随载气以浓缩状态进入柱内,而不被载气所稀释,因而峰的原始宽度就窄,有利于分离。反之,若进样缓慢,样品汽化后被载气稀释,峰形严重展宽,并且不对称,既不利于分离也不利于定量,甚至还会产生不出峰的情况。

为了保证良好的分离和重现性,在直接进样时应注意以下操作要点:

1.用注射器取样时,应先用丙酮或乙醚抽洗 10 次左右,再用被测试液抽洗 10 次左右,然后缓缓抽取一定量试液(稍多于需要量),此时若有空气带入注射器内,应先排除气泡后,再排去过量的试液,并用滤纸或擦镜纸吸去针杆处所沾的试液(千万勿吸去针头内的试液)。

2.取样后应立即进样,进样时要求注射器垂直于进样口,左手扶着针头防弯曲,右手拿注射器,迅速刺穿硅橡胶垫,平稳、敏捷地推进针筒(针尖尽可能刺深一些,且深度一定,针头不能碰到汽化室内壁),用右手食指平稳、轻巧、迅速地将样品注入,完成后立即拔出注射器。

3.进样时要求操作稳当、连贯、迅速。进针位置及速度、针尖停留和拔出速度都会影响进样的重现性。一般进样相对误差为 2%~5%。

子任务 2 载气流速及柱温变化对分离度的影响

一、仪器与试剂

(一)仪器

带热导检测器的气相色谱仪、氢气钢瓶、色谱柱（SE-30）、色谱工作站、样品瓶、微量注射器（5 μL、1 μL）。

(二)试剂

乙醇、丙醇、丁醇标样（均为 GC 级），未知混合样（含微量乙醇、丙醇、丁醇）。

二、操作步骤

(一)色谱仪的开机和调试

1.开载气（H_2），调节流速为 40 mL/min。

2.开色谱仪主机电源。

3.设置汽化室温度为 150 ℃，柱温为 100 ℃，检测器温度为 120 ℃。

4.设置桥电流为 100 mA。

5.打开计算机，打开色谱工作站。

(二)标准和未知试样的分析

1.仪器稳定后，分别注入 0.2 μL 乙醇、丙醇、丁醇标准样品，记录保留时间。

2.注入空气样品 2 μL，记录空气保留时间。

3.注入 1 μL 未知样品，记录保留时间和半峰宽。

4.确定未知样品各个峰所代表的物质。

(三)不同柱温下未知样品的测定

柱温分别在 90 ℃、110 ℃、120 ℃、130 ℃，重复测定未知样品和空气的保留时间以及半峰宽，流速保持在 40 mL/min。

(四)H_2 载气不同流速下未知样品的测定

载气流速调整为 10 mL/min，20 mL/min，60 mL/min，80 mL/min，100 mL/min，重复测定未知样品和空气的保留时间及半峰宽，柱温保持在 100 ℃。

(五)结束工作

1.实验结束后，关闭桥电流。

2.设置汽化室温度、柱温、检测室温度在室温左右。

3.待柱温降至室温后关闭主机电源，关闭色谱工作站，关闭计算机。

4.关闭载气。

5.清洗仪器，清理实验台。

三、数据处理

1.在给定的柱温和流速下，分别计算丙醇与乙醇、丙醇与丁醇的分离度。

2.计算改变柱温后丙醇与乙醇、丙醇与丁醇的分离度。

3.计算改变流速后丙醇与乙醇、丙醇与丁醇的分离度。

任务考核

考核评分参见表 3-19。

表 3-19　　　　　　　　　　　　　考核评分表

序号	作业项目	考核内容	配分	操作要求	考核记录	扣分	得分
一	标样和测试样的配制	分析天平、移液管等的使用	2	正确、规范			
二	开机和参数设置	气路系统的检漏	2	正确			
		开载气	2	正确			
		开主机	2	正确			
		调节载气柱前压和流量	2	正确、合适			
		使用皂膜流量计	2	正确			
		设置柱箱温度	2	正确、合适			
		设置汽化室温度	2	正确、合适			
		设置检测器温度	2	正确、合适			
		调节桥电流	2	正确、合适			
三	测样	清洗微量注射器	2	正确、规范			
		开计算机,开色谱工作站	2	正确			
		设置测量参数	2	正确			
		设置分析方法	2	正确			
		润洗微量注射器	2	正确、规范			
		吸取样品	2	正确、规范			
		进样	2	正确、规范			
		采集谱图	2	正确			
		处理谱图	2	正确			
四	关机	关桥电流	2	正确			
		设置各温度在室温附近	2	正确			
		关主机	2	正确			
		关载气	2	正确			
		关色谱工作站,关计算机	2	正确			

（续表）

序号	作业项目	考核内容	配分	操作要求	考核记录	扣分	得分
五	数据处理和实训报告	气相色谱图	6	正确			
		柱温对分离度的影响	15	结论正确			
		流速对分离度的影响	15	结论正确			
		报告	10	正确、完整、规范、及时			
六	文明操作，结束工作	物品摆放，仪器归位，结束工作	6	拔仪器电源，盖防尘罩；台面无水迹或少水迹；不乱扔废纸，不乱倒废液；结束工作完成良好			
七	总分						

【技能训练测试题】

一、简答题

1.用实例说明固定液选择的一般原则。

2.简述色谱柱的老化方法。

3.什么是程序升温？在什么情况下采用程序升温？

4.适合于作气液色谱的固定液应具备哪些条件？

5.速率理论的 H-u 曲线说明什么问题？如何选择较佳载气流速？

二、选择题

1.适合于强极性物质和腐蚀性气体分析的载体是（   ）。

A.红色硅藻土载体　　　　　　　　B.白色硅藻土载体

C.玻璃微球　　　　　　　　　　　D.氟载体

2.气液色谱中选择固定液的原则是（   ）。

A.相似相溶　　　　　　　　　　　B.极性相同

C.官能团相同　　　　　　　　　　D.活性相同

3.对气相色谱柱分离度影响最大的是（   ）。

A.色谱柱柱温　　　　　　　　　　B.载气的流速

C.柱子的长度　　　　　　　　　　D.填料粒度的大小

4.用色谱分析法分析样品时，第一次进样得到 3 个峰，第二次进样时变成 4 个峰，原因可能是（   ）。

A.进样量太大　　　　　　　　　　B.汽化室温度太高

C.进样速度太快　　　　　　　　　D.衰减太小

5.对载体的要求（   ）。

A.表面应是化学惰性　　　　　　　B.具有多孔性

C.粒度均匀而细小　　　　　　　　D.吸附性强

6.下列哪些情况发生后，应对色谱柱进行老化？（   ）。

A.每次安装了新的色谱柱后

B.色谱柱使用一段时间后

C.分析完一个样品后，准备分析其他样品之前

D.更换了载气或燃气

项目四 头孢拉定分析

项目分析

生产药物头孢拉定的某制药厂有一批头孢拉定产品需要进行质量检验,作为质检人员,需要首先搜集相关标准分析方法,然后依据标准方法进行具体实验分析。头孢拉定依据《中华人民共和国药典》(2020年版)的检验方法进行分析。

头孢拉定又名先锋霉素Ⅵ、头孢菌素Ⅵ、先锋瑞丁、头孢握定、己环胺菌素、头孢环己烯、环己烯胺头孢菌素、环烯头孢菌素,为第一代半合成头孢菌素,其抗菌作用与头孢氨苄相似。对耐药性金黄葡萄球菌及其他多种对广谱抗生素耐药的杆菌等有迅速而可靠的杀菌作用,主要用于治疗呼吸道、泌尿道、皮肤和软组织等的感染,如支气管炎、肺炎、肾盂肾炎、膀胱炎、耳鼻咽喉感染、肠炎及痢疾等。

本项目对头孢拉定分别进行定性和定量分析。

子项目1 头孢拉定的定性分析(红外分光光度法)

项目分析

依据《中华人民共和国药典》(2020年版),头孢拉定的定性鉴定通常采用红外分光光度法等方法进行分析。

任务1 认识红外分光光度法

任务分析

质检中心已经提供了完成本子项目所需要的仪器和试剂,包括红外分光光度计、样品池、压片机、红外灯、头孢拉定样品等。我们的任务是首先学习红外分光光度法的基本原理,然后学习如何使用红外分光光度计来完成样品的测定,如何通过解析仪器提供的红外光谱图来完成样品的定性鉴定。

【学习目标】

1.知识目标

(1)了解红外吸收光谱的产生、红外光谱法的特点、产生红外吸收光谱的条件。

(2)熟悉红外吸收光谱的分区、影响基团频率位移的因素、影响吸收峰强度的因素、各类有机化合物的特征基团频率。

(3)掌握解析红外光谱图的方法。

2.能力目标

(1)能辨认常见官能团的特征吸收频率。

(2)初步掌握红外光谱图的解析方法。

3.素质目标

(1)具有高度的责任感。

(2)具有实事求是的工作作风。

(3)具有较好的团结协作能力。

子任务1　熟悉红外分光光度法原理

前面我们学习到紫外分光光度法只适用于芳香族或具有共轭结构的不饱和脂肪族化合物及某些无机物的定性分析,不适用于饱和有机化合物。红外分光光度法不受此限,在中红外区,能测得所有有机化合物的特征红外光谱,用于定性分析及结构研究,而且其特征性远远高于紫外吸收光谱。除此之外,红外光谱还可以用于某些无机物的研究。紫外分光光度法测定对象的物态以溶液为主,以及少数物质的蒸气;而红外分光光度法的测定对象比紫外分光光度法广泛,可以测定气、液、固体样品,并以测定固体样品最为方便。红外分光光度法主要用于定性鉴定及测定有机化合物的分子结构,亦可用于定量分析;紫外分光光度法主要用于定量分析及鉴定某些化合物的类别等。

红外分光光度法的适用范围包括:实验室常规应用分析,无机物、有机物、聚合物、医药、食品、环保分析等领域。

红外分光光度法是利用物质对红外光区电磁辐射的选择性吸收的特性来进行结构分析、定性和定量分析的方法,又称红外吸收光谱法。

波长 λ 为 0.75～1 000 μm 的光称为红外光(也叫红外线),在红外光谱中经常用波数 $\tilde{\upsilon}$(有的书中用 σ)表示,$\tilde{\upsilon}=\dfrac{1}{\lambda}$,单位为 cm^{-1},所以红外光的波数范围为 13 300～10 cm^{-1}。

红外光谱在可见光区和微波区之间。通常将红外光谱划分为三个区域(表 4-1):近红外光区、中红外光区、远红外光区。

表 4-1　　　　　　　　　　　红外光区的划分

区域	波长(λ)/μm	波数($\tilde{\upsilon}$)/cm^{-1}	能级跃迁类型
近红外光区	0.75～2.5	13 300～4 000	分子化学键振动的倍频和组合频
中红外光区	2.5～25	4 000～400	化学键振动的基频
远红外光区	25～1 000	400～10	骨架振动、转动

一、红外吸收光谱的产生

(一)分子振动

在分子中,原子的运动方式有三种,即平动、转动和振动。只有当分子间的振动能产生偶极矩周期性的变化时,对应的分子才具有红外活性,才能产生有分析价值的红外吸收光谱。

1.双原子分子的振动

分子中的两个原子通过键合力连接在一起,该价键具有一定的弹性范围。分子中的原子以平衡点为中心,以非常小的振幅做周期性的伸缩振动,即两原子之间距离(键长)发生变化。双原子振动可近似为简谐振动,因此根据胡克定律可得到两原子间振动的固有频率

$$\upsilon_{\mathrm{m}} = \frac{1}{2\pi c}\sqrt{\frac{k}{\mu}}$$

式中 υ_{m}——振动频率,Hz;

k——分子内两原子之间的键力,N/cm;

μ——两原子的折合质量 $\mu = (m_1^{-1} + m_2^{-1})^{-1}$。

因为共振作用,它可吸收振动频率与其相符的振动能量,共振频率相同的电磁波其能量为

$$E = h\upsilon = h\upsilon_{\mathrm{m}} = h \cdot \frac{1}{2\pi c}\sqrt{\frac{k}{\mu}}$$

代入普朗克常数 h 及 π、c 等常数,则 $E = 0.16\sqrt{\frac{k}{\mu}}$,eV;一般有机分子的 k 值范围为 $4 \sim 18$ N/cm,μ 为原子量单位(正常的两原子的折合质量),光谱范围在中红外光区。

2.多原子分子的振动

双原子分子的振动只有伸缩振动(键长变化),多原子分子的振动除伸缩振动外,还有弯曲振动(键角变化)。弯曲振动又称变形振动。

伸缩振动是指原子沿键轴方向伸缩,使键长发生变化而键角不变的振动,用符号 ν 表示,其振动形式可分为两种:对称伸缩振动,表示符号为 ν_s 或 ν^s,振动时各键同时伸长或缩短;不对称伸缩振动,又称反对称伸缩振动,表示符号为 ν_{as} 或 ν^{as},指振动时某些键伸长,某些键则缩短。

变形振动是指使键角发生周期性变化的振动。可分为面内、面外、对称与不对称变形振动等形式。

(1)面内变形振动(β)

变形振动在由几个原子所构成的平面内进行,称为面内变形振动。面内变形振动可分为两种:一种是面内剪式振动(δ),在振动过程中键角的变化,类似于剪刀的开和闭;另一种是面内摇摆振动(ρ),基团作为一个整体,在平面内摇摆。

(2)面外变形振动(γ)

变形振动在垂直于由几个原子所组成的平面外进行,称为面外变形振动。也可以分为两种:一种是面外摇摆振动(ω),两个 X 原子同时向面上或面下振动;另一种是面外卷曲振动(τ),一个 X 原子向面上振动,另一个 X 原子向面下振动。

(3)对称与不对称变形振动

AX_3 基团或分子的变形振动还有对称与不对称之分:对称变形振动(δ^s)中,三个 A-X

键与轴线组成的夹角 α 对称地增大或缩小,形如雨伞的开闭,所以也称之为伞式振动;不对称变形振动(δ^{as})中,两个 α 角缩小,一个 α 角增大,或相反。

伸缩振动与变形振动各种方式分别如图 4-1 所示。

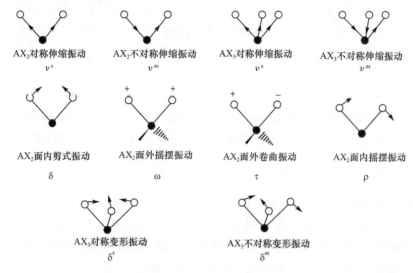

图 4-1　伸缩振动和变形振动

(二)红外吸收光谱产生的条件

当分子吸收红外辐射后,必须满足以下两个条件才会产生红外吸收光谱。

一是分子吸收的红外辐射能量与分子振动跃迁的能级一致时,就可以被分子所吸收,这是红外光谱产生的必要条件。

二是只有引起分子偶极矩发生瞬间变化的振动即红外活性振动,才能产生红外吸收光谱。这是红外光谱产生的充分必要条件。若对称分子没有偶极矩,辐射不能引起共振,则无红外活性,如 N_2、O_2、Cl_2 等;非对称分子因为有偶极矩,所以有红外活性。

当样品受到频率连续变化的红外光照射时,分子选择性吸收了某些频率的红外光,发生了分子振动能级和转动能级从基态到激发态的跃迁,使相应于这些吸收区域的透射光强度减弱而形成了红外吸收光谱。记录红外光的透过率与波数或波长的关系曲线,就得到红外光谱图。

目前,由于广泛应用于化合物定性、定量和结构分析以及其他化学过程研究的红外吸收光谱主要是波长处于中红外光区的光谱,所以我们主要讨论中红外吸收光谱。中红外区的红外光不足以使物质产生电子能级的跃迁,但能引起振动能级和转动能级的跃迁。

二、红外吸收光谱的表示法

红外吸收光谱一般用 $T\text{-}\tilde{\upsilon}$ 表示,即纵坐标为百分透射比 T,%;横坐标为 $\tilde{\upsilon}$,cm^{-1}。图 4-2 是某有机化合物的红外吸收光谱图。

光谱的形状、峰的位置(最大吸收峰处对应的波长或波数)、峰的数目和峰的强度是构成红外光谱的基本要素,这些基本要素与分子的结构有密切关系。由于吸收峰位置、吸收

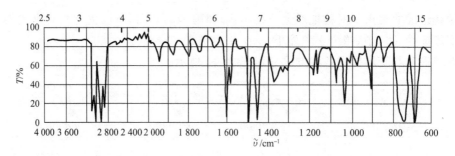

图 4-2　某有机化合物的红外吸收光谱图

峰数目及其强度,可以用来鉴定未知物的分子结构组成或确定其化学基团,而吸收谱带的吸收强度与分子组成或其化学基团的含量有关,因此可用作定量分析和纯度鉴定。

三、红外吸收光谱的应用

红外吸收光谱能够用来鉴定纯物质、官能团或有关化合物的结构。其在有机化学领域应用广泛,在无机化学领域的应用则受到一定限制。首先是水作为无机溶剂,对红外光具有强烈的吸收,干扰测定;其次是一般无机物的吸收光谱带太宽,不利于应用。有机物的红外吸收光谱主要在 $4\,000\sim400\ cm^{-1}$ 的中红外区域。

四、红外吸收光谱法的特点

(一)优点

1.应用面广,几乎所有有机化合物在红外光区均有吸收,红外吸收光谱法最适于进行有机物的结构分析。

2.气态、液态和固态试样均可进行红外光谱测定,提供信息多且具有特征性。

3.样品用量少且可回收,不破坏试样,分析速度快,操作方便。

(二)局限性

1.有些物质不能产生红外吸收峰。

2.还有些物质(如旋光异构体,不同分子量的同一种高聚物)不能用红外吸收光谱法鉴别;红外光谱图上的吸收峰有一些是不能做出理论解释的;定量分析的准确度和灵敏度低于紫外-可见吸收光谱法。

五、红外吸收光谱与分子结构关系的基本概念

(一)红外吸收峰的类型

1.基频峰

分子吸收一定频率的红外辐射,从振动能级基态($n=0$)跃迁到第一激发态($n=1$)时,产生的吸收峰称为基频峰。它所对应的振动频率等于它所吸收的红外线的频率。基频峰的强度一般都较大,因而基频峰是红外吸收光谱上最主要的一类吸收峰。

2.泛频峰

从振动能级基态($n=0$)跃迁至第二($n=2$),第三($n=3$),…,第 n 激发态时,产生的吸收峰称为倍频峰。由 $n=0$ 跃迁至 $n=2$ 时,所产生的吸收峰称为二倍频峰。由 $n=0$

跃迁至 $n=3$ 时,所产生的吸收峰称为三倍频峰。依次类推。倍频峰的振动频率总是比基频峰频率的整数倍略低一点。倍频峰的强度比基频峰的强度弱得多。二倍频峰还经常可以观测得到,三倍频峰及以上的倍频峰,因跃迁概率很小,一般都很弱,常观测不到。

除倍频峰外,尚有合频峰 n_1+n_2,$2n_1+n_2$,…;差频峰 n_1-n_2,$2n_1-n_2$,…;倍频峰、合频峰及差频峰统称为泛频峰。合频峰和差频峰多数为弱峰,一般在图谱上不易辨认。

3.特征吸收峰

组成分子的各种基团,如 C=O、—OH、N—H 等,都有自己特定的红外吸收区域,分子其他部分对其吸收位置影响较小。通常把这种能代表基团存在并具有较高强度的吸收谱带称为基团频率,其所在的位置一般又称为特征吸收峰,如—C≡N 的特征吸收峰在 $2247\ cm^{-1}$ 处。

4.相关峰

因为一个官能团有数种振动形式,而每一种具有红外活性的振动一般相应产生一个吸收峰,有时还能观测到泛频峰,因而常常不能只由一个特征峰来肯定官能团的存在。比如分子中若有—CH=CH$_2$ 存在,则在红外光谱图上能明显观测到 $\nu^{as}_{=CH_2}$、$\nu_{C=C}$、$\gamma_{=CH}$、$\gamma_{=CH_2}$ 四个特征峰。这一组峰是因—CH=CH$_2$ 基的存在而出现的相互依存的吸收峰,若想证明化合物中存在该官能团,则在其红外谱图中这四个吸收峰都应存在,缺一不可。在化合物的红外谱图中由于某个官能团的存在而出现的一组相互依存的特征峰,可互称为相关峰,用以说明这些特征吸收峰具有依存关系,并区别于非依存关系的其他特征峰,如—C≡N 基只有一个 $\nu_{C≡N}$ 峰,而无其他相关峰。用一组相关峰鉴别官能团的存在是个较重要的原则。在有些情况下由于与其他峰重叠或峰太弱,因此并非所有的相关峰都能观测到,但必须找到主要的相关峰才能确认官能团的存在。

(二)红外吸收峰的强度

1.吸收峰强度的表示方法

在红外光谱图上,通常采用百分透射比(T,%)或吸光度(A)作纵坐标以表示吸收强度的大小,直观表现出吸收的强弱。分子吸收光谱的吸收峰强度,可用摩尔吸光系数 ε 表示。红外吸收峰的强度通常粗略地用以下 5 个级别表示[单位:L/(mol·cm)]:

vs	s	m	w	vw
极强峰	强峰	中强峰	弱峰	极弱峰
$\varepsilon>100$	$\varepsilon=20\sim100$	$\varepsilon=10\sim20$	$\varepsilon=1\sim10$	$\varepsilon<1$

2.影响吸收峰强度的因素

(1)峰强与分子跃迁概率有关。跃迁概率越大,吸收越强。

基频峰>倍频峰>合频峰>差频峰

(2)峰强与分子振动时偶极矩变化的大小有关。振动时偶极矩变化越大,吸收越强。

①极性越强的分子或基团,吸收峰越强。

例如:C=O、OH、C—O—C、Si—O、N—H、NO$_3$ 均为强峰,C=C、C=N、C—C、C—H 均为弱峰。

②分子的对称性越低,吸收峰越强。

例如:三氯乙烯的 $\nu_{C=C}$ 在 $1585\ cm^{-1}$ 处有一中强峰,四氯乙烯的结构完全对称,$\nu_{C=C}$ 吸收峰消失。

③基团的振动方式不同,其电荷分布也不同。

其吸收峰的强度依次为:$\nu^{as} > \nu^s > \delta$

(三)红外吸收峰的形状

图 4-3 所示是常见的几种红外吸收峰的形状。

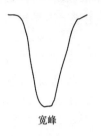   

宽峰　　　　　　　　尖峰　　　　　　　　肩峰　　　　　　　　双峰

图 4-3　常见的几种红外吸收峰的形状

(四)红外吸收光谱的分区

1.基团频率区和指纹区

(1)基团频率区(4 000～1 330 cm^{-1})

有机分子常见的基团频率在本区。

①X—H 伸缩振动区(4 000～2 500 cm^{-1}):X 可以是 C、N、O、S 原子。

C—H 的伸缩振动可以分为饱和碳氢键(—C—H)和不饱和碳氢键(═C—H、≡C—H)两种。饱和碳氢键的伸缩振动在 3 000～2 800 cm^{-1} 产生吸收峰,属于强吸收。不饱和碳氢键的伸缩振动在 3 000 cm^{-1} 以上,以此可以判别化合物中是否含有不饱和碳氢键。苯环的 C—H 键伸缩振动在 3 030 cm^{-1} 附近产生几个吸收峰,它的特征是强度比饱和碳氢键的小,但比较尖锐。不饱和双键的碳氢键(═C—H)的吸收峰出现在 3 040～3 010 cm^{-1},不饱和三键的碳氢键(≡C—H)在更高的 3 300 cm^{-1} 区域附近产生吸收峰。

O—H 的伸缩振动在 3 650～3 200 cm^{-1} 产生吸收峰,谱带较强,它可以作为判断物质是否属于醇类、酚类和有机酸类的重要依据。一般羧酸羟基的吸收峰频率低于醇和酚中羟基的吸收峰频率,并为宽而强的吸收。需注意的是水分子在 3 300 cm^{-1} 附近有吸收,在制备样品时需要除去水分。

N—H 键(脂肪胺和酰胺)的伸缩振动在 3 500～3 100 cm^{-1} 产生吸收峰,属于中等强度的尖峰。

②三键和累积双键伸缩振动区(2 500～1 900 cm^{-1}):该区域主要是 C≡C、C≡N 键伸缩振动频率区,以及 C═C═C、C═C═O 等累积双键的不对称伸缩振动频率区。

C≡C 键分为 R—C≡CH 和 R′—C≡C—R 两种类型。R—C≡CH 中的 C≡C 伸缩振动在 2 140～2 100 cm^{-1} 附近出现吸收峰;R′—C≡C—R 的吸收峰出现在 2 260～2 190 cm^{-1} 附近;R—C≡C—R 分子是对称结构,不会产生吸收峰。

C≡N 键的伸缩振动在非共轭的情况下在 2 260～2 240 cm^{-1} 附近出现吸收峰。

③双键伸缩振动区(1 900～1 200 cm^{-1}):该区域主要是 C═C、C═O 等键的伸缩振动频率区。

C═O 伸缩振动在 1 900～1 650 cm^{-1} 出现吸收峰,是红外吸收光谱中最具有特征、强度也最强的谱带。根据此范围内的吸收峰可判断酮类、醛类、酸类、酯类以及酸酐等有机化合物。酸酐中的 C═O 吸收带因为振动耦合而呈现双峰。

　　烯烃类化合物的 C＝C 伸缩振动在 1 667～1 640 cm^{-1} 出现吸收峰,属于中等强度或弱的吸收峰。芳香族化合物环内 C＝C 伸缩振动分别在 1 600～1 585 cm^{-1} 以及 1 500～1 400 cm^{-1} 出现两个吸收峰,这是芳环骨架结构振动的特征吸收峰,可用于判断芳环是否存在。

　　④饱和 C—H 变形振动在 1 500～1 300 cm^{-1} 出现吸收峰;—CH$_3$ 在 1 380 cm^{-1} 及 1 450 cm^{-1} 处有两个峰,判断是否存在甲基主要观察在 1 380 cm^{-1} 附近有没有甲基的对称变形振动吸收峰;—CH$_2$— 在 1 470 cm^{-1} 处有一个峰;—CH— 在 1 340 cm^{-1} 处有一个峰。

　　(2)指纹区(1 330～400 cm^{-1})

　　该区域的振动类型为基团频率之外的其他类型振动。振动类型复杂且重叠,谱带位置变动很大,基态特征性较差,它受分子结构的影响十分敏感,任何细致的结构差别都会引起光谱明显改变,如同人的指纹一样,很少有两个化合物指纹区的吸收峰完全相同。

　　①1 300～900 cm^{-1} 区域:这个区域主要是 C—O、C—N、C—P、C—S、P—O、Si—O、C—X(卤素)等单键的伸缩振动和 C＝S,S＝O,P＝O 等双键的伸缩振动以及一些变形振动吸收频率区。C—O 单键伸缩振动在 1 300～1 050 cm^{-1} 出现吸收峰,是该区域内最强的吸收峰;醇中的 C—O 单键吸收峰在 1 150～1 050 cm^{-1};酚中的 C—O 单键吸收峰在 1 250～1 100 cm^{-1};酯中的 C—O 单键在此区域有两组吸收峰,分别是 1 240～1 160 cm^{-1} 和 1 160～1 050 cm^{-1}。

　　②900～400 cm^{-1} 区域:这个区域主要是一些重原子和一些基团的变形振动频率区。比如苯环上 H 原子的面外变形振动的吸收峰就出现在此区域,峰位置取决于环上的取代形式。如果在此区域内无强吸收峰,一般表示不存在芳香族化合物。

　　(3)常见官能团的特征吸收频率

　　用红外光谱来确定化合物中某种基团是否存在时,需熟悉基团频率。先在基团频率区观察它的特征峰是否存在,然后找到它们的相关峰作为旁证。常见官能团的特征吸收频率见表 4-2。

表 4-2　　　　　　　　　　　　　常见官能团的特征吸收频率

化合物种类	官能团	振动形式	振动频率/cm^{-1}
芳烃	＝C—H	伸缩振动	3 100～3 000
	C＝C	苯环骨架振动	约 1 600 和约 1 500
	C—H(苯)	面外变形振动	约 670
	C—H(单取代)	面外变形振动	770～730 和 715～685
	C—H(邻位双取代)	面外变形振动	770～735
	C—H(间位双取代)	面外变形振动	约 880 和 780～690
	C—H(对位双取代)	面外变形振动	850～800
醇	O—H	伸缩振动	约 3 650 或 3 400～3 300(含有氢键)
	C—O	伸缩振动	1 150～1 050
醚	C—O—C(脂肪烃)	伸缩振动	1 300～1 000
	C—O—C(芳香烃)	伸缩振动	约 1 250 和约 1 120
醛	O＝C—H	伸缩振动	2 820 和 2 720
	C＝O	伸缩振动	约 1 725
酮	C＝O	伸缩振动	约 1 715
	C—C	伸缩振动	1 300～1 100

（续表）

化合物种类	官能团	振动形式	振动频率/cm^{-1}
酸	O—H(游离 OH⁻)	伸缩振动	3 400～2 400
	O—H(二聚体)	伸缩振动	3 200～2 500
	C=O	伸缩振动	1 760～1 710
	C—O—C	伸缩振动	1 320～1 210
	O—H	面内变形振动	1 440～1 400
	O—H	面外变形振动	950～900
酯	C=O	伸缩振动	1 750～1 735
	C—O—C(乙酸酯)	伸缩振动	1 260～1 230
	C—O—C	伸缩振动	1 210～1 160
酰卤	C=O	伸缩振动	1 810～1 775
	C—Cl	伸缩振动	730～550
酸酐	C=O	伸缩振动	1 830～1 800 和 1 775～1 740
	C—O	伸缩振动	1 300～900
胺	N—H	伸缩振动	3 500～3 300(双峰)
	N—H	变形振动	1 640～1 500
	C—N(烷基碳)	伸缩振动	1 200～1 025
	C—N(芳基碳)	伸缩振动	1 360～1 325
	N—H	面外变形振动	约800
酰胺	N—H	伸缩振动	3 500～3 180
	C=O(伯酰胺)	变形振动	1 680～1 630
	N—H(伯酰胺)	变形振动	1 640～1 550
	N—H(仲酰胺)	变形振动	1 570～1 515
	N—H	面外变形振动	约700

2.四个吸收区域和八个吸收段

(1)四个吸收区域(表 4-3)

表 4-3　　　　　　　　　　　　中红外光区四个区域的划分

区域	基团	吸收频率/cm^{-1}	振动形式	吸收强度	说　明
第一区域	O—H(游离)	3 650～3 580	伸缩	m,sh	判断有无醇类、酚类和有机酸的重要依据
	O—H(缔合)	3 400～3 200	伸缩	s,b	
	N—H(游离)	3 500～3 300	伸缩	m	
	N—H(缔合)	3 400～3 100	伸缩	s,b	
	S—H	2 600～2 500	伸缩		
	不饱和 C—H				不饱和 C—H 伸缩振动出现在 3 000 cm^{-1} 以上
	≡C—H(三键)	3 300 附近	伸缩	s	
	=C—H(双键)	3 040～3 010	伸缩	s	
	苯环中 C—H	3 030 附近	伸缩	s	末端=C—H 出现在 3 085 cm^{-1} 附近,强度上比饱和 C—H 稍弱,但谱带较尖锐

（续表）

区域	基团	吸收频率/cm⁻¹	振动形式	吸收强度	说明
第一区域	饱和 C—H				饱和C—H伸缩振动出现在3 000 cm⁻¹以下（3 000～2 800 cm⁻¹），取代基影响较小
	—CH₃	2 960±5	反对称伸缩	s	
	—CH₃	2 870±10	对称伸缩	s	
	—CH₂	2 930±5	反对称伸缩	s	三元环中的CH₂出现在3 050 cm⁻¹
	—CH₂	2 850±10	对称伸缩	s	C—H出现在2 890 cm⁻¹，很弱
第二区域	—C≡N	2 260～2 220	伸缩	s 针状	干扰少
	—N≡N	2 310～2 135	伸缩	m	
	—C≡C—	2 260～2 100	伸缩	v	R—C≡C—H, 2 140～2 100 cm⁻¹；R—C≡C—R′, 2 260～2 190 cm⁻¹；若R′＝R,对称分子无红外谱带
	C＝C＝C	1 950 附近	伸缩	v	
第三区域	C＝C	1 680～1 620	伸缩	m,w	
	芳环中 C＝C	1 600,1 580	伸缩	v	苯环的骨架振动
		1 500,1 450			
	—C＝O	1 900～1 650	伸缩	s	其他吸收带干扰少,是判断羰基(酮类、酸类、酯类、酸酐等)的特征频率,位置变动大
	—NO₂	1 600～1 500	反对称伸缩	s	
	—NO₂	1 300～1 250	对称伸缩	s	
	S＝O	1 220～1 040	伸缩	s	
第四区域	C—O	1 300～1 000	伸缩	s	C—O键(酯、醚、醇类)的极性很强,故强度强,常成为谱图中最强的吸收
	C—O—C	1 150～900	伸缩	s	醚类中C—O—C的ν^{as}为(1 100±50)cm⁻¹,是最强的吸收,C—O—C的ν^s在1 000～900 cm⁻¹,较弱
	C—H	1 460±10	CH₃反对称变形,CH₂变形	m	大部分有机化合物都含有CH₃、CH₂基,因此此峰经常出现
	C—H	1 380～1 370	CH₃对称变形	s	
	N—H	1 650～1 560	变形	m,s	
	C—F	1 400～1 000	伸缩	s	
	C—Cl	800～600	伸缩	s	
	C—Br	600～500	伸缩	s	
	C—I	500～200	伸缩	s	
	＝C—H	910～890	面外摇摆	s	
	—(CH₂)ₙ—, n＞4	720	面内摇摆	v	

注:s—强吸收,b—宽吸收带,m—中等强度吸收,w—弱吸收,sh—尖锐吸收峰,v—吸收强度可变。

（2）八个吸收段

①O—H、N—H键伸缩振动段

O—H伸缩振动在3 700～3 100 cm^{-1}，游离的羟基的伸缩振动频率在3 600 cm^{-1}左右，形成氢键缔合后移向低波数，谱带变宽，特别是羧基中的OH，吸收峰常展宽到3 400～3 200 cm^{-1}。该谱带是判断醇、酚和有机酸的重要依据。一、二级胺或酰胺等的NH伸缩振动类似于OH键，但NH$_2$为双峰，NH为单峰。游离的NH伸缩振动在3 500～3 300 cm^{-1}，强度中等，缔合将使峰的位置及强度都发生变化，但不及羟基显著，向低波数移动也只有100 cm^{-1}左右。

②不饱和C—H伸缩振动段

烯烃、炔烃和芳烃等不饱和烃的C—H伸缩振动大部分在3 100～3 000 cm^{-1}，只有端炔基（≡C—H）的吸收在3 300 cm^{-1}附近。

③饱和C—H伸缩振动段

甲基、亚甲基、叔碳氢及醛基的碳氢伸缩振动在3 000～2 700 cm^{-1}，其中只有醛基的C—H伸缩振动在2 720 cm^{-1}附近（特征吸收峰），其余均在3 000～2 800 cm^{-1}。和不饱和C—H伸缩振动比较可以发现，3 000 cm^{-1}是区分饱和烃与不饱和烃的分界线。

④三键与累积双键段

在2 400～2 100 cm^{-1}范围内的红外吸收光谱带很少，只有C≡C，C≡N等三键的伸缩振动和C＝C＝C，N＝C＝O等累积双键的不对称伸缩振动在此范围内，因此易于辨认，但必须注意空气中CO$_2$的干扰（2 349 cm^{-1}）。

⑤羰基伸缩振动段

羰基的伸缩振动在1 900～1 650 cm^{-1}，所有羰基化合物在该段均有非常强的吸收峰，而且往往是谱带中第一强峰，特征性非常明显。它是判断有无羰基存在的重要依据。其具体位置还和邻接基团密切相关，对推断羰基类型化合物有重要价值。

⑥双键伸缩振动段

烯烃中的双键和芳环上的双键以及碳氮双键的伸缩振动在1 675～1 500 cm^{-1}。其中芳环骨架振动在1 600～1 500 cm^{-1}有两个到三个中等强度的吸收峰，是判断有无芳环存在的重要标志之一。而1 675～1 600 cm^{-1}的吸收，对应的往往是C＝C或C＝N的伸缩振动。

⑦C—H面内变形振动段

烃类C—H面内变形振动在1 475～1 300 cm^{-1}。一般甲基、亚甲基的变形振动位置都比较固定。由于存在着对称与不对称变形振动（对于CH$_3$），因此通常看到两个以上吸收峰。亚甲基的变形振动在此区域内仅有δ^s（～1 465 cm^{-1}），而δ^{as}即ρ_{CH_2}出现在720 cm^{-1}处。

⑧不饱和C—H面外变形振动段

烯烃C—H面外变形振动γ_{C-H}在1 000～800 cm^{-1}。不同取代类型的烯烃，其γ_{C-H}位置不同，因此可用以判断烯烃的取代类型。芳烃的γ_{C-H}在900～650 cm^{-1}，对于确定芳烃的取代类型是很特别的。

(五)基团频率的影响因素

分子内部结构和外部条件的不同,使得同样的基团在不同分子和不同环境中的基团频率并不总是固定在某一频率上,而是在一定频率范围内波动。影响基团频率变化的因素有外部因素和内部因素。

1.外部因素

试样状态、测定条件的不同以及溶剂极性的影响等外部因素都会引起基团频率的位移。一般气态时 $C=O$ 的伸缩振动频率最高,非极性溶剂的稀溶液次之,而液态或固态的振动频率最低。

同一化合物的气态、液态或固态光谱有较大的差异,因此在查阅标准谱图时,要注意试样的状态及制样的方法等。

2.内部因素

(1)电子效应

①诱导效应

由于取代基具有不同的电负性,通过静电诱导作用,引起分子中电子分布发生变化,从而改变了键力常数,使得基团的特征频率发生变化。一般来说,随着取代基数目的增加或取代基电负性的增大,这种静电的诱导效应也增大,从而导致基团的振动频率向高波数移动。

②共轭效应

共轭效应使共轭体系中的电子云密度平均化,结果使原来的双键伸长,力常数削弱,所以振动频率降低。例如酮分子中的 $C=O$,因与苯环共轭而使 $C=O$ 的力常数减小,振动频率降低。

③偶极场效应

分子内的邻近基团通过空间偶极场作用,使电子云分布改变,振动频率变化的现象,叫场效应。如氯代丙酮的一种异构体,卤素和氧都是键偶极的负极,所以发生负负相斥,使羰基上的电子云移向两极的中间,增加了双键的电子云密度,力常数增加,因此频率升高。

(2)氢键

氢键的形成使电子云密度平均化,从而使伸缩振动频率降低。最明显的是羧酸的情况。羰基和羟基之间容易形成氢键,使羰基的频率降低。游离的羧酸的 $C=O$ 伸缩振动频率出现在 $1\,760\ cm^{-1}$ 左右,而在液态或固态时,由于羧酸形成二聚体形式,$C=O$ 伸缩振动频率都在 $1\,700\ cm^{-1}$ 左右。

(3)振动耦合

振动耦合是指当两个化学键振动的频率相等或相近并具有一个公共原子时,由于一个键的振动通过公共原子使另一个键的长度发生改变,产生一个"微扰",从而形成了强烈的相互作用。这种相互作用的结果,使振动频率发生变化,一个向高频移动,一个向低频移动。例如酸酐的两个羰基,由于振动耦合而裂分为两个谱峰(~$1\,820\ cm^{-1}$ 和

~1 760 cm^{-1}）。

（4）费米共振

当弱的倍频峰位于某强的基频峰附近时，它们的吸收峰强度常常随之增加，或发生谱峰分裂，这种倍频与基频之间的振动耦合叫作费米共振。例如：C_6H_5COCl 的 $\nu_{C=O}$ 为 1 773 cm^{-1} 和 1 736 cm^{-1}。这是由于 $\nu_{C=O}$（1 774 cm^{-1}）和 $C_6H_5-C=O$ 间的 $C-C$ 变角振动（880～860 cm^{-1}）的倍频发生费米共振，使 $C=O$ 吸收峰裂分。

（5）立体障碍

由于立体障碍，羰基与双键之间的共轭作用受到限制时，$\nu_{C=O}$ 较高。如图 4-4 所示。

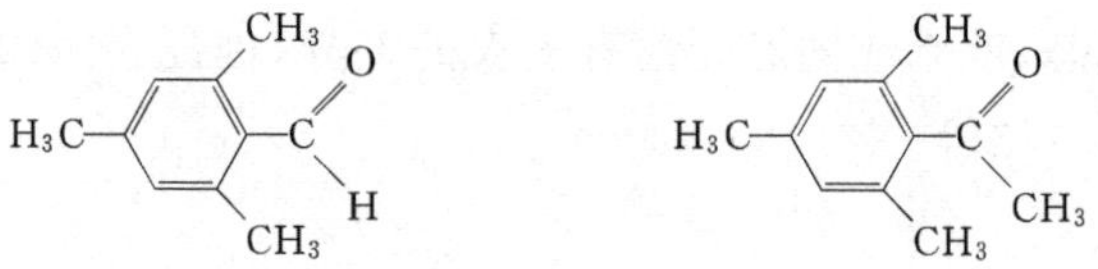

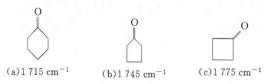

(a)1 680 cm^{-1} (b)1 700 cm^{-1}

图 4-4　立体障碍影响基团频率位移

在（b）中，由于接在 $C=O$ 上的 CH_3 的立体障碍，$C=O$ 与苯环的双键不能处在同一平面，结果共轭受到限制，因此 $\nu_{C=O}$ 振动频率比（a）稍高。

（6）环的张力

环的张力越大，$\nu_{C=O}$ 振动频率就越高。在下面几个酮中，四元环的张力最大，因此它的 $\nu_{C=O}$ 振动频率就最高。如图 4-5 所示。

(a)1 715 cm^{-1} (b)1 745 cm^{-1} (c)1 775 cm^{-1}

图 4-5　环的张力影响基团频率位移

子任务 2　解析红外光谱图

一、谱图解析的一般程序

（一）确定未知物的不饱和度

如果待测样品的化学式已知，可计算其不饱和度。所谓不饱和度（U）是表示有机分子中碳原子的饱和程度。计算不饱和度的经验公式为

$$U = 1 + n_4 + \frac{n_3 - n_1}{2}$$

式中 n_1、n_3、n_4 分别为分子式中一价、三价和四价原子的数目。通常规定双键和饱和环状结构的不饱和度为 1，三键的不饱和度为 2，苯环的不饱和度为 4，链状饱和烃的不饱和度为 0。二价原子如氧、硫等不参加计算。

(二)谱图解析

解析红外谱图的主要目的是推导样品可能的分子结构。谱图解析没有一个确定的程序可循,往往具有一定的经验性,主要根据峰的位置、强度和形状三个要素进行结构推测。

谱图解析一般可归纳为两种方式:

1.两区域法(特征区和指纹区)解析

(1)特征区

根据第一强峰有可能推断化合物具有哪些官能团,进而估计出化合物的类别。确定化合物是芳香族还是脂肪族、饱和烃还是不饱和烃,主要由 C—H 伸缩振动类型来判断。C—H 伸缩振动多发生在 $3\,100\sim2\,800\ cm^{-1}$,以 $3\,000\ cm^{-1}$ 为界,高于 $3\,000\ cm^{-1}$ 为不饱和烃,低于 $3\,000\ cm^{-1}$ 为饱和烃。芳香族化合物的苯环骨架振动吸收在 $1\,620\sim1\,470\ cm^{-1}$,若在 $(1\,600\pm20)\ cm^{-1}$、$(1\,500\pm25)\ cm^{-1}$ 有吸收,则确定化合物是芳香族。

(2)指纹区

作为化合物含有什么基团的旁证,指纹区许多吸收峰都是特征区吸收峰的相关峰,可以用来确定化合物的细微结构。

2.按基团顺序解析

(1)首先查对 $\nu_{C=O}$($1\,900\sim1\,650\ cm^{-1}$,s)的吸收是否存在,如存在,则可进一步查对下列羰基化合物是否存在:

①酰胺:查对 ν_{N-H}($\sim3\,500\ cm^{-1}$,m~s),有时为等强度双峰是否存在;

②羧酸:查对 ν_{O-H}($3\,300\sim2\,500\ cm^{-1}$)宽而散的吸收峰是否存在;

③醛:查对 CHO 基团的 ν_{C-H}($\sim2\,720\ cm^{-1}$)特征吸收是否存在;

④酸酐:查对 $\nu_{C=O}$($\sim1\,810\ cm^{-1}$ 和 $\sim1\,760\ cm^{-1}$)的双峰是否存在;

⑤酯:查对 ν_{C-O}($1\,300\sim1\,000\ cm^{-1}$,m~s)特征吸收是否存在;

⑥酮:查对以上基团吸收都不存在时,则此羰基化合物很可能是酮;另外,酮的 ν^{as}_{C-C-C} 在 $1\,300\sim1\,000\ cm^{-1}$ 有一弱吸收峰。

(2)如果谱图上无 $\nu_{C=O}$ 吸收带,则可查对是否为醇、酚、胺、醚等化合物:

① 醇或酚:查对是否存在 ν_{O-H}($3\,600\sim3\,200\ cm^{-1}$,s,宽)和 ν_{C-O}($1\,300\sim1\,000\ cm^{-1}$,s)特征吸收;

②胺:查对是否存在 ν_{N-H}($3\,500\sim3\,100\ cm^{-1}$)和 ν_{N-H}($1\,650\sim1\,580\ cm^{-1}$,s)特征吸收;

③醚:查对是否存在 ν_{C-O-C}($1\,300\sim1\,000\ cm^{-1}$)特征吸收,且无醇、酚的 ν_{O-H}($3\,600\sim3\,200\ cm^{-1}$)特征吸收。

(3)查对是否存在 C=C 双键或芳环吸收带:

①查对有无链烯的 $\nu_{C=C}$($\sim1\,650\ cm^{-1}$)特征吸收;有无芳环的 $\nu_{C=C}$($\sim1\,600\ cm^{-1}$ 和 $\sim1\,500\ cm^{-1}$)特征吸收;

②查对有无链烯或芳环的 $\nu_{=C-H}$($\sim3\,100\ cm^{-1}$)特征吸收。

(4)查对是否存在 C≡C 或 C≡N 三键吸收带：

①查对有无 $\nu_{C≡C}$（～2 150 cm⁻¹,w,尖锐）特征吸收；查对有无 $\nu_{≡C-H}$（～3 200 cm⁻¹, m,尖锐）特征吸收；

②查对有无 $\nu_{C≡N}$（2 260～2 220 cm⁻¹,m～s）特征吸收。

(5)查对是否存在硝基化合物：

查对有无 $\nu_{(NO_2)}^{as}$（～1 560 cm⁻¹,s）和 $\nu_{(NO_2)}^{s}$（～1 350 cm⁻¹）特征吸收。

(6)查对是否存在烃类化合物：

若在试样光谱中未找到以上各种基团的特征吸收峰,而在～3 000 cm⁻¹,～1 470 cm⁻¹, ～1 380 cm⁻¹ 和 780～720 cm⁻¹ 有吸收峰,则它可能是烃类化合物。烃类化合物具有最简单的红外吸收光谱图。

对于已知物的鉴定,只要将试样的谱图与标准样品的谱图对照,或与文献中对应的标准物的谱图进行对照,如果两张谱图中各吸收峰的位置和形状完全相同,峰的相对强度一样,就可以认为样品是该标准物。对于复杂有机化合物,仅仅由红外光谱确定其结构是困难的,通常需要结合其他谱图进行综合解析,才能得到可靠的结论。

(三)标准谱图的使用

在进行定性分析时,对于能获得相应纯品的化合物,一般通过谱图对照即可。对于没有已知纯品的化合物,则需要与标准谱图进行对照,最常见的标准谱图有 3 种,即萨特勒标准红外光谱集(the Sadtler Standard Spectra)、分子光谱文献"DMS"(Documentation of Molecular Spectroscopy)穿孔卡片和 ALDRICH 红外光谱库(The Aldrich Library of Infrared Spectra)。从计算机谱图库中也可调出大量标准谱图。

二、谱图解析练习

【例 4-1】 有一无色液体,其化学式为 C_8H_8O,红外光谱如图 4-6 所示,试推测其结构。

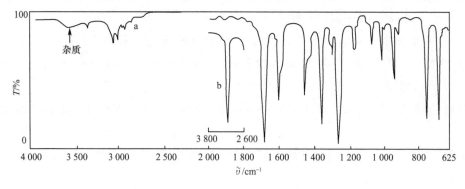

图 4-6 C_8H_8O 的红外光谱图

解:(1)计算不饱和度: $U = 1 + 8 - \dfrac{8}{2} = 5$

(2)各峰的归宿见表 4-4。

表 4-4	各峰的归宿			
$\tilde{v}/cm^{-1}$	归宿	结构单元	不饱和度	化学式单元
3 100~3 000 1 600 1 590 1 460 760 690	ν_{C-H}不饱和 $\nu_{C=O}$芳环 γ_{C-H}一取代 $\nu_{C=O}$	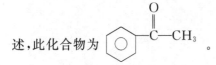	4	C_6H_5
1 695		R′ C=O R″	1	CO
3 000~2 900 1 370 1 450	ν_{C-H}饱和 δ_{C-H}甲基 邻近羰基 使其增强	CH_3	0	CH_3

说明:该化合物是单取代芳核,且邻接酮羰基,使羰基吸收波数降低。一个芳核和一个羰基,不饱和度为5,还剩下一个甲基,从 1 370 cm^{-1} 峰的增强,说明是甲基酮。综上所述,此化合物为

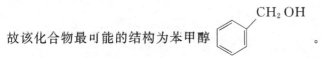 。

【例 4-2】 某未知物的分子式为 C_7H_8O,在下列波数处有吸收峰:①~3 040 cm^{-1};②~1 010 cm^{-1};③~3 380 cm^{-1};④~2 935 cm^{-1};⑤~1 465 cm^{-1};⑥~690 cm^{-1}和740 cm^{-1}。在下列波数处无吸收峰:①~1 735 cm^{-1};②~2 720 cm^{-1};③~1 380 cm^{-1};④~1 182 cm^{-1}。请鉴别存在的(及不存在的)每一吸收峰所属的基团,并写出该化合物的结构式。

解:(1)计算不饱和度:$U=1+7-\dfrac{8}{2}=4$,则化合物可能有苯环。

(2)存在的吸收峰可能所属的基团为:①苯环上 C—H 伸缩振动;②C—O 的伸缩振动;③O—H 伸缩振动(缔合);④ $\diagdown$CH$_2$ 的伸缩振动;⑤ $\diagdown$CH$_2$ 的弯曲振动;⑥苯环单取代后 C—H 的面外弯曲振动。不存在的吸收峰可能所属的基团为:①不存在 C=O;②不存在—CHO;③不存在—CH$_3$;④不存在 C—O—C。

故该化合物最可能的结构为苯甲醇 。

【例 4-3】 化合物 C_8H_7N 的红外光谱具有如下特征吸收峰,请推断其结构:①~3 020 cm^{-1};②~1 605 及 ~1 510 cm^{-1};③~817 cm^{-1};④~2 950 cm^{-1};⑤~1 450 及 ~1 380 cm^{-1};⑥~2 220 cm^{-1}。

解:(1)计算不饱和度:$U=1+8+\dfrac{1-7}{2}=6$,则可能为苯环加上两个双键或一个三键。

(2)各特征吸收峰的可能归宿:①＝CH,可能为苯环上 C—H 伸缩振动;②为苯环的骨架(呼吸)振动;③可能为苯环对位取代后 C—H 的面外弯曲振动;④可能为—CH₃ 的伸缩振动;⑤可能为—CH₃ 的弯曲振动;⑥可能为三键的伸缩振动,应为 C≡N。 故该化合物最可能的结构为对甲基甲腈 H_3C—⬡—$C≡N$ 。

【技能训练测试题】

一、选择题

1.红外吸收光谱的产生是由于(　　)。

A.分子外层电子振动、转动能级的跃迁

B.原子外层电子振动、转动能级的跃迁

C.分子振动、转动能级的跃迁

D.分子外层电子的能级跃迁

2.醇羟基的红外光谱特征吸收峰为(　　)。

A.1 000 cm⁻¹   B.2 500～2 000 cm⁻¹

C.2 000 cm⁻¹   D.3 650～3 600 cm⁻¹

3.在下面各种振动模式中,不产生红外吸收带的是(　　)。

A.乙炔分子中的—C≡C—对称伸缩振动

B.乙醚分子中的 C—O—C 不对称伸缩振动

C.CO₂ 分子中的 O—C—O 不对称伸缩振动

D.HCl 分子中的 H—Cl 键伸缩振动

4.有一含氧化合物,如用红外吸收光谱判断它是否为羰基化合物,主要依据的谱带范围为(　　)。

A.3 500～3 200 cm⁻¹   B.1 950～1 650 cm⁻¹

C.1 500～1 300 cm⁻¹   D.1 000～650 cm⁻¹

5.在多原子分子中,以下分子的振动形式中强度最大的是(　　)。

A.面内弯曲振动   B.面外弯曲振动

C.对称伸缩振动   D.不对称伸缩振动

二、填空题

1.在中红外光区中,一般把 4 000～1 330 cm⁻¹ 区域叫作_____,而把 1 330～400 cm⁻¹ 区域叫作_____。

2.在分子中,原子的运动方式有三种,即_____、_____和_____。

3.在振动过程中键或基团的_____不发生变化,就不吸收红外光。

4.影响基团频率的内部因素有_____、_____、_____、费米共振、_____、_____。

5.设有四个基团 CH₃、C≡C、C＝C—CH₃、C＝O,和四个吸收带 3 300 cm⁻¹、3 030 cm⁻¹、2 960 cm⁻¹、2 720 cm⁻¹。则 3 300 cm⁻¹ 是由_____基团引起的,3 030 cm⁻¹ 是由_____基团引起的。

三、简答题

1.试说明分子振动的形式有哪几种。

2.试说明产生红外吸收的条件。

3.中红外光区可分为哪四个吸收区域和八个吸收段?

4.试说明按基团顺序解析红外吸收光谱的方法步骤。

四、计算题

计算下列分子的不饱和度:

①C_8H_{10}　②$C_8H_{10}O$　③$C_4H_{11}N$　④$C_{10}H_{12}S$　⑤$C_8H_{17}Cl$　⑥$C_7H_{13}O_2Br$

任务2　认识红外光谱仪

任务分析

从化合物的红外光谱可以识别其含有的官能团,从而推测化合物的类型和结构;通过对某个选定吸收带面积的测量,可以对化合物进行定量分析,故红外光谱仪是化学、物理、地质、生物、医药、环保及材料科学等的重要研究工具。

为了完成本任务,应学习红外光谱仪的相关组成结构和工作原理,明确质检中心提供的仪器型号,认真阅读仪器的使用说明书(不同生产厂家、不同型号的仪器,其使用操作规程是不同的),以达到熟练操作仪器的目的。

【学习目标】

1.知识目标

(1)了解红外光谱仪的分类。

(2)熟悉红外光谱仪的组成和各部分作用。

2.能力目标

(1)会使用红外光谱仪,会进行固体红外样品的制备(含压片机的使用等)。

(2)熟悉红外光谱仪日常的维护。

(3)会利用红外光谱图进行定性解析。

3.素质目标

(1)具有独立工作能力。

(2)具有团结协作能力。

(3)具有按规范、规程操作的习惯。

(4)具有安全操作意识和意外事故处理能力。

子任务1　熟悉红外光谱仪的组成及各部分作用

目前使用的红外光谱仪主要有色散型和干涉型两大类。色散型分为棱镜分光型和光栅分光型,干涉型为傅里叶变换红外吸收光谱仪(FT-IR)。

一、色散型红外光谱仪

色散型红外光谱仪,又称经典红外光谱仪,它主要由光源、吸收池、单色器、检测器、放大器及光谱记录器五个部分组成。图4-7为双光束红外光谱仪的工作原理。

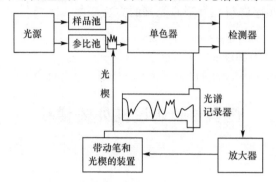

图 4-7 双光束红外光谱仪的工作原理

(一)基本原理

光源发出的光被分为两束强度相同的光束,一束通过样品池,一束通过参比池。通过参比池的光束经衰减器(亦称光楔或光梳)与通过样品池的光束会合于斩光器(亦称切光器)处,使两光束交替进入单色器色散之后,同样交替投射到检测器上进行检测。单色器的转动与记录器谱图图纸横坐标方向相关联。横坐标的位置表明了单色器的某一波长(波数)的位置。若样品对某一波数的红外光有吸收,则两光束的强度便不平衡,参比光路的强度比较大。因此检测器产生一个交变的信号,该信号经放大、整流后负反馈于连接衰减器的同步马达,该马达使光楔更多地遮挡参比光束,使之强度减弱,直至两光束又恢复强度相等。此时交变信号为零,不再有反馈信号,此即"光学零位平衡"原理。移动光楔的马达同步联动记录装置的记录笔,沿谱图图纸的纵坐标方向移动,因此纵坐标表示样品的吸收程度。单色器转动的全过程就得到一张完整的红外光谱图。

(二)仪器主要部件

1.光源(图 4-8)

光源为可以提供发射高强度连续红外光的炽热物体。

(1)能斯特灯

能斯特灯是由稀土金属氧化物烧结的空心棒或实心棒。直径为 1~2 mm,长度为 25~30 mm,两端绕有 Pt 丝作为导线。主要成分有氧化锆(75%)、氧化钇、氧化钍等,并含有少量的氧化钙、氧化钠、氧化镁等。

图 4-8 光源

优点:发光强度大,稳定性好,寿命长,不需水冷;缺点:机械性能较差,易脆,操作较不方便,价格较贵。

(2)硅碳棒

硅碳棒是由 SiC 加压在 20 000 K 烧结而成的,两端较粗(约 $\phi 7 \times 27 mm$),中间较细

（约 φ5×50 mm）。

优点：发光体不需要预热，发光面积大，波长范围宽（可低至 200 cm⁻¹），坚固、耐用，使用方便且价格较低；缺点：电极触头发热需水冷，工作时间较长时电阻增大。

其他光源如高压汞灯，用于远红外区；钨丝灯常用于近红外区；可调二氧化碳激光光源，用于监测某些大气污染物的浓度和测定水溶液中的吸收物质。

2.样品室

样品室（图 4-9）一般为一个可插入试片插板（用于固体试样）或样品池（用于盛装液体或气体试样）的样品槽。

样品池的类型有固定液体池（图 4-10）、可拆液体池（图 4-11）、气体池等。

图 4-9　样品室　　　　图 4-10　固定液体池　　　　图 4-11　可拆液体池

液体池一般由后框架、垫片、后窗片、间隔片、前窗片和前框架等部分组成。后框架和前框架一般由金属材料制成；间隔片常由铝箔和聚四氟乙烯等材料制成，起着固定液体样品的作用，厚度为0.01～2.00 mm；常用对红外光透过性好的碱金属、碱土金属的卤化物，如 NaCl、KBr、CsBr、CaF₂ 或 KRS-5（TlI 58%，TlBr 42%）等材料做成窗片。常见的窗片材料见表 4-5。窗片必须注意防湿及损伤。固体试样常与纯 KBr 混匀压片，然后直接测量。

表 4-5　　　　　　　　　　　　　窗片材料

材料名称	化学组成	波数/cm⁻¹	水中溶解度 /(g/100 mL)	折射率
氯化钠	NaCl	5 000～625	35.70 （0 ℃）	1.54
溴化钾	KBr	5 000～400	53.50 （0 ℃）	1.56
碘化铯	CsI	5 000～165	44.00 （0 ℃）	1.79
KRS-5	TlBr＋TlI	5 000～250	0.02 （20 ℃）	2.37
氯化银	AgCl	5 000～435	不溶	2.00
氟化钙	CaF₂	5 000～1 110	0.001 6 （20 ℃）	1.43
氟化钡	BaF₂	5 000～830	0.17（20 ℃）	1.46

（1）中红外光谱区的透光材料：氯化钠或溴化钾（易吸水），应放在干燥器中，在湿度较小的环境中操作。含水试样采用 KRS-5、ZnSe、CaF₂ 等材料。

（2）近红外光谱区的透光材料：石英、玻璃。

（3）远红外光谱区的透光材料：KRS-5、聚乙烯膜或颗粒。

气体样品一般都灌注于如图 4-12 所示的气体池内进行测定。它的两端黏合有可透过红外光的窗片。进样时,一般先把气槽抽真空,然后再灌注样品。

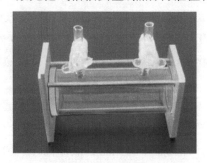

图 4-12　气体池

3.单色器

单色器是色散型红外光谱仪的核心部件,主要由棱镜或光栅等色散元件、入射和出射狭缝、反射镜、凹面镜等构成。它位于吸收池和检测器之间,作用是把通过吸收池进入入射狭缝的复合光分解成单色光照射到检测器上。

4.检测器

红外光谱仪检测器的作用是将照射到上面的红外光转变成电信号,常用的有高真空热电偶、测热辐射计和气体检测器。此外,还有可在常温下工作的硫酸三甘肽(TGS)热电检测器和只能在液氮温度下工作的碲镉汞(MCT)光电导检测器等。

(1)高真空热电偶

根据热电偶的两端点由于温度不同而产生温差热电势这一原理,让红外光照射热电偶的一端。此时,两端点间的温度不同,产生电势差,在回路中有电流通过,而电流的大小则随照射的红外光的强弱而变化。为了提高灵敏度和减少热传导的损失,热电偶要密封在一个高真空的容器内。

(2)测热辐射计

它是以很薄的热感原件作受光面,装在惠斯登电桥的一个臂上,当光照射到受光面上时,由于温度的变化,热感原件的电阻也随之变化,以此实现对辐射强度的测量。但由于电桥线路需要非常稳定的电压,因而现在已很少使用这种检测器。

(3)气体检测器

常用的气体检测器为高莱池,它的灵敏度较高,其结构如图 4-13 所示。

当红外光通过盐窗照射到涂黑金属膜上时,涂黑金属膜吸收热能,使氪气盒内的氪气温度升高而膨胀。气体膨胀产生的压力,使封闭气室另一端的软镜膜凸起。另一方面,从光源射出的光到达软镜膜时,它将光反射到光电池上,于是产生与软镜膜的凸出度成正比,也就是与最初进入气室的辐射成正比的光电流。这种检测器可用于整个红外波段。但采用的是有机膜,易老化,寿命短,且时间常数较长,不适合扫描红外检测。

5.放大器及记录机械装置

由检测器产生的电信号是很弱的,信号必须经电子放大器放大。放大后的信号驱动

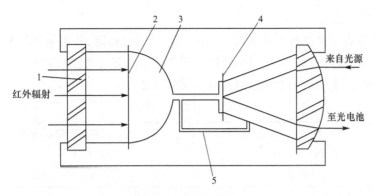

图 4-13　高莱池的结构

1—盐窗；2—涂黑金属膜；3—氮气盒；4—软镜膜；5—泄气膜

光楔和马达，使记录笔在记录纸上移动。现代的仪器还配有微机处理系统，可控制仪器自动操作、谱图中各种参数设置、谱图检索等。

二、傅里叶变换红外光谱仪(FT-IR)

傅里叶变换红外光谱仪是红外光谱仪器的第三代。它主要由光源、迈克尔逊干涉仪、样品室、检测器、计算机五个部分组成。

(一)基本原理

如图 4-14 所示，由红外光源发出的红外光经校准成为平行红外光束进入迈克尔逊干涉仪系统，经干涉仪调制后得到一束干涉光。干涉光通过样品，获得含有光谱信息的干涉信号到达检测器上，由检测器将干涉信号变为电信号。此处的干涉信号是一个时间函数，即由干涉信号绘出的干涉图，其横坐标是动镜移动时间或动镜移动距离。这种干涉图经过 A/D 转换器送入计算机，由计算机进行傅里叶变换的快速计算，即可获得以波数为横坐标的红外光谱图。然后通过 A/D 转换器送入绘图仪而绘出人们十分熟悉的标准红外光谱图。

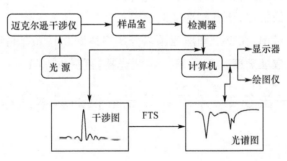

图 4-14　傅里叶变换红外光谱仪的原理

(二)仪器主要部件

1.光源

要求光源能发射出稳定、能量强、发射度小的具有连续波长的红外光。一般用能斯特灯、硅碳棒或涂有稀土金属化合物的镍铬旋状灯丝。

2.迈克尔逊干涉仪

FT-IR 的核心部分就是迈克尔逊干涉仪,它由定镜、动镜、分束器和探测器组成。核心部件是分束器,简称 BS。其作用是使进入干涉仪中的复合光变为干涉光。不同红外光谱范围所用 BS 不同。BS 的种类及适用范围见表 4-6。

表 4-6　　　　　　　　　　　BS 分类及适用范围

名　称	适用波数范围/cm^{-1}
石英近红外	15 000～2 000
CaF_2 近红外 Si	13 000～1 200
宽范围 KBrGe	10 000～370
中红外 KBrGe	5 000～370
6 μm Mylar(膜)远红外	500～50

3.样品室

样品室的作用是盛装样品,干涉光通过样品室后,到达检测器。

4.检测器

检测器可分为热检测器和光检测器两大类。一般用硫酸三甘肽(TGS)做热检测器,该检测器响应速度快,可用于快速扫描。

5.计算机

傅里叶变换红外光谱仪红外谱图的记录、处理一般都是在计算机上进行的。可以在软件上直接进行扫描操作,对红外谱图进行优化、保存、比较、打印等。此外,仪器上的各项参数可以在工作软件上直接调整。

(三)FT-IR 的优点

1.扫描速度快,一般在 1 s 内即可完成光谱范围的扫描,扫描速度最快可以达到 60 次/s。

2.光束全部通过,辐射通量大,检测灵敏度高。

3.具有多路通过的特点,所有频率同时测量。

4.具有很高的分辨率,在整个光谱范围内分辨率达到 0.1 cm^{-1} 是很容易做到的。

5.具有极高的波数准确度。若用 He-Ne 激光器,可提供 0.01 cm^{-1} 的测量精度。

子任务 2　学习红外光谱仪的基本操作

一、仪器与试剂

(一)仪器

TJ270-30(A)型双光束红外光谱仪;压片机、模具和样品架;玛瑙研钵、不锈钢药匙、不锈钢镊子、红外灯。常见红外光谱仪附件、压片机和红外灯分别如图 4-15、图 4-16、图 4-17所示。

图 4-15　红外光谱仪附件　　　　图 4-16　压片机　　　　图 4-17　红外灯

（二）试剂

苯甲酸（分析纯），KBr 粉末（光谱纯），无水乙醇（分析纯），擦镜纸。

二、实验内容与操作步骤

（一）准备工作

（1）用分析纯的无水乙醇清洗玛瑙研钵，用擦镜纸擦干后，再用红外灯烘干。

（2）试样的制备

取 2～3 mg 苯甲酸与 200～300 mg 干燥的 KBr 粉末，置于玛瑙研钵中，在红外灯下混匀，充分研磨（颗粒粒度 2 μm 左右）后，用不锈钢药匙取 70～80 mg 于压片机模具的两片压舌下。将压力调至 28 kgf 左右，压片，约 5 min 后，用不锈钢镊子小心取出压制好的试样薄片，置于样品架中待用。

（二）试样的分析测定

1.开机

首先分别打开计算机、红外系统主机与控制开关，再连接好 USB 电缆线，然后单击"开始\程序\TJ270"或双击桌面快捷方式，进行系统初始化并运行系统程序。

2.测试样品

（1）系统参数设置

单击"文件\参数设置"或直接单击工具栏中 参数设置 即可。此时，弹出参数设置菜单。参数设置应根据样品要求来确定，若无要求或要求不确定，一般按照如下方法来设置：将测量模式设置为"透过率"，扫描速度设置为"快"，狭缝宽度设置为"正常"，响应时间设置为"正常"，X－范围设置为"4 000～400"，Y－范围设置为"0～100"，扫描方式设置为"连续"，次数设置为"1"即可。

（2）系统校准

此处，样品以真空作为参照物。

在确认样品室中未放置任何物品的情况下，单击菜单栏中的"系统操作\系统校准"，进行系统 0 和 100％的校准。

（3）扫描

将事先处理好的样品放入样品室中的样品池，单击"测量方式\扫描"或直接单击工具栏中的 扫描 ，开始进行扫描。

(4)数据处理

扫描结束后,可在右侧信息栏中的"当前谱线\名称"一栏中,输入样品名称及操作者。

单击"文件\保存"或直接单击工具栏中 保存 来保存图谱。

单击"文件\打印"或直接单击工具栏中 打印 来打印图谱。

单击"数据处理\读取数据"来进行列表读取或光标读取,或直接单击工具栏中 光标读取 来进行光标读取。

单击"数据处理\峰值检出"或直接单击工具栏中 峰值检索 来进行峰值检出。

(三)退出系统与关机

样品测试结束后,单击"文件\退出系统"或直接单击右上角的关闭按钮退出红外操作系统。分别关闭控制开关、红外主机与计算机。

三、结束工作

1.用无水乙醇清洗玛瑙研钵、不锈钢药匙、镊子。

2.清理台面,填写仪器使用记录。

四、注意事项

1.在红外灯下操作时,用溶剂(乙醇,也可以用四氯化碳或氯仿)清洗盐片,不要离灯太近,否则,移开灯时温差太大,盐片会碎裂。

2.取出试样压片时为防止压片破裂,应用泡沫或其他物品作缓冲。

3.谱图处理时,平滑参数不要选择太高,否则会影响谱图的分辨率。

任务考核

考核评分参见表 4-7。

表 4-7　　　　　　　　　　考核评分表

序号	作业项目	考核内容	配分	操作要求	考核记录	扣分	得分
一	试样制备、压片	模具清洗	2	规范			
		试样和 KBr 粉末干燥	2	规范			
		试样和 KBr 粉末的称量	2	合理			
		试样和 KBr 粉末的混合,研磨	4	规范			
		压片操作	4	规范			
		试片的质量	6	薄、均匀、透明			

（续表）

序号	作业项目	考核内容	配分	操作要求	考核记录	扣分	得分
二	试样分析	开除湿机	2	正确、规范			
		开机预热	2	提前进行			
		试样片和参比片的放置	2	正确			
		开计算机，开工作站	2	正确、规范			
		参数设置	1	正确、规范			
		系统校准	4	正确、规范			
		样品扫描	4	正确、规范			
		谱图处理	6	熟练规范			
		谱图保存	2	规范			
三	关机	退出工作站	2	规范			
		关计算机	2	规范			
		关机	2	规范			
四	数据处理和实训报告	主要吸收峰归属解析	20	正确			
		定性结果	10	正确			
		谱图、报告	10	正确、完整、规范、及时			
五	文明操作，结束工作	清洗模具，放回干燥器，仪器归位，结束工作	6	关除湿机，仪器拔电源，盖防尘罩；台面无水迹或少水迹；废纸不乱扔，废液不乱倒；结束工作完成良好			
六	总分						

【技能训练测试题】

一、填空题

1.色散型红外光谱仪又称_____，主要由_____、_____、_____、放大器及记录机械装置五个部分组成。

2.常见的红外光源主要有_____和_____。

3.红外分光光度计的检测器主要有_____、_____和气体检测计；此外还有_____和_____等。

4.在迈克尔逊干涉仪中，核心部分是_____，简称_____。

5.中红外透光材料中，常用的有_____和_____。

二、选择题

1.FT-IR 中的核心部件是（　　）。

A.硅碳棒　　　　　　　　　　　B.迈克尔逊干涉仪

C.DTGS　　　　　　　　　　　　D.光楔

2.下列红外光源中可用于远红外光区的是（　　）。

A.碘钨灯　　　　　　　　　　　B.高压汞灯

C.能斯特灯   D.硅碳棒

3.高莱池属于(　　)。

A.高真空热电偶检测器   B.气体检测器

C.测热辐射计   D.光电导检测器

4.液体池的间隔片常由(　　)材料制成,起着固定液体样品的作用。

A.氯化钠   B.溴化钾

C.聚四氟乙烯   D.铝箔

5.红外光谱分析中,对含水样品的测试可采用(　　)材料作载体。

A.NaCl   B.KBr

C.KCl   D.CaF_2

三、简答题

1.试简要说明经典色散型红外光谱仪的组成及工作原理。

2.试说明迈克尔逊干涉仪的组成及工作原理。

3.简要说明红外光谱仪的日常维护。

任务3　头孢拉定的定性鉴别

任务分析

根据《中华人民共和国药典》(2020 年版)规定,头孢拉定成品分析需进行性状测定,鉴别(定性),检查(包括结晶性、酸度、溶液的澄清度与颜色等),含量测定(主成分定量)。定性鉴别可以采用薄层色谱法、高效液相色谱法、红外光谱法。这里我们重点学习利用红外吸收光谱法进行定性鉴别。

【学习目标】

1.知识目标

熟悉红外吸收光谱法定性分析的一般步骤。

2.能力目标

(1)掌握固体红外样品的制备(含压片机的使用等)、液体红外样品的制备(含液体池的使用等)、红外气体槽的使用。

(2)熟练掌握红外光谱仪的使用。

3.素质目标

(1)具有独立工作能力。

(2)具有团结协作能力。

(3)具有灵活运用所学知识解决实际问题的能力。

(4)具有安全操作意识和意外事故处理能力。

子任务 1　制　样

一、试样的前处理与制备要求

(一)前处理

试样中的微量杂质(含量低于 0.1%)可以不进行处理,超过 1%,就需分离除去微量杂质。分离提纯的方法:重结晶、精馏、萃取、柱层析、薄层层析、气液制备色谱等。对于一些难提纯的混合组分,也要尽可能减少组分数。

(二)制备要求

1.试样应该是单一组分的纯物质,纯度应大于 98%或符合商业标准。

2.试样中应不含游离水。水本身会产生红外吸收,严重干扰样品光谱,并侵蚀吸收池的盐窗。

3.试样的浓度和测试厚度应合适,以使光谱图中大多数峰的透射比在 10%～80%。太稀或太薄时,一些弱峰可能不出现;太浓或太厚时,可能使一些强峰的记录超出,无法确定峰的位置。

二、试样制备

(一)气体

1.样品:气体,蒸气压高的液体、固体,或液体分解所产生的气体。

2.样品池类型:气体池(池体直径约 40 mm,长度有 100 mm、200 mm、500 mm 等各种类型)。

3.进样:气体池的两端黏合有可透过红外光的窗片。窗片的材质一般是 NaCl 或 KBr。进样时,一般先把气槽抽真空,然后再灌注样品。气体池要有优良的气密性。

(二)液体

1.样品池的类型:固定池、可拆池。

2.液体样品的制备

(1)液膜法

①适合测定对象:高沸点(沸点＞80 ℃)、黏稠型液体。

②适合样品池:可拆池。

③制样:在可拆池两盐片之间,滴上 1～2 滴液体样品,使之形成一层薄薄的液膜。液膜厚度可借助于池架上的固紧螺丝做微小调节。这种方法重现性较差,不宜做定量分析。

④液膜厚度的选择:

脂肪族碳氢化合物:大约 0.02 mm;

卤化物、芳香族化合物:大约 0.01 mm;

含氧、氮的有机物:大约 0.005 mm;

含硅、氟的有机物:大约 0.03 mm。

液膜厚度＜0.015 mm 时,可以借助窗片的附着力,使其自然形成液膜。

(2)溶液法

①适合测定对象:红外吸收很强,用液膜法不能得到满意谱图的液体样品的定性。该法也特别适用于定量。

②适合样品池:可拆池。

③制样:用溶剂 CS_2、CCl_4、$CHCl_3$ 等溶解吸收很强的液体后,再用液膜法进行测定。溶剂主要起稀释作用。

④溶剂选择的要求:溶剂在所测量的光谱区域中没有吸收,如 CS_2(在 1 350～600 cm^{-1} 常用)、CCl_4(在 4 000～1 350 cm^{-1} 常用)、$CHCl_3$(在 4 000～900 cm^{-1} 常用);溶剂对样品无强烈的溶剂化作用,通常为非极性溶剂;溶剂对盐窗没有腐蚀作用;溶剂对样品有足够的溶解能力。

(3)液体池法

①适合测定对象:沸点低、挥发性较大的液体,或吸收很强的固、液体需配成溶液进行测量的试样。

②适合样品池:固定池。

③制样:液体池由两个盐片(NaCl 或 KBr)作为窗板,中间夹一薄层垫片板,形成一个小空间,盐片上有小孔,用注射器注入样品。吸收池应倾斜 30°,用注射器(不带针头)吸取待测的样品,由下孔注入,直到上孔看到样品溢出为止,用聚四氟乙烯塞子塞住上、下注射孔,用高质量的纸巾擦去溢出的液体后,便可进行测试。测试完毕,取出塞子,用注射器吸出样品,由下孔注入溶剂,冲洗 2～3 次。冲洗后,用吸耳球吸取红外灯附近的干燥空气吹入液体池内以除去残留的溶剂,然后放在红外灯下烘烤至干,最后将液体池存放在干燥器中。

(三)固体

1.KBr 压片法

(1)适合测定对象:压片法是测定固体试样应用最广泛的方法,对于不溶于有机溶剂或没有合适溶剂的高聚物更为常用。

(2)压片方法:需用专门的模具和油压机,把 1～2 mg 固体样品放在玛瑙研钵中研细,加入 100～200 mg 磨细干燥的碱金属卤化物(多用 KBr)粉末,混合均匀后,加入压模内,在压片机上边抽真空边加压,制成厚约 1 mm、直径约为 10 mm 的透明片子,在红外灯下烘干,然后置于仪器光路中测量。

(3)必须注意的问题:压片法一般用 KBr 作为分散剂(也称稀释剂)。主要是因为 KBr 在 4 000～400 cm^{-1} 区域中无吸收,且 KBr 与大多数有机化合物的折光系数相近,可减少光散射引起的光能损失。此外 KBr 在高压下的可塑性及冷胀现象也利于制成薄片。 KBr 的纯度要求要高,不含有水分;为了减少光散射,样品及 KBr 的粒度应小于 2 μm,且颗粒必须均匀分散。稀释剂的比例为样品:稀释剂≈1:100。

油压机压力为(5～10)×10^7 Pa。

2.石蜡糊法

将 2～5 mg 样品磨细(粒度＜2 μm),滴入几滴重烃油(折光系数应与样品相近),研成糊状,涂于盐片上测量。调糊剂常用液体石蜡,其光谱较简单,但由于其 C－H 吸收带常对样品有影响,所以可用全氟烃油代替。

常用的液体分散介质:液体石蜡油(n_d＝1.46)、六氯丁二烯(n_d＝1.55)、氟化煤油。这些液体分散介质自身也有各自的吸收峰。

3.薄膜法(10～50 μm)

薄膜法主要用于某些高分子聚合物的测定。把样品溶于挥发性强的有机溶剂中,然后滴加于水平的玻璃板上,或直接滴加在盐板上,待有机溶剂挥发后形成薄膜,置于光路中测量。有些高聚物可以热熔后涂制成膜或加热后压制成膜。

4.熔融法

样品置于晶面上,加热熔化,合上另一晶片。对于熔点较低,而且热稳定性好的样品,可以采用此法。

5.漫反射法

样品加分散剂研磨,加到专用漫反射装置中,适用于某些在空气中不稳定、高温下能升华的样品。

注:本任务头孢拉定样品的制备参见子任务 3(头孢拉定的定性鉴别)。

子任务 2　红外光谱定性分析

红外光谱的定性分析,大致可以分为官能团定性和结构分析两个方面。官能团定性即根据化合物的特征基团频率来检定待测物质含有哪些基团,从而确定有关化合物的类别。结构分析或称之为结构剖析,则需要由化合物的红外吸收光谱并结合其他实验资料来推断有关化合物的化学结构式。

定性分析的一般步骤如下:

(1)试样的分离和精制

试样不纯会给光谱的解析带来困难,因此对混合试样要进行分离,对不纯试样要进行提纯,用各种分离手段(如分馏、萃取、重结晶、层析等)提纯未知试样,以得到单一的纯物质。

(2)收集未知试样的有关资料和数据

了解试样的来源、元素分析值、相对分子质量、熔点、沸点、溶解度、有关的化学性质,以及紫外吸收光谱、核磁共振波谱、质谱等,这样可以大大节省谱图解析的时间。

(3)确定未知试样的不饱和度

详见本子项目任务 1"认识红外分光光度法"中的子任务 2"解析红外光谱图"。

(4)谱图解析

详见本子项目任务 1"认识红外分光光度法"中的子任务 2"解析红外光谱图"。

子任务 3　头孢拉定的定性鉴别

一、头孢拉定红外吸收光谱图

头孢拉定的红外吸收光谱如图 4-18 所示。

中文名：头孢拉定
英文名：Cefradine
分子式：$C_{16}H_{19}N_3O_4S$
试样制备：KBr压片法
备注：取样品适量，溶于甲醇，于室温挥发
　　　至干，取残渣测定。

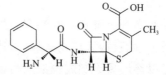

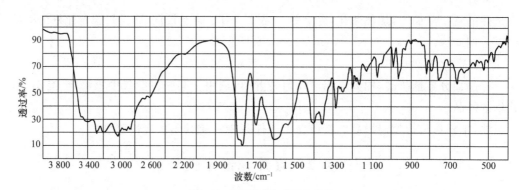

图 4-18　头孢拉定红外吸收光谱

二、红外定性分析

取本品和头孢拉定对照品各适量,分别溶于甲醇,于室温挥发至干,取残渣按照红外分光光度法测定,本品的红外吸收光谱图应与头孢拉定对照品的光谱图一致。

(附加)子任务 4　二甲苯的红外吸收光谱绘制与解析

一、仪器与试剂

(一)仪器

红外光谱仪、液体池、3 支 1 mL 注射器、两块 KBr 晶片、毛细管数支、擦镜纸。

(二)试剂

邻二甲苯、间二甲苯、对二甲苯(均为分析纯)各 1 瓶,三种二甲苯的试样各 1 瓶,无水乙醇(分析纯)1 瓶。

二、实验内容与操作步骤

(一)准备工作

1.开机。

2.用注射器装上无水乙醇清洗液体池 3~4 次；直接用无水乙醇清洗两块 KBr 晶片，用擦镜纸擦干后，置于红外灯下烘烤。

(二)标样的分析测定

1.扫描背景。

2.扫描标样：在液体池中依次加入邻二甲苯、间二甲苯和对二甲苯标样后，置于样品室中进行扫描，保存，记录下各标样对应的文件名。或者用毛细管分别蘸取少量的邻二甲苯、间二甲苯和对二甲苯标样均匀涂渍于一块 KBr 晶片上，用另一块与之夹紧后置于样品室中迅速扫描。

(三)试样的分析测定

1.扫描背景。

2.扫描试样：按扫描标样的方法对三种试样进行扫描，记录下各试样对应的文件名。

(四)结束工作

1.关机。

2.用无水乙醇清洗液体池和 KBr 晶片。

3.整理台面，填写仪器使用记录。

三、注意事项

1.每做一个标样或试样前都需用无水乙醇清洗液体池或两块 KBr 晶片，然后再用该标样或试样润洗 3~4 次。

2.用液膜法测定标样或试样时要迅速，以防止标样或试样挥发。

四、数据处理

1.对各谱图进行优化处理。

2.对三种标样的谱图进行比较，指出其异同点。

3.分析三种试样的谱图，判断其各属于何种二甲苯。

任务考核

考核评分参见表 4-8。

表 4-8   考核评分表

序号	作业项目	考核内容	配分	操作要求	考核记录	扣分	得分
一	液体池的清洗、装样	液体池的清洗	6	规范			
		装样	6	规范			
		液层厚度的控制	4	合理			

（续表）

序号	作业项目	考核内容	配分	操作要求	考核记录	扣分	得分
二	试样分析	开除湿机	2	正确、规范			
		开机预热	2	提前进行			
		液体池的放置	2	正确			
		开计算机,开工作站	2	正确、规范			
		参数设置	4	正确、规范			
		系统校准	4	正确、规范			
		样品扫描	4	正确、规范			
		谱图处理	6	熟练、规范			
		谱图保存	2	规范			
三	关机	退出工作站	2	规范			
		关计算机	2	规范			
		关机	2	规范			
四	数据处理和实训报告	主要吸收峰归属解析	20	正确			
		定性结果	10	正确			
		谱图,报告	10	正确、完整、规范、及时			
五	文明操作,结束工作	清洗液体池,放回干燥器。仪器归位,结束工作	10	关除湿机,仪器拔电源,盖防尘罩;台面无水迹或少水迹;废纸不乱扔,废液不乱倒;结束工作完成良好			
六	总分						

【技能训练测试题】

一、简答题

1.制备红外样品的方法有哪些？说明注意事项。

2.简述红外吸收光谱测定对试样的要求。

3.试说明红外定性分析的一般步骤。

4.怎样查对未知样品中是否存在 $C=O$ 基团？

二、讨论题

分组讨论并解析头孢拉定红外吸收光谱图。

子项目 2　头孢拉定的定量分析(高效液相色谱法)

项目分析

依据《中华人民共和国药典》(2020 年版),头孢拉定的定量分析通常采用高效液相色谱法进行分析。

任务 1　认识高效液相色谱法

任务分析

质检中心已经提供了完成本子项目所需要的仪器和试剂,包括高效液相色谱仪、流动相、过滤装置、脱气装置、头孢拉定样品等。本任务学习高效液相色谱法的基本原理及仪器的使用方法。

【学习目标】

1.知识目标
(1)了解高效液相色谱法与气相色谱法、经典液相色谱法的异同。
(2)熟悉高效液相色谱法的分类。
2.能力目标
熟悉高效液相色谱法的应用领域。
3.素质目标
(1)具有高度的责任感和“质量第一”的理念。
(2)具有实事求是的工作作风。
(3)具有较好的团结协作能力。

子任务 1　认识高效液相色谱法的特点

气相色谱法与高效液相色谱法的比较:气相色谱法虽具有分离能力好、灵敏度高、分析速度快、操作方便等优点,但是受技术条件的限制,沸点太高的物质或热稳定性差的物质都难以应用气相色谱法进行分析。而高效液相色谱法可以在室温下进行分离,只要求试样能制成溶液,而不需要汽化,因此不受试样挥发性的限制。对于高沸点、热稳定性差、相对分子量大(大于 400 以上)的有机物(这些物质几乎占有机物总数的 $75\%\sim80\%$),原则上都可应用高效液相色谱法来进行分离、分析。据统计,在已知化合物中,能用气相色谱分析的约占 20%,而能用高效液相色谱分析的占 $70\%\sim80\%$。

高效液相色谱法的应用范围远远大于气相色谱法。它广泛用于合成化学、石油化学、生命科学、临床化学、药物研究、环境监测、食品检验及法学检验等领域。

以液体为流动相的色谱称为液相色谱。柱色谱、薄层色谱、纸色谱等都属于此类色谱。高效液相色谱法(High Performance Liquid Chromatography, HPLC)是在经典液相色谱法的基础上,随着现代科学技术的发展而发展起来的一种高效、高速、高灵敏度的分离方法,目前它已经成为现代仪器分析中最重要的分离、分析方法之一。

一、高效液相色谱法(HPLC)的特点

与经典液相色谱相比,HPLC 的柱效能更高,分析速度更快,实现了自动化检测,其主要特点见表 4-9。

表 4-9　　　　　　　　　　　　　　　　高效液相色谱法的特点

项　目	特　点
高压	HPLC 固定相颗粒极细,填充十分紧密以提高柱效能,流动相流经柱时受到的阻力很大,为了较快通过色谱柱,必须对流动相施加高压
高速	HPLC 完成分析所需时间通常为数分钟至数十分钟,比经典液相色谱法要快得多
高效	HPLC 使用高效固定相,柱效能很高
高灵敏度	HPLC 采用了高灵敏度检测器,检测灵敏度很高
应用范围广	既能分析一般化合物,也能分析沸点高、热稳定性差和具有生理活性的物质,还能分析离子型化合物和高聚物

二、高效液相色谱法(HPLC)与气相色谱法(GC)的比较

高效液相色谱法与气相色谱法的概念和理论基本一致,但高效液相色谱法所用的流动相、固定相、应用范围、仪器组成等与气相色谱法不同。两种方法的比较见表 4-10。

表 4-10　　　　　　　　　　　　高效液相色谱法与气相色谱法的比较

项目	方法	
	高效液相色谱法	气相色谱法
进样方式	样品制成溶液	样品需加热汽化或裂解
流动相	1.液体流动相可为离子型、极性、弱极性、非极性溶液,可与被分析样品产生相互作用,并能改善分离的选择性; 2.液体流动相动力黏度为 10^{-3} Pa·s,输送流动相压力高达 2~20 MPa	1.气体流动相为惰性气体,不与被分析的样品发生相互作用; 2.气体流动相动力黏度为 10^{-5} Pa·s,输送流动相压力仅为 0.1~0.5 MPa
固定相	1.分离机理:可依据吸附、分配、筛析、离子交换、亲和等多种原理进行样品分离,可供选用的固定相种类繁多; 2.色谱柱:固定相粒度大小为 5~10 μm;填充柱内径为 3~6 mm,柱长 10~25 cm,柱效能为 10^3~10^4;柱温为常温	1.分离机理:依据吸附、分配两种原理进行样品分离,可供选用的固定相种类较多; 2.色谱柱:固定相粒度大小为 0.1~0.5 mm;填充柱内径为 1~4 mm,柱效能为 10^2~10^3;柱温为常温~300 ℃
检测器	选择型检测器:UVD,PDAD,FD,ECD* 通用型检测器:ELSD,RID	通用型检测器:TCD,FID(有机物) 选择型检测器:ECD*,FPD,NPD

（续表）

项目	方法	
	高效液相色谱法	气相色谱法
应用范围	可分析低分子量、低沸点样品；高沸点、中分子、高分子有机化合物（包括非极性、极性）；离子型无机化合物；热不稳定、具有生物活性的生物分子	可分析低分子量、低沸点有机化合物；永久性气体；配合程序升温可分析高沸点有机化合物；配合裂解技术可分析高聚物
仪器组成	溶质在液相的扩散系数（$10^{-5}\,cm^2 \cdot s^{-1}$）很小，因此色谱柱以外的死空间应尽量小，以减少柱外效应对分离效果的影响	溶质在气相的扩散系数（$0.1\,cm^2 \cdot s^{-1}$）大，柱外效应的影响较小，对毛细管气相色谱应尽量减小柱外效应对分离效果的影响

注：①UVD—紫外吸收检测器；PDAD—二极管阵列检测器；FD—荧光检测器；ECD—电化学检测器；RID—折光指数检测器；ELSD—蒸发激光散射检测器；TCD—热导检测器；FID—氢火焰离子化检测器；ECD*—电子俘获检测器；FPD—火焰光度检测器；NPD—氮磷检测器。

子任务 2 熟悉高效液相色谱法的分类

按分离机理分类，高效液相色谱法可分为液-固吸附色谱法、液-液分配色谱法、键合相色谱法、凝胶色谱法、离子色谱法等。

一、液-固吸附色谱法

(一)分离原理

液-固吸附色谱法以固体吸附剂作为固定相，固体吸附剂是一些多孔性的极性微粒物质，如氧化铝、硅胶等。液-固吸附色谱法实质是根据物质在固定相上的吸附作用不同而进行分离的。当试样随流动相通过吸附剂时，由于流动相和试样中各组分对吸附剂的吸附能力不同，于是各组分分子和流动相分子对吸附剂表面活性中心发生吸附竞争。与吸附剂结构和性质相似的组分易被吸附，呈现了高保留值，反之，与吸附剂结构和性质差异较大的组分不易被吸附，呈现了低保留值。

(二)固定相

吸附色谱固定相可分为极性和非极性两大类。极性固定相主要有硅胶、氧化铝、分子筛等。非极性固定相有高强度多孔微粒活性炭和近年来开始使用的 $5 \sim 10\,\mu m$ 的多孔石墨化炭黑，以及高交联度苯乙烯-二乙烯基苯共聚物的单分散多孔微球（$5 \sim 10\,\mu m$）与碳多孔小球等。

极性吸附剂可进一步分为酸性吸附剂和碱性吸附剂。酸性吸附剂包括硅胶和硅酸镁等，碱性吸附剂有氧化铝、氧化镁等。酸性吸附剂适合于分离碱性物质，比如脂肪胺和芳香胺；碱性吸附剂适合于分离酸性物质，比如酚、羧酸和吡咯衍生物等。

吸附剂的结构类型主要以薄壳型硅胶和全多孔硅胶为主。实际工作中，应根据分析样品的特点及分析仪器来选择合适的吸附剂，选择时考虑的因素有吸附剂的形状、粒度、比表面积等。表 4-11 列出了液-固吸附色谱法中常用的固定相的物理性质。

表 4-11   液-固吸附色谱法常用的固定相的物理性质

类型	形状	粒度/μm	比表面积/$(m^2 \cdot g^{-1})$	平均孔径(D)/nm
全多孔硅胶	球形	5~10	300	30
	球形	37~55	400~300	10
	无定形	5,10	500	60
	球形	3,5,10	500	60
	球形	5,10	250	100
	球形	5,7,10	500	50
薄壳硅胶	球形	25~37~50	14~7~2	—
	球形	37~44	1	80
	球形	37~50	14~7	5
	球形	30~40	14	6
	球形	30~40	12	5.7
堆积硅胶	球形	3,5,10	300	10
全多孔氧化铝	球形	5,10,30	100	15
	球形	5,10,30	175	8
	无定形	5,10,30	70	15
	无定形	5,10	70	—
	无定形	74	200	—

平均孔径(D):指多孔基体所有孔洞的平均直径。

(三)流动相

在液固色谱中,选择流动相的基本原则是极性大的试样用极性较强的流动相,极性小的则用极性弱的流动相。

流动相的极性强度可用溶剂强度参数 $\varepsilon°$ 表示。$\varepsilon°$ 是指每单位面积吸附剂表面的溶剂的吸附能力,$\varepsilon°$ 越大,表明流动相的极性也越大。表 4-12 列出了以氧化铝为吸附剂时,一些常用流动相洗脱强度的次序。

表 4-12   氧化铝上的洗脱序列

溶剂	$\varepsilon°$	溶剂	$\varepsilon°$
正戊烷	0	二氯乙烷	0.44
异戊烷	0.01	四氢呋喃	0.45
环己烷	0.04	丙酮	0.56
四氯化碳	0.18	乙腈	0.65
甲苯	0.29	二甲基亚砜	0.75
氯仿	0.40	异丙醇	0.82
二氯甲烷	0.42	甲醇	0.95

为了获得合适的溶剂极性,常将两种或两种以上不同极性的溶剂按一定比例混合后使用,如果样品各组分的分配比 k' 值差异比较大,可采用梯度洗脱(间断或连续地改变流

动相的组成或其他操作条件,从而改变其色谱洗脱能力的过程)。

(四)应用

液-固吸附色谱法是以表面吸附性能为依据的,主要用来分析具有极性官能团且极性较小的化合物。它对同系物的选择性很小,对不同族化合物具有好的选择分离能力。因此液-固吸附色谱法有利于按族分离化合物。此外,液-固吸附色谱法还适合于分离异构体。

二、液-液分配色谱法

(一)分离原理

在液-液分配色谱法中,一个液相作为流动相,另一个液相(固定液)则涂渍在惰性载体或硅胶上作为固定相。

作为固定相的液相与流动相互不相溶,它们之间有一个界面。试样溶于流动相后,在色谱柱内经过分界面进入固定相中,试样中各组分在两相间进行分配,很快达到分配平衡。各组分的分配服从分配定律,分配系数 K 大的组分,保留值大,后出柱。

依据所使用的固定相和流动相的相对极性的不同,分配色谱法可分为:正相分配色谱法和反相分配色谱法。如果固定相的极性大于流动相的极性,称为正相分配色谱法。在正相分配色谱法中,固定相载体上涂布的是极性固定液,流动相是非极性溶剂,它适于极性化合物的分离,极性小的组分先流出,极性大的组分后流出。如果固定相的极性小于流动相的极性,称为反相分配色谱法。固定相载体上涂布极性较弱或非极性的固定液,而用极性较强的溶剂作流动相。它适于非极性化合物的分离,其流出顺序与正相分配色谱相反,即极性组分先被洗脱,非极性组分后被洗脱。

(二)固定相

液-液分配色谱法固定相由两部分组成,一部分是惰性载体,另一部分是涂渍在惰性载体上的固定液。在液-液分配色谱法中使用的惰性载体(也叫担体),主要是一些固体吸附剂,如全多孔球形或无定形微粒硅胶、全多孔氧化铝等。在液-液分配色谱法中常用的固定液如表 4-13 所示。

表 4-13 液-液分配色谱法常用的固定液

正相分配色谱法的固定液		反相分配色谱法的固定液
β,β'-氧二丙腈	乙二醇	甲基硅酮
1,2,3-三(2-氰乙氧基)丙烷	乙二胺	氰丙基硅酮
聚乙二醇 400,600	二甲基亚砜	聚烯烃
甘油,丙二醇	硝基甲烷	正庚烷
冰乙酸	二甲基甲酰胺	

涂渍固定相最大的缺点是固定液容易流失,导致保留值减小,柱选择性下降。另外稳定性和重复性不易保证。实际工作中,一般可采用如下几种方法来防止固定液的流失:

1.应尽量选择对固定液仅有较低溶解度的溶剂作为流动相。

2.在色谱柱前加一根预饱和柱。流动相进入色谱柱前,先通过预饱和柱,预先用固定液把流动相饱和,这种流动相再流经色谱柱时就不会再溶解固定液了。

3.使流动相保持低流速经过固定相,并保持色谱柱温度恒定。

4.选择时若溶解样品的溶剂对固定液有较大的溶解度,应避免过大的进样量。

(三)流动相

理想的流动相应符合以下条件:

1.对试样有适当的溶解度,以防在柱头产生沉淀。

2.与固定相不互溶,不与试样发生化学反应。

3.应与所用检测器相匹配。

4.黏度应较小,以获得较高的柱效能。

5.纯度高,毒性小,价格便宜,不污染环境和腐蚀仪器。

流动相一般由洗脱剂和调节剂两部分组成。前者的作用是将试样溶解和分离,后者则用以调节前者的极性和强度,以改变组分在柱中的移动速度和分离状态。在正相分配色谱中,流动相主体采用低极性溶剂如正己烷、庚烷等,可加入低于 20% 的极性改性剂,如1-氯丁烷、异丙醚、二氯甲烷、四氢呋喃、氯仿、乙酸乙酯、乙醇、乙腈等。在反相分配色谱中,通常以水作流动相的主体,可加入一定量(低于 10%)的极性改性剂,如二甲基亚砜、乙二醇、乙腈、甲醇、丙酮、对二氧六环、乙醇、四氢呋喃、异丙醇等。

(四)应用

液-液分配色谱法对极性化合物和非极性化合物都能达到满意的分离效果,如烷烃、烯烃、芳烃、稠环、甾族等化合物。由于不同极性键合固定相的出现,分离的选择性可得到很好的控制。

三、键合相色谱法

采用化学键合相的液相色谱法称为键合相色谱法。键合固定相是利用特定的化学反应,将各种不同的有机基团以化学键的形式连接到载体表面的游离羟基上而制得的。形成化学键合相必须具备两个条件:一是载体表面应有某种活性基团(如硅胶表面的硅醇基),二是固定液应有与载体表面发生化学反应的官能团。键合固定相的化学稳定性和热稳定性好,在使用中固定液不易流失。其在 pH=2～8 的溶液中不变质,选择性好,有利于梯度洗脱,它的使用大大改善了固定相的柱效能和分离性能。目前键合相色谱法已逐渐取代分配色谱法,获得了日益广泛的应用,在高效液相色谱法中占有极其重要的地位。

根据键合固定相与流动相相对极性的强弱,可将键合相色谱法分为正相键合相色谱法和反相键合相色谱法。在正相键合相色谱法中,键合固定相的极性大于流动相的极性,适用于分离极性与强极性化合物。在反相键合相色谱法中,键合固定相的极性小于流动相的极性,适用于分离非极性、极性或离子型化合物,其应用范围比正相键合相色谱法广泛得多。在高效液相色谱法中,70%～80% 的分析任务是由反相键合相色谱法来完成的。

(一)分离原理

键合相色谱法中的固定相特性和分离机理与分配色谱法都存有差异,所以一般不宜将化学键合相色谱法统称为液-液分配色谱法。

1.正相键合相色谱法的分离原理

正相键合相色谱法使用的是极性键合固定相[以极性有机基团如胺基($-NH_2$)、氰基($-CN$)、醚基($-O-$)等键合在硅胶表面制成的],溶质在此类固定相上的分离机理属于分配色谱。

2.反相键合相色谱法的分离原理

反相键合相色谱法使用的是极性较小的键合固定相(以极性较小的有机基团如苯基、烷基等键合在硅胶表面制成的),其分离机理可用疏溶剂作用理论来解释。这种理论认为:键合在硅胶表面的非极性或弱极性基团具有较强的疏水特性,当用极性溶剂为流动相来分离含有极性官能团的有机化合物时,一方面,分子中的非极性部分与疏水基团产生缔合作用,使它保留在固定相中;另一方面,被分离的极性部分受到极性流动相的作用,促使它离开固定相,并减小其保留作用。显然,键合固定相对每一种溶质分子缔合和解缔能力之差,决定了溶质分子在色谱分离过程中的保留值。由于不同溶质分子这种能力的差异是不一致的,因此流出色谱柱的速度是不一致的,从而使得各种不同组分得到了分离。

(二)固定相

化学键合固定相广泛使用全多孔或薄壳型微粒硅胶作为基体,这是由于硅胶具有机械强度好、表面硅羟基反应活性高、表面积和孔结构易控制的特点。

化学键合固定相按极性大小可分为非极性、弱极性、极性三种,具体类型及其应用范围见表 4-14。

表 4-14　　　　　　　　　键合固定相的类型及应用范围

类型	键合官能团	性质	色谱分离方式	应用范围
烷基 $-C_8H_{17}$、$-C_{18}H_{37}$	$-(CH_2)_7-CH_3$ $-(CH_2)_{17}-CH_3$	非极性	反相、离子对	中等极性化合物,溶于水的高极性化合物,如小肽、蛋白质、甾族化合物(类固醇)、核碱、核苷、核苷酸、极性合成药物等
苯基 $-C_6H_5$	$-(CH_2)_3-C_6H_5$	非极性	反相、离子对	非极性至中等极性化合物,如脂肪酸、甘油酯、多核芳烃、酯类(邻苯二甲酸酯)、脂溶性维生素、甾族化合物(类固醇)、PTH 衍生化氨基酸
酚基 $-C_6H_4OH$	$-(CH_2)_3-C_6H_4OH$	弱极性	反相	中等极性化合物,保留特性相似于 C_8 固定相,但对多环芳烃、极性芳香族化合物、脂肪酸等具有不同的选择性
醚基 $-CH-CH_2$ $\quad\ \ O$	$-(CH_2)_3-O-CH_2-CH-CH_2$ $\qquad\qquad\qquad\quad\ O$	弱极性	反相或正相	醚基具有斥电子基团,适于分离酚类、芳硝基化合物,其保留行为比 C_{18} 更强(k'增大)

（续表）

类型	键合官能团	性质	色谱分离方式	应用范围
二醇基 —CH—CH₂ 　|　　| 　OH　OH	—(CH₂)₃—O—CH₂—CH—CH₂ 　　　　　　　　　　|　　| 　　　　　　　　　　OH　OH	弱极性	正相 或反相	二醇基团比未改性的硅胶具有更弱的极性,易用水润湿,适于分离有机酸及其低聚物,还可作为分离肽、蛋白质的凝胶过滤色谱固定相
芳硝基 —C₆H₅—NO₂	—(CH₂)₃—C₆H₅—NO₂	弱极性	正相 或反相	分离具有双键的化合物,如芳香族化合物、多环芳烃
氰基 —CN	—(CH₂)₃—CN	极性	正相 (反相)	正相相似于硅胶吸附剂,为氢键接受体,适于分析极性化合物,溶质保留值比硅胶柱低;反相可提供与C₈、C₁₈、苯基柱不同的选择性
胺基 —NH₂	—(CH₂)₃—NH₂	极性	正相 (反相、阴离子交换)	正相可分离极性化合物,如芳胺取代物、脂类、甾族化合物、氯代农药;反相分离单糖、双糖和多糖等碳水化合物;阴离子交换可分离酚、有机羧酸和核苷酸
二甲胺基 —N(CH₃)₂	—(CH₂)₃—N(CH₃)₂	极性	正相、 阴离子交换	正相相似于胺基柱的分离性能;阴离子交换可分离弱有机碱
二胺基 —NH(CH₂)₂NH₂	—(CH₂)₃—NH—(CH₂)₂—NH₂	极性	正相、 阴离子交换	正相相似于胺基柱的分离性能;阴离子交换可分离有机碱

非极性烷基键合相是目前应用最广泛的柱填料,尤其是 C_{18} 反相键合相（简称 ODS）,在反相液相色谱法中发挥着重要作用,它可完成高效液相色谱分析任务的 70%～80%。

(三)流动相

在键合相色谱法中使用的流动相类似于液-固吸附色谱、液-液分配色谱中的流动相。

1.正相键合相色谱法中的流动相

正相键合相色谱法中,采用和正相液-液分配色谱法相似的流动相,流动相的主体成分为己烷（或庚烷）。为改善分离的选择性,常加入的优选溶剂为:质子接受体乙醚或甲基叔丁基醚;质子给予体氯仿;偶极溶剂二氯甲烷;等等。

2.反相键合相色谱法中的流动相

反相键合相色谱中,采用和反相液-液分配色谱法相似的流动相,流动相的主体成分为水。为改善分离的选择性常加入甲醇、乙腈、四氢呋喃等。实际使用中,一般采用甲醇-水体系即能满足多数样品的分离要求。由于甲醇的毒性比乙腈小 5 倍,且价格便宜 6～7 倍,因此,反相键合相色谱法中应用最广泛的流动相是甲醇-水体系。

(四)应用

1.正相键合相色谱法的应用

正相键合相色谱法多用于分离各类极性化合物如染料、炸药、甾体激素、多巴胺、氨基酸和药物等。

2.反相键合相色谱法的应用

反相键合相色谱法由于操作简单,稳定性与重复性好,已成为一种通用型液相色谱分析方法。极性、非极性、水溶性、油溶性、离子性、非离子性、小分子、大分子,以及具有官能团差别或分子量差别的同系物,均可采用反相液相色谱技术实现分离。

四、凝胶色谱法

凝胶色谱法又称条件排阻色谱法或尺寸排阻色谱法等,它是基于分子大小不同而进行分离的一种色谱方法。

凝胶色谱法的固定相凝胶是一种化学惰性的多孔性凝胶材料。当试样随流动相在凝胶外的间隙和凝胶孔穴中流动时,分子体积大的不能渗透到凝胶孔穴中,就较快地随流动相流走;中等大小的分子,能选择渗透到部分孔穴中去,流出稍慢;分子体积小的,则渗透到凝胶内部的孔穴中,通过一个平衡过程,较慢地被冲洗出来。分子体积越小,渗透到孔穴越深,流出越慢,这样,样品就按分子大小先后从柱中流出。

凝胶色谱法主要用来分离、鉴定高分子聚合物。由于聚合物的相对分子量及其分布与其性能有着密切的关系,因此凝胶色谱法的结果可用于研究聚合机理,选择聚合工艺及条件,并考察聚合材料在加工和使用过程中相对分子质量的变化等。

【技能训练测试题】

一、简答题

1.简述高效液相色谱法与气相色谱法的异同点。

2.某天然化合物的分子量大于400,你认为用什么方法分析比较合适?

3.液-固吸附色谱法中常用的固定相是什么?在选择固定相时应注意哪些问题?

4.按固定相与流动相相对极性的不同,液-液分配色谱法可分为哪两类方法?

5.何谓键合固定相?请查阅资料了解 C_{18} 键合固定相的制备与性能特点。

二、判断题

1.液-液分配色谱法中流动相与被分离物质相互作用,流动相极性的微小变化,都会使组分的保留值出现较大的改变。 ( )

2.高效液相色谱法适用于大分子、热不稳定及生物试样的分析。 ( )

3.在液相色谱法中,为避免固定相的流失,流动相与固定相的极性差别越大越好。 ( )

4.正相分配色谱法的流动相极性大于固定相极性。 ( )

5.反相分配色谱法适于非极性化合物的分离。 ( )

6.化学键合固定相具有良好的热稳定性,不易吸水,不易流失,可用梯度洗脱。 ( )

7.在液相色谱法中,流动相的流速变化对柱效能影响不大。 ( )

8.在液-液分配色谱法中,为改善分离效果,可采用梯度洗脱。 ( )

9.液相色谱法中的流动相又称为淋洗液,改变淋洗液的组成、极性可显著改变组分分离效果。 ( )

10.在液相色谱法中,某组分的保留值大小实际反映了组分与流动相和固定相的分子间作用力的大小。 ( )

任务 2　认识高效液相色谱仪

任务分析

　　高效液相色谱法是目前应用最多的色谱分析方法,高效液相色谱仪定量定性分析皆可,被广泛应用到生物化学、食品分析、医药研究、环境分析、无机分析等各种领域。

　　为了完成本任务,应学习高效液相色谱仪的相关组成结构和工作原理,明确质检中心提供仪器的型号,认真阅读仪器的使用说明书(不同生产厂家、不同型号的仪器,其使用操作规程是不同的),以达到熟练操作仪器的目的。

【学习目标】

1.知识目标

(1)熟悉高效液相色谱仪的工作流程。

(2)熟悉高效液相色谱仪的组成和各部分作用。

(3)熟练掌握高效液相色谱仪的使用。

2.能力目标

(1)会进行样品液制备,流动相配制、过滤、脱气、更换,色谱柱安装。

(2)会利用仪器进行样品分析、数据处理。

3.素质目标

(1)具有独立工作能力。

(2)具有团结协作能力。

(3)具有按规范、规程操作的习惯。

(4)具有安全操作意识和意外事故处理能力。

子任务 1　熟悉高效液相色谱仪的工作流程

　　高效液相色谱仪由储液器、输液泵、进样器、色谱柱、检测器和记录器等组成,其整体组成类似于气相色谱仪,但是针对其流动相为液体的特点做出了很多调整。高效液相色谱仪的输液泵要求输液量恒定平稳;进样系统要求进样便利、切换严密;由于液体流动相黏度远远高于气体,为了降低柱压,高效液相色谱仪的色谱柱一般比较粗,长度也远小于气相色谱仪的色谱柱。高效液相色谱仪与结构仪器的联用是一个重要的发展方向。

　　高效液相色谱仪种类繁多,仪器的结构和流程也是多种多样,但就基本原理而言都是相同的。高效液相色谱仪分为高压输液系统、进样系统、分离系统、检测系统和数据记录处理系统。其基本组成和工作原理如图 4-19 所示。还可以根据需要配备一些附属装置,如梯度洗脱装置、在线脱气机、自动进样器、溶剂管理器、预柱或保护柱、柱温控制器、自动馏分收集装置、工作站等。

　　高效液相色谱仪的工作流程为:储液器中的流动相被高压输液泵吸入后输出,经压力和流量测量后导入进样器。将分析试样注入进样口,流动相将试样依次带入预柱、色谱

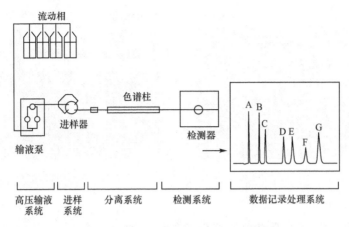

图 4-19 高效液相色谱仪的基本组成和工作原理

柱,在色谱柱中各组分被分离,并依次随流动相流至检测器,组分溶液最后和洗脱液一起进入废液槽。被检测器检测到的信号经放大器放大后,用记录器记录下来,得到一系列色谱峰,或者检测信号被微机处理,直接显示或打印结果。

子任务2 熟悉高效液相色谱仪的组成和各部分作用

一、高压输液系统

高压输液系统一般包括储液器、高压输液泵、过滤器、梯度洗脱装置等。

(一)储液器

储液器主要用来提供足够数量的符合要求的流动相以完成分析工作。一般是以不锈钢、玻璃、聚四氟乙烯或特种塑料聚醚醚酮(PEEK)衬里为材料,容积一般为 0.5～2.0 L。

所有溶剂在放入储液器之前必须经过 0.45 μm 滤膜过滤,除去溶剂中的机械杂质,以防输液管道或进样阀产生阻塞现象。滤膜分有机溶剂专用和水溶液专用两种。目前专供色谱分析用的"色谱纯"溶剂除最常用的甲醇外,其余多为分析纯,有时要进行除去紫外杂质、脱水、重蒸等纯化操作。过滤装置如图 4-20 所示。

所有溶剂在使用前必须脱气。因为色谱柱是带压力操作的,而检测器在常压下工作。若流动相中所含的空气不除去,则流动相通过柱子时其中的气泡受到压力而压缩,流出柱子后到检测器时因常压而将气泡释放出来,造成检测器噪声增大,基线不稳,仪器不能正常工作,这在梯度洗脱时尤其突出。

液相色谱流动相脱气使用较多的方法有超声波振荡脱气、惰性气体鼓泡吹扫脱气以及在线(真空)脱气三种。超声波振荡脱气的方法是将配制好的流动相连同容器一起放入超声水槽中,脱气 10～20 min 即可。该法操作简便,基本能满足日常分析的要求,所以目前仍被广泛采用(图 4-21)。

图 4-20　过滤装置

图 4-21　超声波振荡脱气装置

(二)高压输液泵

高压输液泵(图 4-22)是高效液相色谱仪的关键部件,其作用是将流动相以稳定的流速或压力输送到色谱分离系统。

高压输液泵要求密封性好、输出流量恒定、压力平稳、可调范围宽、耐腐蚀等。

高压输液泵一般可分为恒压泵和恒流泵两大类,如图 4-23 所示。

图 4-22　高压输液泵

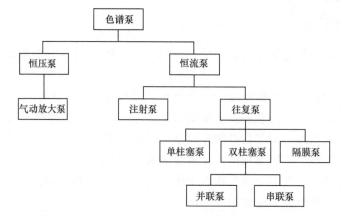

图 4-23　高压输液泵的类型

恒流泵始终输送恒定流量的液体,与柱压力的大小和压力的变化无关。因此保留值的重复性好,基线稳定,能满足高精度分析和梯度洗脱的要求。目前常用的恒流泵有往复泵和注射泵。往复泵又可分为单柱塞泵、双柱塞泵和隔膜泵。单、双柱塞泵是 HPLC 最常用的色谱泵。

恒压泵又称气动放大泵,采用适当的气动装置,使高压惰性气体直接加压于流动相,输出无脉冲的液流。这种泵简单价廉,但流速不够稳定,随溶剂黏度不同而改变,仅适用于对流速精度要求不高的场合。

(三)过滤器

在高压输液泵的进口和它的出口与进样阀之间,应设置过滤器。高压输液泵的活塞和进样阀阀芯的机械加工精密度非常高,微小的机械杂质进入流动相,会导致上述部件的损坏；同时机械杂质在柱头的积累，会造成柱压升高，使色谱柱不能正常工作。

过滤器的滤芯是用不锈钢材料制造的，孔径为 $2\sim3\ \mu m$，耐有机溶剂的侵蚀。若发现过滤器堵塞（发生流量减小的现象），可将其浸入稀 HNO_3 溶液中，在超声波清洗器中用超声波振荡 $10\sim15\ min$，即可将堵塞的固体杂质洗出。若清洗后仍不能达到要求，则应更换滤芯。

(四)梯度洗脱装置

在液相色谱分离条件中，重要的参数就是洗脱条件，分为等度洗脱和梯度洗脱。等度洗脱是指色谱分离过程中流动相的组成不发生改变。梯度洗脱是指在一个色谱分离分析周期中，按设定程序改变流动相的浓度配比。在色谱分析时，等度洗脱和梯度洗脱各有优点和缺点。

等度洗脱流动相的比例不发生变化，对仪器的要求不高，只需要一个单元泵就可以按方法运行；其次，由于等度洗脱条件单一，所以比较容易改变设置，例如改变流动相比例、改变柱温等条件；再者，由于等度洗脱每次运行时的流动相比例相同，所以用相同方法运行多个样品时，样品之间不需要设置平衡时间来让系统恢复到所需的流动相比例。但是它也有缺点，那就是越往后出峰的组分色谱峰越宽，并且大多数等度洗脱的方法分析时间较长。

梯度洗脱又称为梯度淋洗或程序洗脱。在液相色谱分析中对组分复杂的样品常采用梯度洗脱的方法，以达到良好分离的目的。而梯度洗脱能够规避等度洗脱的问题，使峰型得到改善，很少拖尾，分析时间也较短。但梯度洗脱对仪器的配置要求较高，通常需要配置四元泵或者二元泵；其次它在每次运行样品之间，需要设置平衡时间，来让系统中流动相的比例到达初始流动相比例；再者，由于梯度洗脱方法设置复杂，方法的开发和优化会较为复杂，有时甚至引起基线漂移。

图 4-24 显示了等度洗脱与梯度洗脱在分离度上造成的不同影响。

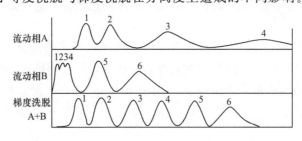

图 4-24　等度洗脱与梯度洗脱

二、进样系统

进样系统包括进样口、注射器、六通阀和定量管等。进样系统的作用是将样品溶液准确送入色谱柱。对进样系统的要求是密封性好，死体积小，重复性好，进样时引起色谱分离系统的压力和流量波动要很小。常用的进样装置有以下两种：

(一)六通阀进样器

现在的液相色谱仪所采用的手动进样器几乎都是耐高压、重复性好和操作方便的阀进样器。六通阀进样器是最常用的,进样体积由定量管确定,常使用的是 10 μL、20 μL 体积的定量管。六通阀进样器的结构如图 4-25 所示,外观如图 4-26 所示。

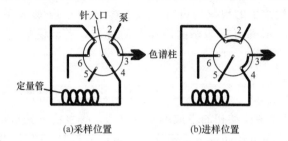

　　　　　　(a)采样位置　　　　　　　　　　(b)进样位置

图 4-25　六通阀进样器的结构

　　　　(a)前视图　　　　　　　　　　　(b)侧后视图

图 4-26　六通阀进样器前视图(a)和侧后视图(b)

　　操作时先将阀柄置于图 4-25(a)所示的采样位置,这时进样口只与定量管接通,处于常压状态。用平头微量注射器(液相色谱进样针类似于气相色谱进样针,只是其针头为平头,以免扎破六通阀管路。体积应为定量管体积的 3~5 倍)注入样品溶液,样品停留在定量管中,多余的样品溶液从 6 处溢出。将进样器阀柄顺时针转动 60°至图 4-25(b)所示的进样位置时,流动相与定量管接通,样品被流动相带到色谱柱中进行分离分析。

　　(二)自动进样器

　　自动进样器可实现批量进样。操作者只需将样品按顺序装入储样装置,计算机可自动控制定量阀,使取样、进样、复位、清洗和样品盘转动等一系列操作全部按预定程序自动进行。自动进样器的进样量可连续调节,进样重复性高,适合于大量样品的分析,节省人力,可实现自动化操作。

三、分离系统

　　分离系统包括色谱柱、恒温装置和连接管等部件。色谱柱是高效液相色谱的核心部件,对色谱柱的要求是柱效能高、选择性好、柱容量大、分析速度快。

　　(一)色谱柱

　　色谱柱包括柱管和固定相两部分,色谱柱管由内部抛光的不锈钢或塑料、玻璃、铝等材料制成,其外观和结构分别如图 4-27、图 4-28 所示。目前,液相色谱法常用的标准柱是内径为 4.6 mm 或 3.9 mm、长度为 10~50 cm 的直型不锈钢柱。填料颗粒度为 5~10 μm,柱效能的理论值可达每米 5 000~10 000 块理论塔板数。

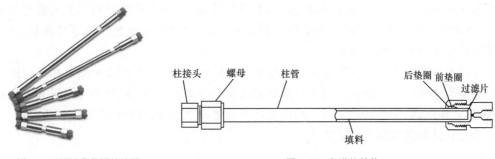

图 4-27　HPLC 色谱柱外观　　　　　　　　　　图 4-28　色谱柱结构

色谱柱通常由专门的厂家生产提供。色谱柱填充完毕后是有方向的,即流动相的方向应与柱的填充方向一致。色谱柱的管外以箭头显著标示了该柱的使用方向,安装和更换色谱柱时一定要使流动相能按箭头所指方向流动。

为了保护色谱柱不被污染,有时需要在色谱柱前加一保护柱(预柱),如图 4-29 所示,即在色谱柱的入口端装一与色谱柱相同固定相的短柱,可以防止来自流动相和样品中不溶性微粒堵塞色谱柱。保护柱一般柱长为 30～50 mm,柱内装有 0.2 μm 的过滤片。保护柱可以经常更换,以提高色谱柱的使用寿命、保持柱效能。

图 4-29　可换柱芯式保护柱

(二)恒温装置

柱温是液相色谱的重要操作参数,提高柱温有利于增加样品在流动相中的溶解度,从而缩短分析时间;有利于改善传质过程,减少传质阻力,提高柱效能;有利于降低流动相黏度,从而降低柱压。

高效液相色谱仪中常用的恒温装置有水浴式、电加热式和恒温箱式三种。液相色谱法常用的柱温范围为室温至 65 ℃。若高于最高使用温度,会导致流动相汽化而使分析工作无法进行。

四、检测系统

HPLC 检测器是用于连续监测被色谱系统分离后的柱流出物组成和含量变化的装置。其作用是将柱流出物中样品组成和含量的变化转化为可供检测的信号,完成定性定量分析的任务。

(一)HPLC 检测器的要求

理想的 HPLC 检测器应具有灵敏度高、响应快、重现性好、线性范围宽、适用范围广、对流动相流量和温度波动不敏感、死体积小等特点。实际上很难找到满足上述全部要求的 HPLC 检测器,但可以根据不同样品的情况和分离目的来选择合适的检测器。

(二)HPLC 检测器的分类

HPLC 检测器一般分为两类:通用型检测器和专用型检测器。

通用型检测器可连续测量色谱柱流出物(包括流动相和样品组分)的全部特性变化,

通常采用差分测量法。这类检测器包括示差折光检测器、电导检测器和蒸发光散射检测器等,适用范围广,但灵敏度低,易受温度和流量波动的影响,造成较大的漂移和噪声,一般不适合痕量分析和梯度洗脱。

专用型检测器用以测量被分离样品组分某种特性的变化,这类检测器对样品中组分的某种物理或化学性质敏感。这类检测器包括紫外-可见光检测器、荧光检测器和安培检测器等,灵敏度高,对流动相流量和温度变化不敏感,可用于痕量分析和梯度洗脱。

常见检测器的性能指标见表 4-15。

表 4-15 常见检测器的性能指标

性能	检测器类型			
	紫外-可见光检测器	示差折光检测器	荧光检测器	电导检测器
测量参数	吸光度(AU)	折光指数(RIU)	荧光强度(AU)	电导率/$(\mu S \cdot cm^{-1})$
池体积/μL	1～10	3～10	3～20	1～3
类型	选择性	通用性	选择性	选择性
线性范围	10^5	10^4	10^3	10^4
最小检出浓度/$(g \cdot mL^{-1})$	10^{-10}	10^{-7}	10^{-11}	10^{-2}
最小检出量	≈1 ng	≈1 μg	≈1 pg	≈1 mg
噪声(测量参数)	10^{-4}	10^{-7}	10^{-3}	10^{-3}
是否可用于梯度洗脱	可以	不可以	可以	不可以
对流量敏感性	不敏感	敏感	不敏感	敏感
对温度敏感性	低	敏感	低	敏感

1.紫外-可见光检测器

紫外-可见光检测器(UV-Vis)如图 4-30 所示,又称紫外可见吸收检测器、紫外吸收检测器,或直接称为紫外检测器,是目前液相色谱中应用最广泛的检测器。它适用于对紫外光(或可见光)有吸收的样品的测定。在各种检测器中,其使用率占 70% 左右,约 80% 的样品可以使用这种检测器。紫外-可见光检测器灵敏度高,精密度及线性范围较好,对温度和流量不敏感,可用于梯度洗脱。几乎所有的液相色

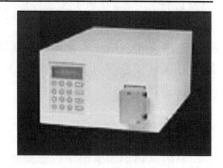

图 4-30 紫外-可见光检测器

谱装置都配有紫外-可见光检测器。其缺点是不适用于对紫外光无吸收的样品,流动相选择有限制(流动相截止波长必须小于检测波长)。表 4-16 列出了一些常用溶剂的紫外截止波长。

表 4-16 一些常用溶剂的紫外截止波长

溶剂	CS_2	氯仿	四氢呋喃	苯	乙腈	甲醇	水
紫外截止波长/nm	380	245	212	210	190	205	187

紫外-可见光检测器的工作原理是基于待测组分对特定波长紫外线的选择性吸收,组

分浓度与吸光度的关系服从朗伯-比尔定律,也就是说对于给定的检测池,在固定波长下,紫外-可见光检测器可输出一个与样品浓度成正比的光吸收信号——吸光度(A)。紫外-可见光检测器有固定波长和可见波长两类。

紫外-可见光检测器光学系统如图 4-31 所示。

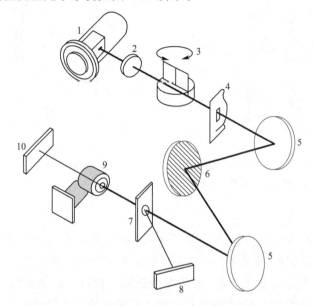

图 4-31　紫外-可见光检测器光学系统
1—光源;2—聚光透镜;3—滤光片;4—入口狭缝;5—平面反射镜;
6—光栅;7—光分束器;8—参比光电二极管;9—流通池;10—光电二极管

光源 1(氘灯)发射的光经聚光透镜 2 聚焦,由可旋转组合滤光片 3 滤去杂散光,再通过入口狭缝 4 至平面反射镜 5,经反射后到达光栅 6,光栅将光衍射色散成不同波长的单色光。当某一波长的单色光经平面反射镜 5 反射至光分束器 7 时,透过光分束器的光通过样品流通池 9,最终到达检测样品的光电二极管 10。被光分束器反射的光到达检测基线波动的参比光电二极管 8。通过比较可以获得测量和参比光电二极管的信号差,此即为样品的检测信息。这种可变波长紫外吸收检测器的设计,使它在某一时刻只能采集某一特定单色波长的吸收信号。光栅的偏转可由预先编制的采集信号程序加以控制,以便于采集某一特定波长的吸收信号,并可使色谱分离过程洗脱出的每个组分峰都获得最灵敏的检测。

紫外-可见光检测器的基本结构与一般紫外-可见光分光光度计是相同的,均包括光源、分光系统、试样室和检测系统四大部分。

紫外-可见光检测器与紫外-可见分光光度计仪器结构的主要区别是将吸收池改为流通池。一般标准池体积为 $5\sim8\ \mu L$,光程长为 $5\sim10\ mm$,内径小于 $1\ mm$,结构常采用 H 形,以适应高效液相色谱进样量小,柱外谱带展宽小的要求。流通池的结构如图 4-32 所示。图 4-33 是由紫外-可见光检测器得到的色谱。

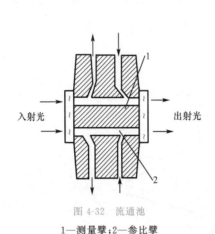

图 4-32 流通池

1—测量臂;2—参比臂

图 4-33 由紫外-可见光检测器得到的色谱

2.二极管阵列检测器

二极管阵列检测器(PDA)如图 4-34 所示,其本质是紫外-可见光检测器。光电二极管阵列检测器与普通紫外-可见光检测器的区别主要在于进入流通池的不再是单色光,获得的检测信号不再是单一波长上的,而是在全部紫外波段上的色谱信号。因此 PDA 得到的不是一般意义上的色谱图,而是具有三维空间的立体色谱,如图 4-35 所示。

PDA 不仅可用于被测组分的定性分析,还可用化学计量法辨别色谱峰的纯度及分离情况,其全部检测过程均由计算机控制完成。

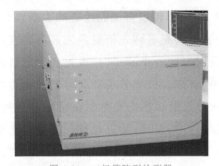

图 4-34 二极管阵列检测器

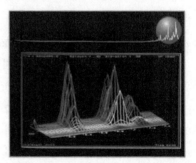

图 4-35 二极管阵列检测器色谱

3.荧光检测器

荧光检测器(FD)(图 4-36)的作用和结构与常用的荧光分光光度计基本相同,就是利用某些溶质在受紫外光激发后,能发射可见光(荧光)的性质来进行检测的。它是一种具有高灵敏度和高选择性的浓度型检测器。对于不发生荧光的物质,可使其与荧光试剂反应,制成可发生荧光的衍生物后再进行测定。图 4-37 为荧光检测器光路。

荧光检测器的优点是选择性好、灵敏度高、对温度及流速等要求相对较低,但线性范围较窄。此检测器特别适合于痕量分析,在环境监测、药物分析、生化分析中有着广泛的应用。

图 4-36　荧光检测器

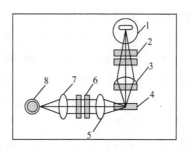

图 4-37　荧光检测器光路

1—光电倍增管；2—发射滤光片；3—透镜；4—样品流通池；

5—透镜；6—激发滤光片；7—透镜；8—光源

4.折光指数检测器

折光指数检测器(RID)，又称示差折光检测器，它是通过连续监测参比池和测量池中溶液的折射率之差来测定试样浓度的检测器。溶液的光折射率是溶剂(流动相)和溶质各自的折射率乘以其物质的量浓度之和，溶有样品的流动相和流动相本身之间光折射率之差即表示样品在流动相中的浓度。原则上凡是与流动相光折射率有差别的样品都可用它来测定，其检测限可达$(10^{-7} \sim 10^{-6})$ g/mL。表 4-17 列出了常用溶剂在 20 ℃时的折射率。

表 4-17　　　　　　　　　　常用溶剂在 20 ℃时的折射率

溶剂	折射率	溶剂	折射率
水	1.333	苯	1.501
乙醇	1.362	甲苯	1.496
丙酮	1.358	己烷	1.375
四氢呋喃	1.404	环己烷	1.462
乙烯乙二醇	1.427	庚烷	1.388
四氯化碳	1.463	乙醚	1.353
氯仿	1.446	甲醇	1.329
乙酸乙酯	1.370	乙酸	1.329
乙腈	1.344	苯胺	1.586
异辛烷	1.404	氯代苯	1.525
甲基异丁酮	1.394	二甲苯	1.500
氯代丙烷	1.389	二乙胺	1.387
甲乙酮	1.381	溴乙烷	1.424

HPLC 都使用反射式折光指数检测器，因其池体积很小(一般为 5 μL 左右)，可获得较高灵敏度。

折光指数检测器对温度的变化很敏感，使用时温度变化要求保持在±0.001 ℃范围内。此检测器对流动相流量变化也敏感，要求流动相组成完全恒定，稍有变化都会对测定产生明显的影响，因此一般不宜做梯度洗脱。此外，折光指数检测器灵敏度较低，不宜用作痕量分析。

折光指数检测器的普及程度仅次于紫外-可见光检测器,属于总体性能检测器,对所有物质都有响应,是一种通用型检测器,也属于浓度敏感型检测器、非破坏型检测器。它对没有紫外吸收的物质,如高分子化合物、糖类、脂肪烷烃等都能够进行检测。在凝胶色谱中,折光指数检测器是必不可少的,尤其是对聚合物,如聚乙烯、聚乙二醇、丁苯橡胶等的分子量分布的测定中尤其要用到。此外,折光指数检测器在制备色谱中也经常使用。

5.蒸发激光散射检测器

蒸发激光散射检测器(ELSD)是近年来新出现的高灵敏度、通用型检测器。它可以用来检测挥发性低于流动相的任何样品组分,特别适于无紫外吸收的样品,主要用于糖类、高级脂肪酸、磷脂、硫族化合物等无紫外吸收或紫外末端吸收的化合物。此外,ELSD对流动相的组成不敏感,可以用于梯度洗脱。ELSD的检测灵敏度要高于低波长紫外检测器和折光指数检测器,检测限可低至 10^{-10} g/mL。ELSD用于梯度洗脱时响应值仅与光束中溶质颗粒的大小和数量有关,而与溶质的化学组成无关。

五、数据记录处理系统(色谱工作站)

高效液相色谱法的分析结果除可用记录仪绘制谱图外,现已广泛使用色谱数据处理机和色谱工作站来记录和处理色谱分析的数据。

子任务3 学习高效液相色谱仪的使用

一、高效液相色谱分析操作过程

样品的采集→样品的制备→标准样品溶液的制备→流动相的配制→色谱柱的安装和流动相的更换→开机→分析样品(包括进样、数据采集、定性分析、谱图优化和数据处理)→关机与结束工作。

二、高效液相色谱仪的基本操作

见"附录:仪器使用手册"高效液相色谱仪部分。

任务考核

考核评分参见表 4-18。

表 4-18 考核评分表

序号	作业项目	考核内容	配分	操作要求	考核记录	扣分	得分
一	流动相的处理	流动相的配制	2	正确			
		滤膜选择	1	正确			
		抽滤装置的安装	2	正确			

（续表）

序号	作业项目	考核内容	配分	操作要求	考核记录	扣分	得分
一	流动相的处理	流动相过滤	2	正确			
		流动相脱气	2	正确			
二	试液配制	容量瓶使用	3	正确、规范（洗涤、试漏、定容）			
		移液管使用	3	正确、规范（润洗、吸放、调刻度）			
三	色谱仪开机	色谱柱的选择	2	正确			
		色谱柱的安装	2	正确			
		开检测器	1	正确			
		开高压泵	1	正确			
		检测器预热	1	已进行			
		更换流动相	2	正确			
		排除管道气泡	2	正确			
		"purge"键排气	2	正确			
		流量参数设定	2	正确			
		时间参数设定	2	正确			
		波长参数设定	2	正确			
		柱平衡	2	正确			
四	试样分析	开计算机，开工作站	1	正确			
		方法设定	2	正确			
		洗涤进样针	2	正确			
		取样	2	正确			
		进样	4	正确			
		采集谱图	2	正确			
		优化谱图	4	正确			
		保存谱图	2	正确			
五	关机	流动相冲柱	2	已进行			
		关工作站，关计算机	1	正确			
		关检测器	1	正确			
		关高压泵	1	正确			
六	数据处理和实训报告	主要吸收峰定性	20	正确			
		定性结果	5	正确			
		谱图、报告	10	正确、完整、规范、及时			
七	文明操作，结束工作	物品摆放，仪器归位，结束工作	5	仪器拔电源，盖防尘罩；台面无水迹或少水迹；废纸不乱扔，废液不乱倒；结束工作完成良好			
八	总分						

【技能训练测试题】

一、判断题

1.紫外-可见光检测器是离子交换色谱法通用型检测器。　　　　　　（　　）

2.检测器性能好坏将对组分分离产生直接影响。　　　　　　　　　（　　）

3.高效液相色谱法采用梯度洗脱,是为了改变被测组分的保留值,提高分离度。（　　）

4.液相色谱柱一般采用不锈钢柱、玻璃填充柱。　　　　　　　　　（　　）

5.折光指数检测器属于通用型检测器,适于梯度洗脱。　　　　　　（　　）

6.在液-液分配色谱法中,为改善分离效果,可采用梯度洗脱。　　　（　　）

二、填空题

1.高效液相色谱仪最基本的组件是 _____、_____、_____、_____ 和_____。

2.高压输液系统一般包括_____、_____、_____和_____等。

3.高压输液泵按工作方式的不同可分为_____和_____两大类。

4.梯度洗脱装置依据溶液混合的方式可分为_____和_____。

5.高效液相色谱仪中,常用的进样器有_____和_____。

三、简答题

1.简述 HPLC 对检测器的要求。

2.简述高效液相色谱仪的日常维护。

任务3　头孢拉定的定量分析

 任务分析

根据《中华人民共和国药典》(2020年版)规定,头孢拉定含量的测定主要采用高效液相色谱法进行。

【学习目标】

1.知识目标

(1)熟悉液相色谱的定性与定量方法。

(2)熟练掌握高效液相色谱仪的使用。

2.能力目标

(1)会熟练进行样品液制备,流动相配制、过滤、脱气、更换,色谱柱安装。

(2)会利用仪器进行样品分析、数据处理。

(3)会利用外标法进行定量分析。

3.素质目标

(1)具有独立工作能力。

(2)具有团结协作能力。

(3)具有灵活运用所学知识解决实际问题的能力。

(4)具有安全操作意识和意外事故处理能力。

子任务 1　认识常用的定性、定量方法

一、定性方法——标准对照法定性

高效液相色谱法的定性分析与气相色谱法的定性分析类似。

二、定量方法——标准曲线法(又称外标法)

(一)方法

首先用待测组分的标准样品绘制标准曲线。具体方法是:用标准样品配制成不同浓度的标准系列溶液,在与待测组分相同的色谱条件下,等体积准确进样,作出色谱图(图 4-38)。测量各峰的峰面积或峰高,用峰面积或峰高对样品浓度绘制标准曲线(图 4-39),此标准曲线应是通过原点的直线。若标准曲线不通过原点,则说明存在系统误差。标准曲线的斜率即为绝对校正因子。

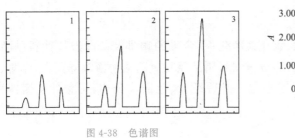

图 4-38　色谱图

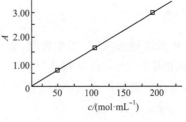

图 4-39　外标法操作

在测定样品中的组分含量时,要用与绘制标准曲线完全相同的色谱条件作出色谱图,测量色谱峰面积或峰高,然后根据峰面积和峰高,在标准曲线上直接查出注入色谱柱中样品组分的浓度。

计算公式如下:

$$校正因子:f = \frac{标样响应值\,A}{标样浓度\,c}$$

$$未知组分的浓度:c = \frac{样品响应值\,A}{f}$$

当待测组分含量变化不大,并已知这一组分的大概含量时,也可以不必绘制标准曲线,而用单点校正法,即直接比较法定量。具体方法是:先配制一个和待测组分含量相近的已知浓度的标准溶液,在相同的色谱条件下,分别将待测样品溶液和标准样品溶液等体积进样,作出色谱图,测量待测组分和标准样品的峰面积或峰高,然后直接计算样品溶液中待测组分的含量

$$\omega_i = \frac{\omega_S}{A_S}A_i \qquad\qquad \omega_i = \frac{\omega_S}{h_S}h_i$$

式中　ω_S——标准样品溶液的质量分数；

ω_i——样品溶液中待测组分的质量分数；

$A_S(h_S)$——标准样品的峰面积(峰高)；

$A_i(h_i)$——样品中组分的峰面积(峰高)。

显然,当方法存在系统误差时(标准工作曲线不通过原点时),单点校正法的误差比标准曲线法要大得多。

(二)特点

标准曲线法的优点是:适合于大量样品的分析。

标准曲线法的缺点是:每次样品分析的色谱条件(检测器的响应性能、柱温、流动相流速及组成、进样量、柱效能等)很难完全相同,因此容易出现较大误差。此外,标准工作曲线绘制时,一般使用待测组分的标准样品(或已知准确含量的样品),而实际样品的组成却千差万别,因此必将给测量带来一定的误差。

子任务 2　高效液相色谱仪定量分析练习——饮料中咖啡因含量的测定(GB 5009.139—2014)

一、原理

可乐型饮料脱气后,用水提取、氧化镁净化;不含乳的咖啡及茶叶液体饮料制品用水提取、氧化镁净化;含乳的咖啡及茶叶液体饮料制品经三氯乙酸溶液沉降蛋白;咖啡、茶叶及其固体饮料制品用水提取、氧化镁净化。然后经 C_{18} 色谱柱分离,用紫外检测器检测,外标法定量。

二、试剂和材料

注:除非另有说明,本方法所用试剂均为分析纯,水为 GB/T 6682—2008 规定的一级水。

(一)试剂

1.氧化镁(MgO);

2.三氯乙酸(CCl_3COOH);

3.甲醇(CH_3OH,色谱纯)。

(二)试剂配制

三氯乙酸溶液(10 g/L):称取 1 g 三氯乙酸于 100 mL 容量瓶中,用水定容至刻度。

(三)标准品

咖啡因标准品($C_8H_{10}N_4O_2$):纯度≥99%。

(四)标准溶液配制

1.咖啡因标准储备液(2.0 mg/mL):准确称取咖啡因标准品 20 mg(精确至 0.1 mg)于 10 mL 容量瓶中,用甲醇溶解定容。置于 4 ℃冰箱中,有效期为六个月。

2.咖啡因标准中间液(200 μg/mL):准确吸取 5.0 mL 咖啡因标准储备液于 50 mL 容

量瓶中,用水定容。置于 4 ℃冰箱中,有效期为一个月。

3.咖啡因标准曲线工作液:分别吸取咖啡因标准中间液 0.5 mL、1.0 mL、2.0 mL、5.0 mL、10.0 mL 于 10 mL 容量瓶中,用水定容。该标准系列浓度分别为 10.0 μg/mL、20.0 μg/mL、40.0 μg/mL、100.0 μg/mL、200.0 μg/mL。临用时配制。

三、仪器和设备

1.高效液相色谱仪,带紫外检测器或二极管阵列检测器;

2.天平(感量为 0.1 mg);

3.水浴锅;

4.超声波清洗器;

5.0.45 μm 微孔水相滤膜。

四、分析步骤

(一)试样制备

1.可乐型饮料

(1)脱气:样品用超声清洗器在 40 ℃下超声 5 min。

(2)净化:称取 5 g(精确至 0.001 g)样品,加水定容至 5 mL(使样品溶液中咖啡因含量在标准曲线范围内),摇匀,加入 0.5 g 氧化镁,振摇,静置,取上清液经微孔滤膜过滤,备用。

2.不含乳的咖啡及茶叶液体制品

称取 5 g(精确至 0.001 g)样品,加水定容至 5 mL(使样品溶液中咖啡因含量在标准曲线范围内),摇匀,加入 0.5 g 氧化镁,振摇,静置,取上清液经微孔滤膜过滤,备用。

3.含乳的咖啡及茶叶液体制品

称取 1 g(精确至 0.001 g)样品,加入三氯乙酸溶液定容至 10 mL(使样品溶液中咖啡因含量在标准曲线范围内),摇匀,静置,沉降蛋白,取上清液经微孔滤膜过滤,备用。

4.咖啡、茶叶及其固体制品

称取 1 g(精确至 0.001 g)经粉碎低于 30 目的均匀样品于 250 mL 锥形瓶中,加入约 200 mL 水,沸水浴 30 min,不时振摇,取出流水冷却 1 min,加入 5 g 氧化镁,振摇,再放入沸水浴 20 min,取出锥形瓶,冷却至室温,转移至 250 mL 容量瓶中,加水定容至刻度(使样品溶液中咖啡因含量在标准曲线范围内),摇匀,静置,取上清液经微孔滤膜过滤,备用。

(二)仪器参考条件

色谱柱:C$_{18}$柱(粒径 5 μm,柱长 150 mm×直径 3.9 mm)或同等性能的色谱柱。

流动相:甲醇+水=24+76。

流速:1.0 mL/min。

检测波长:272 nm。

柱温:25 ℃。

进样量:10 μL。

(三)标准曲线的制作

将标准系列工作液分别注入液相色谱仪中,测定相应的峰面积,以标准工作液的浓度为横坐标,以峰面积为纵坐标,绘制标准曲线。

(四)试样溶液的测定

将试样溶液注入液相色谱仪中,以保留时间定性,同时记录峰面积,根据标准曲线得到待测液中咖啡因的浓度,平行测定次数不少于两次。

五、分析结果的表述

试样中咖啡因含量按下式计算

$$X = \frac{c \cdot V}{m} \times \frac{1\ 000}{1\ 000}$$

式中　X——试样中咖啡因的含量,单位为毫克每千克(mg/kg);

　　　c——试样溶液中咖啡因的质量浓度,单位为微克每毫升(μg/mL);

　　　V——被测试样总体积,单位为毫升(mL);

　　　m——称取试样的质量,单位为克(g);

　　　$1\ 000$——换算系数。

计算结果以重复性条件下获得的两次独立测定结果的算术平均值表示,结果保留三位有效数字。

六、精密度

可乐型饮料:在重复性条件下获得的两次独立测定结果的绝对差值不得超过算术平均值的5%;咖啡、茶叶及其固体、液体饮料制品:在重复性条件下获得的两次独立测定结果的绝对差值不得超过算术平均值的10%。

子任务 3　头孢拉定的定量分析【引自《中华人民共和国药典》(2020 版)】

色谱条件与系统适用性试验:用葡聚糖凝胶 G-10(40~120 μm)为填充剂,玻璃柱内径 1.0~1.4 cm,柱长 30~45 cm。以 pH 8.0 的 0.2 mol/L 磷酸盐缓冲液[0.2 mol/L 磷酸氢二钠溶液-0.2 mol/L 磷酸二氢钠溶液(95:5)]为流动相 A,以水为流动相 B,流速为每分钟 1.0~1.5 mL,检测波长为 254 nm。量取 0.2 mg/mL 蓝色葡聚糖 2 000 溶液 100~200 μL,注入液相色谱仪,分别以流动相 A、B 进行测定,记录色谱图。按蓝色葡聚糖 2 000 峰计算理论塔板数均不低于 400,拖尾因子均应小于 2.0。在两种流动相系统中蓝色葡聚糖 2 000 峰的保留时间比值应在 0.93~1.07,对照溶液主峰与供试品溶液中聚合物峰与相应色谱系统中蓝色葡聚糖 2000 峰的保留时间的比值均应在 0.93~1.07。称取头孢拉定约 0.2 g,置于 10 mL 容量瓶中,加入 2%无水碳酸钠溶液 4 mL 使之溶解后,加入 0.6 mg/mL 的蓝色葡聚糖 2 000 溶液 5 mL,用水稀释至刻度,摇匀。量取 100~200 μL 注入液相色谱仪,用流动相 A 进行测定,记录色谱图。高聚体的峰高与单体和高聚体之间的谷高比应大于 2.0。另以流动相 B 为流动相,精密量取对照溶液 100~200 μL,连续进样 5 次,峰面积的相对标准偏差应不大于 5.0%。(对照溶液进行测定前,先用含 0.2 mol/L 氢氧化钠与 0.5 mol/L 氯化钠的混合溶液 200～400 mL 冲洗凝胶柱,再用水冲洗至中性。)

对照溶液的制备:取头孢拉定对照品适量,精密称定,加水溶解并定量稀释制成每 1 mL 中约含 10 μg 的溶液。

测定法:取本品约 0.2 g,精密称定,置于 10 mL 容量瓶中,加 2% 无水碳酸钠溶液 4 mL,使之溶解后,用水稀释至刻度,摇匀。立即精密量取 100～200 μL 注入液相色谱仪,以流动相 A 为流动相进行测定,记录色谱图。另精密量取对照溶液 100～200 μL 注入液相色谱仪,以流动相 B 为流动相进行测定,记录色谱图。按外标法以头孢拉定峰面积计算,头孢拉定聚合物的量不得超过 0.05%。

 任务考核

考核评分参见表 4-19。

表 4-19　　　　　　　　　　　　　　考核评分表

序号	作业项目	考核内容	配分	操作要求	考核记录	扣分	得分
一	流动相的处理	流动相的配制	2	正确			
		滤膜的选择	1	正确			
		抽滤装置的安装	2	正确			
		流动相过滤	2	正确			
		流动相脱气	2	正确			
二	试液配制	容量瓶的使用	3	正确、规范(洗涤、试漏、定容)			
		移液管的使用	3	正确、规范(润洗、吸放、调刻度)			
三	色谱仪开机	色谱柱的选择	2	正确			
		色谱柱的安装	2	正确			
		开检测器	1	正确			
		开高压泵	1	正确			
		检测器预热	1	已进行			
		更换流动相	2	正确			
		排除管道气泡	2	正确			
		"purge"键排气	2	正确			
		流量参数设定	2	正确			
		时间参数设定	2	正确			
		波长参数设定	2	正确			
		柱平衡	2	正确			

（续表）

序号	作业项目	考核内容	配分	操作要求	考核记录	扣分	得分
四	试样分析	开计算机,开工作站	1	正确			
		方法设定	2	正确			
		洗涤进样针	2	正确			
		取样	2	正确			
		进样	4	正确			
		采集谱图	2	正确			
		优化谱图	4	正确			
		保存谱图	2	正确			
五	关机	流动相冲柱	2	已进行			
		关工作站,关计算机	1	正确			
		关检测器	1	正确			
		关高压泵	1	正确			
六	数据处理和实训报告	主要吸收峰定性	10	正确			
		定性结果	5	正确			
		定量结果	10	合格			
		谱图、报告	10	正确、完整、规范、及时			
七	文明操作,结束工作	物品摆放,仪器归位,结束工作	5	仪器拔电源,盖防尘罩;台面无水迹或少水迹;废纸不乱扔,废液不乱倒;结束工作完成良好			
八	总分						

【技能训练测试题】

一、简答题

1.如何维护好高压输液泵?

2.怎样保护好色谱柱?

3.简述高效液相色谱仪的分析流程。

二、判断题

1.液相色谱分析中的流动相配置完成后应先进行超声波振荡脱气,再进行过滤。

（　　）

2.在液相色谱分析中选择流动相比选择柱温更重要。 （　　）

3.高效液相色谱分析中,固定相极性大于流动相极性称为正相色谱法。 （　　）

4.高效液相色谱仪的工作流程同气相色谱仪完全一样。 （　　）

5.在液相色谱中,试样只要目视无颗粒就不必过滤和脱气。 （　　）

6.经液相色谱分离,组分1和组分2的峰顶点距离为1.08 cm,而$W_1 = 0.65$ cm,$W_2 = 0.76$ cm。则组分1和组分2不能完全分离。 （　　）

三、综合思考题

1.分组讨论头孢拉定定量分析所需的色谱条件。

2.试对比头孢拉定定量分析时,采取标准曲线法和单点校正法对结果的影响。请问哪种方法可靠?

附录
仪器使用手册

　　仪器分析实验室的主要固定资产就是大型分析仪器,大型分析仪器经常给人一种"娇嫩"的感觉,发生故障后的维修费用通常也是惊人的。其实如果使用得当,保养得法,完全可以运转相当长时间。

　　不应该在仪器有故障反应时才想到对仪器进行维护,而是要定期有针对性地进行维护。此外,还要树立一个观念:维护与保养的一个重要作用就是保障、保证仪器良好的检测状态,确保得到准确的检测数据。

　　影响分析仪器正常运行的因素主要有:1.易损件清理更换不及时;2.硬件使用不科学;3.仪器本身选购及配置不当。

　　各种分析仪器从结构、功能、应用各方面差别极大,但是经常出现的问题以及维护保养的方向还是有一定的共性的。这种共性就是:仪器本身各个固定部件很少出问题,只有使用者经常接触到的地方才容易出故障。

　　下面分别介绍酸度计、紫外-可见分光光度计、原子吸收分光光度计、气相色谱仪、高效液相色谱仪和红外光谱仪的使用、维护和常见故障及排除方法。

第一部分 酸度计的使用、维护、故障及排除

一、使用(PHS-25 型酸度计,图 1)

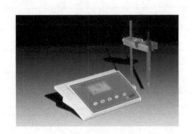

图 1　PHS-25 型酸度计

1.仪器使用前的准备

仪器在电极插入之前输入端必须插入 Q₉ 短路插头,使输入端短路以保护仪器。

仪器供电电源为交流市电,把仪器的三芯插头插在 220 V 交流电源上,并把电极梗插入电极梗固定座中,将电极夹插入电极梗中,将 pH 复合电极安装在电极夹上。将复合电极下端的电极保护套拔下,并且拉下电极上端的橡皮套使其露出上端小孔。用蒸馏水清洗电极。

仪器选择开关置"pH"挡或"mV"挡,开启电源,仪器预热 30 min。然后按以下方法标定。

2.仪器的标定

仪器在使用之前,先要标定,但并不是说每次使用之前都要标定,一般在连续使用时,每天标定一次已能达到要求。

仪器的标定可按如下步骤进行:

(1)在测量电极插座处拔掉 Q₉ 短路插头;

(2)在测量电极插座处插入复合电极;

(3)打开电源开关,仪器进入"pH"测量状态;

(4)按"温度"键,使仪器进入溶液温度调节状态[(此时温度(单位℃)指示灯亮],按"△"键或"▽"键调节温度显示数值上升或下降,使温度显示值和溶液温度一致,然后按"确认"键,仪器确认溶液温度值后回到 pH 测量状态;

(5)把电极用蒸馏水清洗,然后把电极插在一已知 pH 的缓冲溶液中(如 pH=6.86 或 pH=4.00 或 pH=9.18),按"标定"键,此时显示实测的 mV 值,待读数稳定后按"确认"键(此时显示实测的 mV 值对应的该温度下标准缓冲溶液的标称值),然后再按"确认"键,仪器转入"斜率"标定状态。溶液的 pH 与温度关系对照见表 1;

表 1	缓冲溶液的 pH 与温度关系对照表		
温度/℃	0.05 mol·kg⁻¹邻苯二甲酸氢钾	混合物磷酸盐	0.01 mol·kg⁻¹硼砂
5	4.00	6.95	9.39
10	4.00	6.92	9.33
15	4.00	6.90	9.28
20	4.00	6.88	9.23
25	4.00	6.86	9.18
30	4.01	6.85	9.14
35	4.02	6.84	9.11
40	4.03	6.84	9.07
45	4.04	6.84	9.04
50	4.06	6.83	9.03
55	4.07	6.83	8.99
60	4.09	6.84	8.97

(6)仪器在"斜率"标定状态下,把电极用蒸馏水清洗,然后把电极插在一已知 pH 的缓冲溶液中(如 pH=6.86 或 pH=4.00 或 pH=9.18),此时显示实测的 mV 值,待读数稳定后按"确认"键(此时显示实测的 mV 值对应的该温度下标准缓冲溶液的标称值),然后再按"确认"键,仪器自动进入 pH 测量状态。

注意:经标定后,如果误按"标定"键或"温度"键,则可将电源关掉后再重新开机,仪器将恢复到原来的测量状态。

注:标定的缓冲溶液一般第一次用 pH=6.86 的溶液,第二次用接近被测溶液 pH 的缓冲液,如被测溶液为酸性时,缓冲溶液应选 pH=4.00;如被测溶液为碱性时,缓冲溶液应选 pH=9.18。

经标定的仪器,"定位"电位器不应再有变动。不用时电极的球泡最好浸在蒸馏水中,在一般情况下 24 h 之内仪器不需再标定。但遇到下列情况之一,仪器最好事先标定:

(1)溶液温度与标定时的温度有较大的变化时;

(2)使用干燥过久的电极;

(3)换过了的新电极;

(4)"定位"调节器有变动,或可能有变动时;

(5)测量过浓酸(pH<2)或浓碱(PH>12)之后;

(6)测量过含有氟化物的溶液而酸度在 pH<7 的溶液之后或较浓的有机溶液之后。

3.测量 pH

已经标定过的仪器,即可用来测量被测溶液。

(1)当被测溶液和定位溶液温度相同时:

①"定位"保持不变;

②将电极夹向上移出,用蒸馏水清洗电极头部,并用滤纸吸干,再用被测溶液清洗一次;

③把电极插在被测溶液之内,摇动试杯使溶液均匀,在显示屏读出该溶液的 pH。

(2)当被测溶液和定位溶液温度不同时:

①"定位"保持不变;

②用蒸馏水清洗电极头部,用滤纸吸干,再用被测溶液清洗一次;

③用温度计测出被测溶液的温度值;

④按"温度"键,使仪器进入溶液温度调节状态[此时温度(单位℃)指示灯亮],按"△"键或"▽"键调节温度显示数值上升或下降,使温度显示值和被测溶液温度一致,然后按"确认"键,仪器确认溶液温度值后回到 pH 测量状态;

⑤把电极插入被测溶液内,摇动试杯使溶液均匀后,读出该溶液的 pH。

4.测量电极电位(mV)值

(1)打开电源开关,仪器进入 pH 测量状态;按"pH/mV"键,使仪器进入 mV 测量即可;

(2)把 ORP 复合电极夹在电极架上;

(3)用蒸馏水清洗电极头部,用滤纸吸干,再用被测溶液清洗一次;

(4)把复合电极的插头插入测量电极插座内;

(5)把 ORP 复合电极插在被测溶液内,将溶液搅拌均匀后,即可在显示屏读出该离子选择电极的电极电位(mV)值并自动显示正负极性。

(6)如果被测信号超出仪器的测量范围或测量端开路时,显示屏显示"1－－－mV",即为超载报警。

二、维护

1.电极在测量前必须用已知 pH 标准缓冲溶液进行定位校准,其 pH 越接近被测 pH 越好。

2.在每次校准、测量后进行下一次操作前,应该用蒸馏水或去离子水充分清洗电极,再用被测液清洗一次电极。

3.下电极保护套后,应避免电极的敏感玻璃泡与硬物接触,因为任何破损或擦毛都使电极失效。

4.测量结束,及时将电极保护套套上,电极套内应放少量外参比补充液,以保持电极球泡的湿润,切忌浸泡在蒸馏水中。

5.复合电极的外参比溶液为 3 mol/L 氯化钾溶液,补充液可以从电极上端小孔加入,复合电极不使用时,拉上橡皮套,防止补充液干涸。

6.电极的引出端必须保持清洁干燥,绝对防止输出两端短路,否则将导致测量失准或失效。

7.电极应与输入阻抗较高的 pH 计($\geqslant 3 \times 10^{11}$ Ω)配套,以使其保持良好的特性。

8.电极应避免长期浸泡在蒸馏水、蛋白质溶液和酸性氟化物溶液中。

9.电极避免与有机硅油接触。

10.电极经长期使用后,如发现斜率略有降低,则可把其下端浸泡在 4％HF 溶液中 3～5 s,用蒸馏水洗净,然后在 0.1 mol/L 盐酸溶液中浸泡,使之复新。

11.被测溶液中如含有易污染敏感球泡或堵塞液接界的物质而使电极钝化,会出现斜率降低、显示读数不准现象。如发生该现象,则应根据污染物质的性质,用适当溶液清洗,使电极复新。

三、酸度计常见故障及排除方法

1.接通电源,指示灯不亮。

(1)若酸度计有电压输出则检查指示灯是否烧坏;

(2)若酸度计没有电压输出则检查保险丝是否熔断;

(3)若保险丝没有熔断则检查仪器的变压器是否由于电路局部短路而烧坏。

2.接通电源仪器表头指示不稳定或指针不定位。

(1)打开酸度计面板检查表头是否卡针,观察线圈上是否有异物;

(2)检查仪器机壳是否接地。

3.未接通电源,仪器表头指示大幅摆动;打开仪器面板检查表头背后输入端并联电阻焊接是否牢固。

4.数字式酸度计通电后显示的数字不稳定或出现漂移情况。

(1)检查酸度计的各接插件是否牢固;

(2)检查仪器的输入及输出电压是否稳定;

(3)检查仪器的线路板是否被侵蚀;

(4)检查仪器放大电路中运算放大器是否烧坏。

5.酸度计输出指示不准:检测方法不对或温度、斜率调节点不对。

6.用两种标准溶液测试不能相互定位:检查标准信号发生器是否不准。

7.酸度计在直接输入时能正常工作,但串入高阻时示值超差。

(1)检查仪器的滤波电容是否被击穿;

(2)检查仪器场效应柱的输入电阻是否偏低;

(3)检查仪器电路板是否受潮或被侵蚀。

8.数字式酸度计通电后显示的数字缺笔画。

(1)检查仪器的接插件是否接触不好;

(2)检查酸度计的数字显示屏是否损坏。

9.酸度计面板上的温度、斜率或校正调节旋钮调节失灵:检查调节失灵的旋钮与之相连的电位器是否损坏。

第二部分　紫外-可见分光光度计的使用、维护、故障及排除

紫外-可见分光光度计实训室要求为:

分光光度计应安装在稳固的工作台上(周围不应有强磁场,以防电磁干扰),室内温度宜保持在15~28℃。室内应干燥,相对湿度宜控制在45%~65%,不应超过70%。室内

应无腐蚀性气体(如 SO₂、NO₂ 及酸雾等),应与化学分析操作室隔开,室内光线不宜过强。

　　仪器工作电源一般允许(220±220×22%)V 的电压波动。为保持光源灯和检测系统的稳定性,在电源电压波动较大的实验室,最好配备稳压器(有过电压保护)。

一、使用

(一)UV-7504 型(图 2)

图 2　UV-7504 型紫外-可见分光光度计

　　1.开机注意事项如下:

　　开机前需对以下情况予以确认:仪器样品室内是否有物品挡在光路上;仪器样品架定位是否正确。

　　仪器接通电源,即进入预热状态(约 20 min),然后进行自检,仪器会将自检状态依次显示在显示器上。当显示器出现"546.0 nm"和"0.000A/100%T"时,自检完毕,可以进入测试状态。仪器在自检过程中请不要打开仪器样品室盖门。

　　2.用<方式>键设置测试方式,根据需要选择透过率(T)、吸光度(A)或浓度(c)。

　　3.选择要分析的波长:按 6 键(设定键)屏幕上显示"WL=×××.×nm"字样,按 1 键或 2 键输入所要分析的波长,之后按 7 键(确认键),显示器第一列右侧显示"×××.× nm BLANKING"表示仪器正在变换到所设置的波长及自动调出"0ABS/100%T 请稍等"。待仪器显示出所需的波长,并且已经把参比调成 0.000A 时,即可测试。

　　4.将参比溶液和样品溶液分别倒入比色皿中。打开样品室盖,将盛有溶液的比色皿分别插入比色皿槽中,盖上样品室盖。一般情况下,参比溶液的比色皿放在样品架的第一个槽位中。仪器所附的比色皿,其透过率是经过配对测试的,未经配对处理的比色皿将影响样品的测试精度。

　　5.将参比溶液推入光路中,按"0ABS/100%T"键调整零 ABS。此时显示器显示"BLANKING",直至显示"100.0%T"或"0.000A"为止。

　　6.当显示器显示出"100%T"或"0.000A"后,将样品溶液推或拉入光路中,此时,显示器上所显示的是样品的测试参数。根据设置的方式,可得到样品的透射比(T)或吸光度(A)参数。

(二)UV-1800 型

1.建立通信

(1)打开 UV-1800 型紫外-可见分光光度计主机开关,仪器自动进行开机自检。

(2)开启计算机并运行 UVProbe 软件,开启工具栏中的"连接",计算机将监测仪器自检状况。

(3)当所有自检顺利通过后,显示屏出现用户、密码输入界面,按下主机上"ENTER"键,再按下"F4"键进入"PC 控制"。

(4)单击计算机屏幕上的"确认",连接仪器和计算机,建立通信。

2.光谱测定

(1)单击工具栏中的"光谱",进入光谱测定模块。

(2)执行"编辑"|"方法"命令,进入"光谱方法"对话框。在测定选项卡中设定"波长范围""扫描速度"等项目,"仪器参数"中选择"测定方式"等项目,"附件"(6 连池)确定使用的"池数目"。单击"初始化",初始化过程结束后单击"确定"。

(3)执行"基线校正"和"自动调零"。

(4)将参比、样品比色皿插入对应的池架,盖好样品室盖,单击"开始",进入光谱扫描。

(5)扫描结束后,单击"文件"|"另存为",将文件保存为".spc"(光谱文件)格式,实验方法另存为".smd"(方法文件)格式。

3.光度测定

(1)单击工具栏中的"光度测定",进入光度测定模块。

(2)执行"编辑"|"方法"命令,进入"光度测定方法向导"对话框。设置"波长类型"并添加使用"波长",单击"下一步"。选择"标准曲线"的"类型"、"定量法"和"激活的 WL"选项,设置曲线"参数"。单击"下一步"。

(3)设置"光度测定方法向导—测定参数(标准)",单击"下一步"。

(4)设置"光度测定方法向导—测定参数(样品)",单击"下一步"。

(5)确认"光度测定方法向导—文件属性"后单击"完成"。

(6)单击工具栏中的"方法",在"光度测定方法"中确认"仪器参数"中的"测定方式"等项目。在"附件"选项卡中确认 6 连池的使用"池数目",进行"初始化"。结束后"关闭"。

(7)执行"自动调零"和"池空白"后,将参比和标准品的比色皿放入对应的池架。

(8)激活"标准表",依次输入"样品 ID"和对应的"浓度""权重因子"等内容。

(9)单击"光度计"按键栏的"读取 Std.",进行标准样的光度测定。

(10)测定后通过"文件"|"另存为"将文件分别存为".pho"(光度测定文件)、".pmd"(方法文件)、".std"(标准文件)格式。

(11)使用已保存的方法或新建光度测定方法后,执行"自动调零"和"池空白",再将参比和样品比色皿放入对应的池架。

(12)激活"样品表",输入"样品 ID"等信息。单击"光度计"按键栏的"读取 Unk.",进行样品的光度测定。

(13)执行"文件"|"打开"|"打开光度测定文件"命令,选择所要使用的".std"(标准文件),将标准曲线引入,从而自动得到样品浓度。

(14)保存相应的光度测定文件、方法等信息。

(15)断开 UVProbe 和仪器的连接,关闭仪器主机开关,退出 UVProbe 操作界面。

二、维护

1.开机前,首先检查工作电压是否与供电电压相符。

2.放置仪器的工作台应平坦、牢固、结实,不应有振动或其他影响仪器正常工作的现象(强烈电磁场、静电及其他干扰,都可能影响仪器的正常工作,应尽可能远离干扰源)。

3.仪器应放置在室温为 15～28 ℃,相对湿度不大于 70% 的环境中;务必保持散热孔畅通;避开有化学腐蚀性气体的地方;避免阳光直射。

4.开机前,先确认仪器样品室内是否有东西挡在光路上。光路上有东西将影响仪器自检甚至造成仪器故障。

5.当波长被重新设置后,请不要忘记调整 100.0%T;不要忘记调整零 ABS。

6.比色皿的透光部分表面不能有指印、溶液痕迹。否则,会影响样品的测试精度。

7.比色皿内的液面高度不应低于 25 mm,大约 25 mL。否则,会影响测试参数的精确度。

8.被测试的样品中不能有气泡和漂浮物,否则,会影响测试参数的精确度。

9.被测样品的测试波长在 340～1 000 nm,建议使用玻璃比色皿;被测样品的测试波长在 190～340 nm,建议使用石英比色皿。

10.每次使用后应取出所有的参比溶液和样品溶液。检查样品室是否积存有溢出溶液,经常擦拭样品室,以防废液对部件或光路系统的腐蚀。仪器使用完后应盖好防尘罩。

11.实验完成,应及时关闭仪器,保护氘灯及钨灯的寿命。

12.仪器长时间不用,应定期开机预热驱潮,一般一个星期开两次,每次以 30 min 为宜。

三、故障

(一)光源部分

(1)故障:钨灯不亮。

原因:钨灯灯丝烧断或保险丝被熔断。

处置:更换新钨灯或更换保险丝。

(2)故障:氘灯不亮。

原因:氘灯寿命到期或氘灯启辉电路故障。

处置:更换氘灯或根据需要请专业人士修理。

(二)信号部分

(1)故障:没有任何检测信号输出。

原因:没有任何光束照射到样品室内。

处置:检查光源镜是否转到位,以及双光束仪器的切光电动机是否有转动。

(2)故障:样品室内无任何物品的情况下,全波长范围内基线噪声大。

原因:光源镜位置不正确、石英窗表面被溅射上样品。

检查：观察光源是否照射到入射狭缝的中央，以及石英窗上有无污染物。

处置：重新调整光源镜的位置，用乙醇清洗石英窗。

(3)故障：吸光值结果出现负值。

原因：没做空白记忆、样品的吸光值小于空白参比液。

处置：做空白记忆、调换参比溶液或用参比溶液配置样品溶液。

(4)故障：样品信号重现性不良。

原因：排除仪器本身的原因，最大的可能是样品溶液不均匀所致。在简易的单光束仪器中，样品池架一般为推拉式的，有时重复推拉不在同一个位置上。

处置：采取正确的配制溶液方法；修理推拉式样品架的定位碰珠。

(5)故障：样品出峰位置不对。

原因：波长传动机构产生位移。

处置：专业人员修理。

(6)故障：仪器零点飘忽不定。

原因：电位器接触不良。

处置：更换电位器。

(7)故障：T 调不到 0。

原因：光门漏光；放大器损坏；暗盒受潮。

处置：修理光门；修理放大器；更换暗盒干燥剂。

(8)故障：T 调不到 100%。

原因：卤钨灯不亮；样品室有遮光现象；光路不准；放大器损坏。

处置：检查灯电源电路；检查样品室；调整光路；修理放大器。

(9)故障：显示不稳定。

原因：仪器预热时间不够；电噪声太大(暗盒受潮或电器故障)；环境振动过大；光源附近气流过大或外界强光照射；电源电压不良；仪器接地不良。

处置：延长预热时间；检查干燥剂是否受潮，若受潮更换干燥剂，否则要查线路；改善工作环境；检查电源电压；改善接地状态。

第三部分   原子吸收分光光度计的使用、维护、故障及排除

实训室的要求如下：

1.分析测定和仪器放置的室温应为 10～30 ℃。

2.应避开阳光直射的地方。

3.应没有强烈振动，或持续的弱振动。

4.应没有强磁场、强电场，附近没有产生高频波的机器。

5.湿度应不超过 85%。

6.不存在腐蚀性气体及在测量光谱范围内有吸收的有机或无机气体。

7.灰尘较少。

8.有排风装置,务必使排气罩对准仪器燃烧头的正上方。

一、使用

(一)TAS-990型(图3)

图3　TAS-990型原子吸收分光光度计

1.打开计算机。

2.打开主机电源。

3.双击 AAWin1.2 图标。

4.选择联机后确定进行自检。

5.自检完成后进行元素灯选择(选择工作灯和预热灯)。

6.根据向导提示用默认的参数和峰值进行寻峰操作。

7.单击 仪器(I) 中的 燃烧器参数(F) 进行燃气流量的调整、燃烧器位置调整,让光路通过燃烧缝的正上方。

8.单击 样品 图标设置样品。

9.单击 参数 图标进行参数设置。

10.检查水封。

11.打开空气压缩机电源(压力 0.25~0.3 MPa)。

12.打开乙炔钢瓶开关(压力调节到 0.05 MPa 左右)。钢瓶压力达到 0.4 MPa 时更换乙炔钢瓶,纯度大于 99.9%。

13.单击 点火 图标进行点火。

14.单击 能量 图标进行能量自动平衡。将进样管放入去离子水中冲洗 2~3 min。

15.在空白溶液中单击 校零 ,单击 测量 图标后单击"开始"依次测量标准样品和未知样品。测量结束后将进样管放入去离子水中冲洗 2~3 min。

16.关闭乙炔钢瓶开关。

17.火焰熄灭后关闭空压机。(先关工作开关,再关风机开关,放水。)

18.关闭主机。

19.关闭软件。

20.关闭计算机。

(二)TAS-986 型

1.正确连接仪器及计算机各连线和插头,确认仪器主机电源开关处于"关"位,开启稳压器电源。

2.按顺序打开打印机、显示器、计算机电源开关。

3.安装待测元素空心阴极灯,打开主机电源开关,双击"AAwin"软件图标,联机"确定",仪器自动进行自检。

4.自检完成后,设定和选择工作灯和预热灯,单击"下一步"修改或输入正确的灯电流,分光带宽、燃气流量、燃烧器高度和位置,依次单击"下一步""寻峰""下一步""完成"。

5.在任务栏单击"仪器",选择"燃烧器参数",调节火焰原子化器的前后、上下位置及角度,使其对准光路。

6.在任务栏上单击"仪器",选择"扣背景方式",选择"氘灯"或"自吸"扣背景,并输入适当的氘灯电流或窄脉冲电流,在"能量"窗口单击"能量自动平衡"调节能量达到平衡状态。若不进行背景校正,本步可省略。

7.单击"参数",在常规界面输入"测量重复次数""采样间隔"及"采样延时参数"的数值;在显示界面输入"吸光度显示范围"及"页面更新时间";在数据处理界面选择"计算方式",输入"积分时间""滤波系数",单击"确定"。

8.单击"样品",选择"校正方法""曲线方程""浓度单位"。单击"下一步",选择"标准系列样品个数",单击"标准系列样品浓度",输入浓度值;单击"下一步",选择"未知样品个数",输入相应数值;单击"完成"。

9.开空压机,待压力稳定后,检查并调节出口压强处于 0.25～0.30 MPa。

10.打开乙炔钢瓶总阀,检查并调节出口压强处于 0.05～0.09 MPa。

11.单击"点火",火焰燃烧,吸喷去离子水 3～5 min 后,吸喷标准系列空白溶液,单击"校零",使仪器自动调零。

12.单击"测量",按浓度由低到高依次吸喷标准系列溶液,并在测量窗口单击"开始",开始测量标准溶液,记录吸光度,绘制标准曲线。

13.吸喷未知样品溶液,单击"开始"测量未知样品。全部未知样品测量完毕,单击"终止"。吸喷去离子水 3～5min 清洗燃烧器。

14.单击"应用",选择"实验记录",依次输入"测量元素""样品名称""分析""记录""确定"。

15.在测量表格上单击右键,选择"表格设置",选择所需显示和打印的项目,在任务栏单击"打印",选择所需打印内容,单击"确定"。

16.关闭乙炔钢瓶总阀,烧去管路中的余气,待火焰熄灭后,关闭空压机。

17.退出操作软件,关闭主机电源,依次关闭打印机、计算机、稳压器电源。

二、维护

1.原子吸收分光光度计主机长时间不用,要每隔一至两周,将仪器开机预热 1～2 h,以延长其使用寿命。

2.仪器使用完毕后,要使灯充分冷却,然后从灯架上取下存放。长期不用的灯,应每隔 3～4 个月在工作电流下点燃 2～3 h,以延长灯的寿命。

3.定期检查废液管并及时倾倒废液。

4.乙炔气路要定期检查,以免管路老化产生漏气现象,发生危险。更换乙炔气瓶后要全面试漏。

5.使用时,注意下列情况:废液管道的水封被破坏、漏气;燃烧器缝明显变宽;助燃气与燃气流量比过大;使用氧化亚氮-乙炔焰时,乙炔流量小于 2 L/min 等。这些情况容易引起回火。如发生回火,应立即关闭燃气,再将仪器开关、调节装置恢复到启动前的状态。查明回火原因并采取相应措施后再继续使用。

6.预混合器要定期清洗积垢,喷过浓酸、碱液后,要仔细清洗。日常工作后应用蒸馏水吸喷 5～10 min 进行清洗。

7.每次分析操作完毕,特别是分析过高浓度或强酸样品后,要立即喷雾蒸馏水 30～60 s,然后取下燃烧头,用自来水充分淋洗干净,抛去水滴,再用软纸擦干净缝中水滴,装上以备下次使用,若暂时不用,应用硬纸片遮盖住缝口,以免积灰。对沾在燃烧头缝口上的积碳,可用刀片刮除。

8.喷雾器的毛细管内应经常注意是否有阻塞,否则会造成提取量减小、灵敏度下降,可拔下毛细管,用清洁的细金属丝小心通一下毛细管端部,将异物除去。

9.空压机在使用中应经常放水,放水应在火焰熄灭时带压进行。

10.工作台电源插座中的接地端应接地良好,这样可减少仪器的噪声。

11.严禁在乙炔管道中使用紫铜、铜及银制零件,并无油污。

12.乙炔钢瓶工作时应直立,严禁剧烈震动和撞击。工作时乙炔钢瓶应放置室外,温度不宜超过 30～40 ℃,防止日晒雨淋。开启钢瓶时,阀门旋开不超过 1.5 转,防止丙酮溢出。

13.严禁使用不透气材料制成的仪器外套。

三、故障及排除

1.仪器显示系统

故障:电源显示器不亮。

原因:电源进线断路或接触不良;保险管损坏。

处置:用万用表查出故障并修复。

2.光源系统

(1)故障:空心阴极灯点不亮。

原因:灯电源出问题或未接通;灯头与灯座接触不良;灯头接线断路;灯漏气。

处置:分别检查电源、连线和插接件;若不是电路问题,再进行换灯检查。

(2)故障:灯阴极辉光颜色异常。

原因:灯内惰性气体不纯。

处置:在工作电流或大电流(80 mA,150 mA)下反向通电处理。

3.能量输出

(1)故障:空心阴极灯亮而高压开启后无能量输出。

原因:无负高压;空心阴极灯发光异常或位置不对;波长不准;燃烧器挡光;单色器故

障;主机电路故障。

处置:按仪器说明书或维修手册的规定逐一处理。

(2)故障:输出能量过低。

原因:灯能量弱;光路调整不佳;透镜或单色器内光学元件被污染;波长不准;放大线路增益下降;光电倍增管衰老。

处置:检查光电倍增管是否衰老和负高压是否正常;检查单色器光学系统有无机械位置变化;重新校正波长;按维修手册规定进一步查因处理。

4.吸收信号

(1)故障:零点不对。

原因:空心阴极灯衰老,强度太弱,波长调节不准;石英窗口和聚光镜表面污染。

处置:调整自动调零电路的调整点,置零。

(2)故障:静态基线漂移。

原因:光源系统和检测系统故障。

处置:查明仪器是否受潮;查明仪器单独"地线"是否良好;元素灯和灯电源的稳定性,负高压电源的稳定性等,都可能导致基线漂移。若是电源问题,应按维修手册加以处理。

(3)故障:点火基线漂移。

原因:原子化系统故障。

处置:检查吸液毛细管有无堵塞和"气泡";废液排泄是否畅通和雾室内有无积水;是否气源压力不稳或燃烧器预热不够;波长调节是否不准等。按相应情况加以处理。

(4)故障:仪器没有吸收或吸光度值不稳定。

原因①:空心阴极灯使用时不亮或灯闪。

处置:不经常使用的灯,每隔三四个月取出点燃 $2\sim3$ h。每次使用时应充分预热灯 30 min 以上,如果因电压不稳导致灯闪,应立即关闭电源以免造成空心阴极灯损坏。连接稳压电源,待电压稳定后再开机使用。如未能解决,应更换空心阴极灯。

原因②:工作电流过大。

处置:对于空心阴极较小的元素灯,若工作电流过大,会使灯丝发热温度较高,导致原子发射线的热变宽和压力变宽,同时空心阴极灯的自吸增大,使辐射的光强度降低,导致无吸收。因此,空心阴极灯发光强度在满足需要的条件下,应尽可能采用较小的工作电流。

原因③:雾化系统内管路不畅通。

处置:有可能是吸入浓度较高或分子量较大的测试液造成的,清洗雾化器即可。

原因④:样品前处理不彻底。

处置:观察样品中有无沉淀或悬浮物,如有沉淀,应重新对样品进行处理。

(5)故障:读数不稳定。

原因:吸液毛细管堵塞;雾化器雾口腐蚀;雾化室内积废液;空气和乙炔不纯或压力不稳;试液基体浓度过大;有沉淀和夹杂物;燃烧器缝口沉积碳和无机盐或缝口堵塞而使火焰呈锯齿形等。

处置:应针对具体问题加以检查排除。

5.火焰

(1)故障:火焰异常。

原因:燃气不稳或纯度不够。

处置:首先要排除气路故障,应检查燃气和助燃器通道是否漏气或气路堵塞。钢瓶中的乙炔是溶解于吸收在活性炭上的丙酮中的,由于丙酮的挥发导致燃烧火焰变红,遇到此故障更换乙炔钢瓶即可。另外,周围环境的干扰,也会使火焰异常。当空气流动严重或者有灰尘干扰时,应及时关闭门窗,以免对测定结果造成影响。

(2)故障:燃烧器火焰呈 V 形燃烧。

原因:燃烧器缝口有污渍或水滴导致火焰不连续燃烧。

处置:仪器关闭后,可用柔软的刀片轻轻刮去燃烧器缝口的污渍或擦干燃烧器内腔及缝口的水滴。

第四部分　气相色谱仪的使用、维护、故障及排除

气相色谱实训室的要求如下:

1.环境温度应为 5～35 ℃,相对湿度<85%。

2.室内应无腐蚀性气体,离仪器及气瓶 3 m 以内不得有电炉和火种。

3.室内不应有足以影响放大器和记录仪(或色谱工作站)正常工作的强磁场和放射源。

4.电网电源应为 220 V(进口仪器必须根据说明书的要求提供合适的电压),电源电压的变化应在 5%～10%,电网电压的瞬间波动不得超过 5 V。电频率的变化不得超过 50 Hz 的 1%(进口仪器必须根据说明书的要求提供合适的电频率)。采用稳压器时,其功率必须大于使用功率的 1.5 倍。

5.仪器应平放在稳定可靠的工作台上,周围不得有强震动源及放射源,工作台应有 1 m 以上的空间位置。

6.有的气相色谱仪要求有良好的接地,接地电阻必须满足说明书的要求。

7.气源采用气瓶时,气瓶不宜放在室内,放室外必须防太阳直射和雨淋。

一、使用

(一)GC1100 型(图 4)

1.打开氮气钢瓶总阀,将分压阀调到压强 0.2～0.4 MPa,等待 5～10 min。

2.打开主机电源,按"复位"键,出现"－－OK－－",按"柱箱温度(COL)"设置为 180 ℃,按"ENTER"键。按"LIMT(限制温度)"设置为 200 ℃(比柱箱温度高 20～30 ℃),按"汽化温度(INJ)"设置为 200 ℃。按"检测器 A(DETA)"设置为 200 ℃,按"状态",仪器开始升温,此时准备灯闪烁,当温度升到设定温度后准备灯亮。

注:柱箱温度根据样品沸点等因素设置,汽化温度和检测器温度比柱箱温度高

图 4　GC1100 型气相色谱仪

20～50 ℃。

3.开空气钢瓶总阀,调节分压阀使压强为 0.2～0.4 MPa;开氢气钢瓶总阀,调节分压阀使压力为 0.2～0.4 MPa。

4.按仪器右上侧的"点火"按钮,会听到"砰"一声爆鸣声,将金属或者玻璃等光亮表面的器物放在检测器口上会出现凝结的水雾,此时证明火焰燃烧,点火成功。

5.打开计算机工作站,用进样针送入试验样品,同时采集信号。

6.用工作站进行图谱分析。

7.工作结束后,准备关机。先关掉空气钢瓶总阀和氢气钢瓶总阀。按"复位"键,出现"－－OK－－",按"柱箱温度(COL)"设置为 50 ℃,按"ENTER"键。"LIMT(限制温度)"保持 200 ℃(不需要改动)。按"汽化温度(INJ)"设置为 50 ℃。按"检测器 A(DETA)"设置为50 ℃。按"状态",等温度恢复到设置温度后,关闭氮气钢瓶的总阀,关闭主机电源。

(二)GC-14C 型

1.开机操作

打开载气(N_2)、空气、氢气气瓶的总阀开关 5 min 左右后,调整 CFC-14PM 流量控制器使 N_2 气压为 100 kPa,空气气压为 50 kPa,H_2 气压为 60kPa。打开气相色谱仪电源开关,色谱仪进入自检后,按"SYSTEM"键,启动系统。

2.参数设置

在色谱仪键盘上按照色谱条件设置温度参数,主要包括柱箱温度(COL)、进样器温度(INJ)、检测器温度(DETA),参数设置完毕后按"ENTER"键。如需改变参数,先按"CLEAR"键清除,重新输入参数后按"ENTER"键,则温度开始上升,达到所设参数后显示"READY"。程序升温操作步骤:按"PROG",依次设定"初始温度(INIT TIME)""RATE1"等参数。温度参数显示"READY"后,点火。检测器为 FID 时,点火须适当提高氢气流量。点燃后,再将氢气流量调回正常值。

3.数据采集

(1)N2000 色谱工作站的使用

启动计算机,进入 Windows 系统,打开"串行口设置",选择"串行口 1",单击"OK"。双击计算机桌面的"N2000 在线工作站"图标,进入色谱工作站。选择所用通道,单击"OK",打开通道界面,进入在线工作站,依次编辑完成"实验信息""方法"(包括采样控制、积分、组分表、谱图显示、报告编辑、仪器条件)等各项,参数设置或修改后,单击"采用",进入"数据采集"界面。

(2)进样

将微量注射器用样品洗 2~3 次后再吸取样品,准确调至所需体积,进样(若色谱柱为程序升温,进样后要立即按色谱仪键盘上的"START"键以启动程序),同时按下相应通道的启动按钮或单击"数据采集"界面右侧的"采集数据",即可得谱图。出峰完毕后,单击"停止采集"来停止分析。若放弃分析,单击"放弃采集"。

4.谱图后处理

打开"N2000 离线工作站",单击工具栏中的"打开",从"N2000"文件夹的子文件夹"样品"中找到所需谱图,即可用界面中所提供的各项功能对谱图进行编辑和分析。处理谱图完毕,可单击"预览";单击"打印",即可打印报告。

5.关机

在色谱仪键盘上将"柱箱温度""进样器温度"和"检测器温度"设置在 100 ℃以下,关闭空气、氢气钢瓶总阀,待温度下降至设定值,关闭色谱仪主机开关,最后关闭载气阀门。

二、维护

1.色谱气源必须采用高纯气体,严禁采用任何塑料管道输气,进入仪器前要加具变色分子筛的净化系统,对载气还应串接脱氧管,不同种可燃气体不能放置在同一气源室内。

2.任何采用钢瓶供气之气源,使用最低气压不得低于 1 MPa,必须及时更换,换瓶时逆时针方向松开减压器支头螺丝,顺时针关闭瓶头阀,拆下钢瓶减压器,换上同种满瓶气,开启瓶头阀,顺时针旋进支头螺丝至所需压力。必须特别提醒,在每次打开钢瓶瓶头阀时,首先必须检查支头螺丝是否松开(逆时针旋转为松开)。只有在确认支头螺丝是松开的状态下方能打开瓶头阀,否则钢瓶减压器在打开瓶头阀时,高压打在低压调节器上,一次即可把减压器击坏。凡遇以上情况做责任事故处理。

3.色谱仪操作人员必须经过专业培训,未取得上岗证或资格证书不得单独操作仪器。

4.使用 TCD 检测器时,应先开载气,并确认整个系统无泄漏情况下再把汽化室、柱室、检测室温度升至所需值,然后开启桥路电流,关机时则先关桥路电流,再降温至 60 ℃,最后关闭载气。当使用氢做载气时,应用管道把放空气体接至室外。

5.使用 FID 检测器时,开启载气,把检测器温度升至所需值,点火,然后把汽化室、柱箱温度升到位,关机时先关闭氢气,空气熄火,然后降温至 60 ℃,停载气。

6.色谱柱的老化

新柱或长期不用的柱子需老化以去除挥发性的污染物。做法:柱子的一端接在进样器上,与检测器连接的一端拆下来,用螺帽盖好检测器入口,通入载气,设定炉温 100 ℃约 1 h,然后逐渐升温至比使用温度高约 25 ℃(切勿超过柱子的最高温度极限),保持 12~24 h。毛细管色谱柱时间可短一些。

7.进样器隔垫的使用寿命取决于使用次数和针头质量,一般的规律是,每天换一次隔垫。

8.进样器衬套、内衬管,检测器喷嘴被污染时要用合适的溶剂清洗。

9.当 TCD 检测器开着时,如果没开或中断气流,灯丝会永久性损坏。每当改变调节影响到通过检测器的气流时,检测器一定要关着。

10.用氢气作燃料的检测器(FID、FPD、NPD),一旦氢气接入仪器,进样口接头就必须始终接一根色谱柱或一个帽,否则氢气会流进加热室引起爆炸事故。

11.当用 FID、FPD、NPD 时,检测器温度一定要高于 100 ℃,以免积水。

12.所用气体需经净化器(内装变色硅胶、分子筛等)过滤以除去水分、氧气等杂质。

13.检测器温度应在柱温以上,以防样品或流失的固定液冷凝在检测器里。

14.每次完成测试后,进几针溶剂清洗柱子。

15.更换填充柱时,对填充柱直接插入汽化室的仪器,应考虑留 5 cm 试样汽化空间。当采用玻璃填充柱时,只能使用 He、N_2、Ar 作载气。填充柱使用前必须在低于固定液最高使用温度 20～30 ℃、载气流速 5 mL/min 的条件下,老化 8～16 h 在基线无噪声时方可做样品分析。

16.更换毛细管色谱柱时,当毛细管穿过石墨垫时头应向下,穿过以后用毛细管割刀切去 2～3 cm,应严格按仪器说明书规定插入汽化室、检测室适当的距离。用手旋上毛细管固定螺帽呈水平状至紧,用小扳手顺时针旋转 1/4 圈,检查不漏气即可,千万不要扳得过紧。

17.如果色谱柱长期不用,可拆下色谱柱,填充柱可用螺帽封住两端,毛细管柱端插入废旧进样垫中密封。

18.分析样品瓶和进样注射器只能放置在 250 mm×160 mm×35 mm 有盖的搪瓷盘中,严禁放在仪器顶部或实验台上。

19.仪器要定时保养,由专人负责,保持仪器及操作台的干净整洁,每隔一段时间要检查汽化室、检测室的衬管状况,如已污染应更换汽化室石英衬管,使其保持清洁。

20.仪器如出现故障,应及时报告专业维修单位或专职维修人员,未经专业维修培训或未取得维修资格证书的不能进行维修工作。

21.仪器室内严禁吸烟或进行任何无关明火操作。仪器室内应配备二氧化碳灭火器,分析人员应能正确操作使用。

三、故障及排除

1.主机

(1)故障:仪器不工作。

原因:电源不通电;保险丝烧坏。

处置:检查电源;更换保险丝。

(2)故障:各部分温度不升。

原因:加热器损坏;触发板损坏;保险丝损坏;双向可控硅损坏;温控电路板故障。

处置:换加热器;换触发板;换保险丝;换双向可控硅;温控电路板维修或更换。

(3)故障:各部分温度不正常。

原因:铂电阻损坏;温控电路板故障;接线端松动。

处置:换铂电阻;温控电路板维修或更换;拧紧接线端螺丝。

2.出峰

(1)故障:峰变宽。

原因:载气流量低;柱温低;存在死体积;柱污染;进样器或检测器温度低。

处置:增大流量;提高柱温;检查柱接头;更换或老化柱子;进样器或检测器升温。

(2)故障:峰变尖。

原因:载气流量低;柱温高;柱污染。

处置:降低流量;降低柱温;更换或老化柱子。

(3)故障:峰拖尾。

原因:进样量过大;汽化室污染。

处置:降低进样量;清洗汽化室。

(4)故障:鬼峰。

原因:进样隔垫挥发或污染;样品分解;柱污染。

处置:更换或老化隔垫;改变分析条件;更换或老化柱子。

(5)故障:平顶峰。

原因:样品量超出检测器线性范围;超出数据处理机测量范围。

处置:减少样品量;改变衰减值或减少样品量。

3.FID

(1)故障:FID 不能点火。

原因:载气、氢气、空气流量不合适;检测器温度低;喷嘴堵塞;氢气或空气泄漏;氢气或空气流路堵塞。

处置:用流量计检查;升高检测器温度;清洗或更换喷嘴;检漏;检查流路。

(2)故障:不出峰。

原因:火焰熄灭;喷嘴无高压;漏气;灵敏度太低;数据处理机出毛病。

处置:重新点火;检查喷嘴;检漏;检查灵敏度量程与样品量;检查数据处理机。

(3)故障:基线不稳。

原因:漏气;检测器污染;管道污染;柱污染;汽化室污染;载气不纯。

处置:检漏;清洗检测器;清洗管道;更换或老化柱子;清洗汽化室;载气更换或过滤。

第五部分　高效液相色谱仪的使用、维护、故障及排除

实训室的要求如下:

1.温度:常温,建议安装空调设备,无回风口。

2.湿度:低于60%。

3.供水:可配制1~2个水龙头。

4.废液排放:应配制专门废液接收器,并能密封。

5.供电:设置单相插座若干,设置独立的配电盘、通风柜开关;照明灯具不宜用金属制

品,以防腐蚀。

6.供气:无特殊要求无须用气。

7.工作台防振:合成树脂台面,防振。

8.防火防爆:配制灭火器。

9.避雷防护:属于第三类防雷建筑物。

10.防静电:设置良好接地。

11.电磁屏蔽:无特殊要求无须电磁屏蔽。

12.通风设备:可配制通风柜。

一、使用

(一)LC-600 型(图 5)

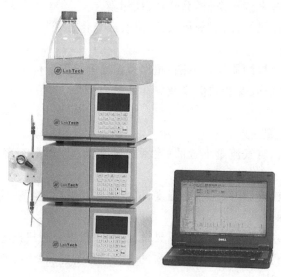

图 5　LC-600 型高效液相色谱仪

1.打开仪器的电源开关(确保有足够的流动相在储液器中,流动相应事先过滤,脱气)。

2.打开检测器的电源开关。

3.打开计算机,单击桌面上的"仪器控制面板"图标,打开"仪器控制面板"。

4.单击"仪器控制面板"上的文件中的"谱图处理",打开 LABTECH 色谱工作站。

5.进行泵排气操作(步骤 6、7 在更换流动相后也必须进行)(注:此操作只能在"local"本机状态下操作)。

(1)设定等梯度模式(按 Mode 选择)下,松开三通阀上的螺丝。

(2)设置仪器控制面板上的流量为 5 mL/min。

(3)单击"Purge"开始排气。

(4)等排气程序结束后,拧紧三通阀上的螺丝。

6.进行柱平衡操作(柱平衡过程一般 15 min)。

(1)按泵面板上的联机操作"Remote"键。

（2）利用软件设置条件（流动相设置、波长设置、积分时间等）。

（3）单击：初始化"Initial"进行柱平衡。

（4）单击菜单中"文件"，进入谱图处理界面。单击仪器控制面板上的检测器开始按钮"Start"，空进样一次，观察流动相的基线。走稳后，单击检测器停止按钮"Stop"。

7.用流动相清洗进样器，"Load"和"Inject"位置交替清洗。将进样器调到"Load"位置，开始装载样品。

8.在 LabTech HPLC Workstation 上新建一个窗口，快速扳动进样器的扳手到"Inject"位置，开始进样，检测器自动清零并开始检测。

9.等所有的样品都分离出来后，单击控制面板上的检测器项的"Stop"，停止检测器数据采集，保存采集的谱图文件。

10.对采集到的谱图文件进行分析。

（1）删除除主峰之外的小峰。

（2）设置定量方法为"归一法"。

（3）单击"定量分析"图标。

（4）从"定量结果"查看"峰面积""百分比浓度"。

11.所有的工作结束后，进行系统清洗工作（此过程只用在反相色谱分析中）。

（1）如果分析过程中使用过缓冲盐，使用 20 倍柱体积的 10∶90 体积比的甲醇（或乙腈）∶水的流动相，在泵控制面板中设置泵流速为 1 mL/min，单击"RUN"，开始清洗系统。

（2）先用去离子水清洗进样阀，然后用纯甲醇（或乙腈）洗进样器，注意要对"Load"和"Inject"位置交替清洗。

（3）然后使用 20 倍柱体积的纯甲醇（或乙腈）清洗系统并使系统最终保存在纯溶剂中。

12.在控制面板中单击泵控制项中的"Stop"使泵停止运行（注意观看一下泵，确保泵已经停止运行）。

13.依次关闭色谱工作站、泵电源、检测器电源以及计算机的电源。

（二）岛津 LC-10ATvp 型

1.准备

（1）准备所需的流动相，用合适的 0.45 μm 滤膜过滤，超声脱气 20 min。

（2）根据待检样品的需要更换合适的洗脱柱（注意方向）和定量环。

（3）配制样品和标准溶液（也可在平衡系统时配制），用合适的 0.45 μm 滤膜过滤（注意腐蚀性与有机系的溶剂）。

（4）检查仪器各部件的电源线、数据线和输液管道是否连接正常。

2.开机

接通电源，依次开启电源、B 泵、A 泵、检测器，待泵和检测器自检结束后，打开打印机、计算机显示器、主机，最后打开色谱工作站。

3.参数设定

（1）波长设定：在检测器显示初始屏幕时，按[Func]键，用数字键输入所需波长值，按[Enter]键确认。按[CE]键退出到初始屏幕。

（2）流速设定：在 A 泵显示初始屏幕时，按[Func]键，用数字键输入所需的流速（柱在线时流速一般不超过 1 mL/min),按[Enter]键确认。按[CE]键退出。

(3)流动相比例设定:在 A 泵显示初始屏幕时,按[Conc]键,用数字键输入流动相 B 的浓度百分数,按[Enter]键确认。按[CE]键退出。

(4)梯度设定:

①在 A 泵显示初始屏幕时,按[Edit]键,[Enter]键。

②用数字键输入时间,按[Enter]键;重复按[Func]键选择所需功能(FLOW 设定流速,BCNC 设定流动相 B 的浓度),按[Enter]键;用数字键输入设定值,按[Enter]键。

③重复上一步设定其他时间步骤。

④用数字键输入停止时间,重复按[Func]键直至屏幕显示 STOP,按[Enter]键。按[CE]键退出。

4.更换流动相并排气泡

(1)将 A/B 管路的吸滤器放入装有流动相的储液瓶中。

(2)逆时针转动 A/B 泵的排液阀180°,打开排液阀。

(3)按 A/B 泵的[Purge]键,[Pump]指示灯亮,泵大约以 9.9 mL/min 的流速冲洗,3 min(可设定)后自动停止。

(4)将排液阀顺时针旋转到底,关闭排液阀。

(5)如管路中仍有气泡,则重复以上操作直至气泡排尽。

(6)如按以上方法不能排尽气泡,从柱入口处拆下连接管,放入废液瓶中,设流速为 5 mL/min,按[Pump]键,冲洗 3 min 后再按[Pump]键停泵,重新接上柱并将流速重设为规定值。

5.平衡系统

(1)查看基线

①按《N2000 色谱数据工作站操作规程》打开"在线色谱工作站"软件。

②输入实验信息并设定各项方法参数。

③按下"数据收集"页的[ ]按钮。

(2)等度洗脱方式

①按 A 泵的[Pump]键,A、B 泵将同时启动,[Pump]指示灯亮。用检验方法规定的流动相冲洗系统,一般最少需 6 倍柱体积的流动相。

②检查各管路连接处是否漏液,如漏液应予以排除。

③观察泵控制屏幕上的压强值,波动应不超过 1 MPa。如超过则可初步判断为柱前管路仍有气泡,应检查管路后再操作。

④观察基线变化。如果冲洗至基线漂移<0.01 mV/min,噪声<0.001 mV 时,可认为系统已达到平衡状态,可以进样。

(3)梯度洗脱方式

①以检验方法规定的梯度初始条件平衡系统。

②在进样前运行 1~2 次空白梯度。方法:按 A 泵的[Run]键,[Prog.run]指示灯亮,梯度程序运行;程序停止时,[Prog.run]指示灯灭。

6.进样

(1)进样前按检测器[Zero]键调零,按软件中[零点校正]按钮校正基线零点,再按一下[查看基线]按钮使其弹起。

(2)用试样溶液清洗注射器,并排除气泡后抽取适量即可进样了。

(3)含量测定的对照溶液和样品供试溶液每份至少注样2次。

7.清洗管路及进样口

(1)分析完毕后,先关检测器和数据处理机,再用经滤过和脱气的适当溶剂清洗色谱系统,特殊情况应延长冲洗时间。

(2)冲洗完毕后,逐步降低流速至0,关泵,进样器也应用相应溶剂冲洗,可使用进样阀所附专用冲洗接头。

(3)切断电源,做好使用登记,内容包括日期、检品、色谱柱、流动相、柱压、使用时间、仪器完好状态等。

二、维护

1.保持储液器的清洁,专用储液器定期用酸、水和溶剂清洗,用普通溶剂瓶作流动相储液器时应根据使用情况不定期废弃瓶子。

2.定期(如半个月)在稀硝酸溶液中超声清洗过滤器,保持过滤器畅通无阻。过滤器使用3~6个月后出现阻塞现象时要及时更换新的,以保证仪器正常运行和溶剂的质量。

3.使用HPLC试剂和新蒸的二次蒸馏水作流动相,对不是HPLC级的试剂要进行过滤,对流动相一定要脱气。

4.每次使用之前应放空排除气泡,确保泵头、流动池以及其他流路系统中无气泡存在,并使新流动相从放空阀流出20 mL左右。

5.更换流动相时一定要注意流动相之间的互溶性问题,如更换非互溶性流动相则应在更换前使用能与新旧流动相均互溶的中介溶剂清洗输液泵。

6.如用缓冲液作流动相或一段时间不使用泵,工作结束后应从泵中用超纯水或去离子水洗去系统中的盐,然后用纯甲醇或乙腈冲洗。

7.不要使用存放多日的蒸馏水及磷酸盐缓冲液。

8.长时间不使用,必须用去离子水清洗泵头及单项阀,以防阀球被阀座"粘住",泵头吸不进流动相。

9.防止缓冲液和其他残留物留在进样系统中,每次工作结束后应冲洗整个系统。

10.保护色谱柱,流速不可一次改变过大,应避免色谱柱受突然变化的高压冲击,使柱床受到冲击,引起紊乱,产生空隙。

11.采用保护柱,延长柱的寿命。如污染物堆积于保护柱头,造成柱压升高、柱效能下降、峰形变差时,卸下用强溶剂反冲后再用,或更换新的保护柱。

12.经常用强溶剂冲洗柱子,将柱内强保留组分及时洗脱出来。反相柱用异丙醇+二氯甲烷(1+1)冲洗,正相(硅胶柱)用纯甲醇或异丙醇清洗,时间均不小于1小时。

13.色谱柱应在要求的pH范围和柱温范围下使用。不要把柱子放在有气流的地方或直接放在阳光下,气流和阳光都会使柱子产生温度梯度,造成基线漂移。

14.样品进样量不应过载。进样前应将样品进行必要的净化,以免其中的杂质对色谱柱造成损伤。

15.尽量用流动相溶解样品,一是避免出现拖尾峰、怪峰,二是避免试样在系统中由于溶解度降低而析出。

16.对于阻塞或受伤严重的柱子,必要时可卸下不锈钢滤板,超声洗去滤板阻塞物,对塌陷污染的柱床进行清洗、填充、修补工作,此举可使柱子恢复到一定的程度(80%),有继续使用的价值。色谱柱长时间不用或储藏时,应封闭储存在惰性溶剂中。

三、故障及排除

1.柱压异常

(1)故障:压力过高。

原因:流路中有堵塞。

处置:①若溶剂过滤头堵塞,用30%的硝酸浸泡半个小时,再用超纯水冲洗干净。②若过滤白头堵塞,将过滤白头取出,用10%的异丙醇超声清洗半个小时。③若柱子堵塞,一种情况是缓冲液造成的堵塞,用95%的水冲至压力正常;另一种情况是一些强保留的物质导致堵塞,要用比现在流动相更强的流动相冲至压力正常。用这两种方法冲洗如果压力仍不下降,可考虑将柱子的进出口反过来接在仪器上,用流动相冲洗柱子或请专业人员维修。

(2)故障:压力过低。

原因:系统泄漏。

处置:①寻找各个接口处,特别是色谱柱两端的接口,把泄漏的地方旋紧即可。②如果泵里进了空气,打开[Purge]阀,用3~5 mL/min的流速冲洗,如果不行,则要用专用针筒在排空阀处借助外力将气泡吸出。

2.漂移

(1)故障:基线漂移。

原因:柱温波动;流通池被污染或有气体;紫外灯能量不足;流动相污染、变质或由低品质溶剂配成;检测器没有设定在最大吸收波长处;流动相的pH没有调节好;样品中有强保留的物质。

处置:控制好柱子和流动相的温度;用甲醇或其他强极性溶剂冲洗流通池(最好断开柱子);更换新的紫外灯;使用高品质的化学试剂及HPLC级的溶剂;将波长调整至最大吸收波长处;加适量的酸或碱调至最佳pH;定期用强溶剂冲洗柱子。

(2)故障:保留时间重现性差。

原因:温控不当;流动相比例变化;色谱柱没有平衡;流速变化;泵中有气泡。

处置:调好柱温;检查泵的比例阀是否有故障;每一次运行之前给予足够的时间平衡色谱柱;重新设定流速;从泵中除去气泡。

3.峰形异常

(1)故障:色谱图中未出峰。

原因:系统未进样或样品分解;泵未输液或流动相使用不正确;检测器设置不正确。

处置:针对以上情况成因做相应调整即可。

(2)故障:所有峰均为负峰。

原因:信号电缆接反或检测器输出极性设置颠倒。

处置:重新连接信号电缆或设置输出极性。

(3)故障:所有峰均为宽峰。

原因:系统未达到平衡;溶解样品的溶剂极性比流动相差很多;色谱柱或保护柱被污染或柱效能降低;温度变化造成影响。

处置:进样前平衡色谱柱;改变溶解样品的溶剂的极性;重新更换色谱柱;调节控制柱温。

(4)故障:出现双峰或肩峰。

原因:进样量大或样品浓度过高;保护柱或色谱柱柱头堵塞;保护柱或色谱柱污染或失效。

处置:减少进样量或降低样品浓度;清洗柱头;更换色谱柱。

(5)故障:前伸峰。

原因:进样量大或样品浓度高;溶解样品的溶剂较流动相极性强;保护柱或色谱柱污染或失效。

处置:减少进样量或降低样品浓度;改变溶解样品的溶剂;更换色谱柱。

(6)故障:拖尾峰。

原因:柱超载;柱效能下降。

处置:减少进样量;更换柱子或采用保护柱。

(7)故障:出现平头峰。

原因:检测器设置不正确;进样体积太大或样品浓度太高。

处置:重新设置检测器;减少进样量或降低样品浓度。

(8)故障:出现鬼峰。

原因:进样阀有残余液;流动相污染;流路中有小的气泡。

处置:在每次进完样后用充足的时间来平衡和清洗系统;更换新流动相,尽可能现配现用;打开[Purge]阀,加大流速排除。

第六部分　红外分光光度计的使用、维护、故障及排除

实训室的要求:

1.分析测定和仪器放置的室温应在 15～30 ℃。

2.环境湿度在 65% 以下。

3.无强振动源、无强电磁场干扰源。

4.室内应保持清洁,无腐蚀性气体。

5.仪器应放置在平稳牢固的水平工作台上。

6.室内最好配备排风装置,以便排除有害气体。

7.室内装有地线,以保证仪器接地良好。

8.实训室要安装空调和除湿机。

一、使用

(一)TJ270-30(A)型(图6)

图6 TJ270-30(A)型双光束红外分光光度计

1.开机

首先分别打开计算机、红外系统主机与控制开关,再连接好 USB 电缆线,然后单击"开始\程序\TJ270"或双击桌面快捷方式,进行系统初始化并运行系统程序。

2.测试样品

(1)系统参数设置

单击"文件"|"参数设置"或直接单击工具栏中 参数设置 即可。此时,弹出参数设置菜单。

参数设置应根据样品要求来确定,若无要求或要求不确定,一般按照如下设置:将测量模式设置为"透过率",扫描速度设置为"快",狭缝宽度设置为"正常",响应时间设置为"正常",X-范围设置为"4 000～400",Y-范围设置为"0～100",扫描方式设置为"连续",次数设置为"1"即可。

(2)系统校准

此处,样品以真空作为参照物。

在确认样品室中未放置任何物品的情况下,单击菜单栏中的"系统操作"|"系统校准",进行系统 0、100％ 校准。

(3)扫描

将事先处理好的样品放入样品室中的样品池中,单击"测量方式"|"扫描"或直接单击工具栏中的 扫描 ,开始进行扫描。

(4)数据处理

扫描结束后,可在右侧信息栏中的"当前谱线"→"名称"一栏中,输入样品名称及操作者。

单击"文件"|"保存"或直接单击工具栏中 保存 来保存图谱。

单击"文件"|"打印"或直接单击工具栏中 打印 来打印图谱。

单击"数据处理"|"读取数据"来进行列表读取或光标读取,或直接单击工具栏中 光标读取 来进行光标读取。

单击"数据处理"|"峰值检索"或直接单击工具栏中 峰值检索 来进行峰值检出。

3.退出系统与关机

样品测试结束后,单击"文件"|"退出系统"或直接单击右上角的关闭按钮退出红外操作系统。

分别关闭控制开关:红外主机与计算机。

(二)FT-IR200 型

1.打开稳压电源,依次打开显示器、光学台、打印机、计算机主机电源开关。

2.进入 Windows 界面后,双击"OMNIC E.S.P.",进入软件操作界面。

3.检查软件界面右上角光学台状态是否正常,有"√"表示光学测量系统正常。

4.设置仪器参数,一般可采用系统默认参数。仪器需预热 20min 后方可进行光谱采集。

5.单击"背景采集",进行背景扫描。

6.打开样品窗,将待测样品装入样品固定架,置入样品窗中,单击"样品采集"(ColSmp),进行样品扫描,屏幕出现样品的红外吸收图谱。

7.单击"自动寻峰"(Find Peaks),仪器会自动标出图谱中谱峰波数。

8.如要在图谱上添加注解,单击标题栏前面的"i"图标,在"注解框"(Comments)填写注解文字。

9.单击"Print",打印谱图,取出待测样品。

10.关闭 OMNIC 软件,关闭计算机主机,依次关闭光学台、打印机、显示器电源开关。

二、维护

1.经常检查仪器存放地点的温度、湿度是否在规定范围内。一般要求实验室装配空调和除湿机。即使仪器不用,也应每周开机至少两次,每次半天,同时开除湿机除湿。特别是梅雨季节,最好能每天开除湿机。

2.仪器中所有的光学元件都无保护层,绝对禁止用任何东西擦拭镜面,镜面若有积灰,应用洗耳球吹。

3.仪器不使用时用软布遮盖整台机器。长期不用,再用时需先对其性能进行全面检查。

4.能斯特灯有一定的使用寿命,要控制时间,不要随意开启和关闭,实验结束时要立即关闭。能斯特灯的机械性能差,容易损坏,因此在安装时要小心,不能用力过大,工作时要避免被硬物撞击。

5.硅碳棒容易被折断,要避免碰撞。硅碳棒在工作时,温度可达 1 400 ℃,要注意水冷或风冷。

6.使用后的样品池应及时清洗,干燥后存放于干燥器中。

7.应当定期检查压片机里的油池中油量是否达到 3/4 高度,若不够高度可打开油帽注入清洁的不含杂质的液压油。

8.放油手轮平时应适度拧紧,防止油液漏出,并保持清洁。

三、故障及排除

1.故障:开机后光源不亮。

原因:保险丝异常。

处置:更换保险丝。

2.故障:光强度减弱。

原因:硅碳棒长期使用电阻大;电柱两端接触不良。

处置:改变光源电压,以增加电流,提高光强度;若无效,需要更换,更换时让光源处于冷却状态;略拧紧两端螺丝。

3.故障:能量减低。

原因:检测器连续使用时间过长或受震动而损坏。

处置:更换检测器。

参考文献

［1］中华人民共和国国家标准 GB/T 5462—2015，GB/T 534—2014，GB/T 4615—2013

［2］中华人民共和国药典 2020 年版［M］.北京：中国医药科技出版社，2020.

［3］方惠群，于俊生，史坚.仪器分析［M］.北京：科学出版社，2019.

［4］干宁，沈昊宇，贾志舰，林建原.现代仪器分析［M］.北京：化学工业出版社，2016.

［5］韩长秀，毕成良，唐雪娇.环境仪器分析（第二版）［M］.北京：化学工业出版社，2019.

［6］张剑荣，等.仪器分析实验［M］.2 版.北京：科学出版社，2019.

［7］陈浩.仪器分析［M］.3 版.北京：科学出版社，2018.

［8］黄一石.仪器分析［M］.3 版.北京：化学工业出版社，2013.

［9］卢士香，齐美玲，张慧敏，曹洁，邵清龙.仪器分析实验［M］.北京：北京理工大学出版社，2017.

［10］栾崇林.仪器分析［M］.北京：化学工业出版社，2015.